高等院校机械类应用型本科"十二五"创新规划系列教材

顾问●张 策 张福润 赵敖生

金工实习

主 编 吴国兴

副主编 何 燕 李忠唐 徐如斌

主 审 张洪兴 陈道炯

JINGONG SHIXI

华中科技大学出版社
http://www.hustp.com
中国·武汉

内 容 简 介

本书是根据教育部"普通高校工程材料及机械制造基础"课程教学指导委员会最新修订的《普通高等学校机械制造实习(金工实习)教学基本要求》,吸取当前各工科高校工程训练教学改革的主要做法,围绕应用型创新人才的培养特点而组织编写的。

本书共 13 章,包括工程材料及热处理、铸造、锻压、焊接、切削加工基本知识、钳工、车削、铣削、刨削、磨削、特种加工、数控加工技术和综合与创新训练。

本书是高等工科院校机械类及近机类专业使用的实习教材,适用于应用型本科高校,也可供工科高职高专院校及有关工程技术人员参考。

图书在版编目(CIP)数据

金工实习/吴国兴主编. —武汉:华中科技大学出版社,2014.8(2023.1重印)
ISBN 978-7-5680-0309-4

Ⅰ.①金… Ⅱ.①吴… Ⅲ.①金属加工-实习-高等学校-教材 Ⅳ.①TG-45

中国版本图书馆 CIP 数据核字(2014)第 183275 号

金工实习 吴国兴 主编

策划编辑:俞道凯
责任编辑:刘 飞 姚同梅
封面设计:李 嫚
责任校对:何 欢
责任监印:张正林
出版发行:华中科技大学出版社(中国·武汉) 电话:(027)81321913
　　　　　武汉市东湖新技术开发区华工科技园 邮编:430223
录　排:武汉正风天下文化发展有限公司
印　刷:广东虎彩云印刷有限公司
开　本:787mm×1092mm　1/16
印　张:21.75
字　数:526 千字
版　次:2023 年 1 月第 1 版第 8 次印刷
定　价:43.50 元

高等院校机械类应用型本科"十二五"创新规划系列教材

编审委员会

高等院校机械类应用型本科"十二五"创新规划系列教材

总　　序

《国家中长期教育改革和发展规划纲要》(2010—2020)颁布以来,胡锦涛总书记指出:教育是民族振兴、社会进步的基石,是提高国民素质、促进人的全面发展的根本途径。温家宝总理在2010年全国教育工作会议上的讲话中指出:民办教育是我国教育的重要组成部分。发展民办教育,是满足人民群众多样化教育需求、增强教育发展活力的必然要求。目前,我国高等教育发展正进入一个以注重质量、优化结构、深化改革为特征的新时期,从1998年到2010年,我国民办高校从21所发展到了676所,在校生从1.2万人增长为477万人。独立学院和民办本科学校在拓展高等教育资源,扩大高校办学规模,尤其是在培养应用型人才等方面发挥了积极作用。

当前我国机械行业发展迅猛,急需大量的机械类应用型人才。全国应用型高校中设有机械专业的学校众多,但这些学校使用的教材中,既符合当前改革形势又适用于目前教学形式的优秀教材却很少。针对这种现状,急需推出一系列切合当前教育改革需要的高质量优秀专业教材,以推动应用型本科教育办学体制和运行机制的改革,提高教育的整体水平,加快改进应用型本科的办学模式、课程体系和教学方式,形成具有多元化特色的教育体系。现阶段,组织应用型本科教材的编写是独立学院和民办普通本科院校内涵提升的需要,是独立学院和民办普通本科院校教学建设的需要,也是市场的需要。

为了贯彻落实教育规划纲要,满足各高校的高素质应用型人才培养要求,2011年7月,华中科技大学出版社在教育部高等学校机械学科教学指导委员会的指导下,召开了高等院校机械类应用型本科"十二五"创新规划系列教材编写会议。本套教材以"符合人才培养需求,体现教育改革成果,确保教材质量,形式新颖创新"为指导思想,内容上体现思想性、科学性、先进性和实用性,把握行业岗位要求,突出应用型本科院校教育特色。在独立学院、民办普通本科院校教育改革逐步推进的大背景下,本套教材特色鲜明,教材编写参与面广泛,具有代表性,适合独立学院、民办普通本科院校等机械类专业教学的需要。

本套教材邀请有省级以上精品课程建设经验的教学团队引领教材的建设,邀请本专业领域内德高望重的教授张策、张福润、赵敖生等担任学术顾问,邀请国家级教学名师、教育部机械基础学科教学指导委员会副主任委员、华中科技大学机械学院博士生导师吴昌林教授担任总主编,并成立编审委员会对教材质量进行把关。

我们希望本套教材的出版,能有助于培养适应社会发展需要的、素质全面的新型机械工程建设人才,我们也相信本套教材能达到这个目标,从形式到内容都成为精品,真正成为高等院校机械类应用型本科教材中的全国性品牌。

高等院校机械类应用型本科"十二五"创新规划系列教材

编审委员会

2012-5-1

前　言

　　金工实习是工科机械类各专业必修的技术基础课，具有很强的实践性，是现代工程训练的主要组成部分，是应用型创新人才培养的重要教学环节。开展金工实习，可使学生对机械制造工程的基本工艺理论、基本工艺知识和基本工艺方法获得丰富的感性认知，为后续学习其他技术基础课和专业课做知识储备，同时可帮助学生增强工程实践能力，积累工程实践经验，培养现代工程师应有的工程素养。针对金工实习中的实训课题、项目开展适度的创新思维训练，有利于培养学生的创新能力。

　　基于以上教学目标，根据当前各高校工程训练教学改革的主要做法，本教材大量吸取了其他同类教材的成果，同时具有如下特点。

　　（1）符合机械类专业本科金工实习教学大纲的要求　本书参照我国高等工科院校机械类专业的本科培养目标及教育部高等学校机械基础教学指导委员会2009年修订的《普通高等学校机械制造实习（金工实习）教学基本要求》的精神而编写。

　　（2）体现应用型本科人才的培养特点　吸取各应用型本科机械类专业的培养目标，坚持面向应用，在理论知识的编排上坚持适度、够用的原则，精心设计教学课题，重点突出机械制造工艺技术的应用和操作技能的训练，以提升学生的实际动手能力，如在各机械制造工艺方法基本操作单项训练的基础上，每章都有综合的基本技能训练。

　　（3）力求处理好传统与现代的关系　随着科学技术的发展，新材料、新技术和新工艺在机械制造中被广泛应用，但传统制造技术作为机械制造的基础，是学生获取机械制造工艺方法的主要来源，因而，围绕金工实习的主题，本教材针对传统机械制造技术仍然安排了大量篇幅，对现代制造技术和新技术、新工艺的方法及应用也做了适度安排。

　　（4）围绕金工实习，适度安排了综合与创新训练　为贯彻教育部"卓越工程师培养教育计划"的精神，培养应用型人才的工程意识和创新能力，围绕金工实习，在巩固和提升基础知识的同时，注重学生工艺应用能力和创新思维的培养，适度安排了综合与创新训练的章节。

　　本书内容包括工程材料及热处理、铸造、锻压、焊接、切削加工基本知识、钳工、车削、铣削、刨削、磨削、特种加工、数控加工技术和综合与创新训练，共13章。全书重点突出，图文并茂，文字简明扼要，科技名词术语、计量单位、图样标注和材料牌号等均采用最新国家标准。

　　本书由吴国兴主编，并负责统稿和定稿。参加编写人员有：吴国兴（第2、3、4、6、7章）、何燕（第1、5、13章）、李忠唐（第8、9、10、11章）、徐如斌（第12章）。全书由张洪兴、陈道炯两位教授主审。

　　本书在编写的过程中参考了大量有关文献，在此向相关作者和出版社表示感谢，并将主要参考书目列于书后。

　　由于编者水平和经验有限，书中难免出现不足之处，恳请同行和读者批评指正。

编　者

2014年6月

目　　录

第1章 工程材料及热处理

教学要求

理论知识

(1) 了解工程材料的分类；

(2) 了解金属材料的主要性能；理解金属材料的主要力学性能；

(3) 掌握钢铁材料的分类与牌号表示；了解常用钢铁材料的性能与应用；

(4) 掌握钢的基本热处理(退火、正火、淬火及回火)工艺方法及应用；

(5) 了解常用的热处理设备。

技能操作

(1) 了解常用热处理方法的基本操作；

(2) 完成或参观零件淬火操作工艺。

1.1 工程材料的基础知识

材料是人们用来制作各种有用器件的物质，是人类生产和社会发展的重要物质基础，也是人们日常生活中不可或缺的一个组成部分。

自从地球上有了人类至今，材料的利用和发展就成了人类文明发展史的里程碑。从石器时代开始，在经历了青铜器时代和铁器时代之后，人类进入了农业社会。18 世纪钢铁时代的来临，造就了工业社会的文明。尤其是近百年来，随着科学技术的迅猛发展和社会需求的不断提高，新材料更是层出不穷，出现了"高分子材料时代"、"半导体材料时代"、"先进陶瓷材料时代"、"复合材料时代"、"人工合成材料时代"和即将进入的"纳米材料时代"。目前，能源、信息、生物工程和新材料已成为现代科学技术和现代文明的四大支柱，而在这四者之中，新材料又是最重要的基础。历史证明，每一次重大新技术的发现往往都依赖于新材料的发展，而材料的种类、数量和质量已是衡量一个国家科学技术、国民经济水平以及社会文明的重要标志之一。

1.1.1 工程材料的分类

工程材料主要是指用于机械、车辆、船舶、建筑、化工、能源、仪器仪表等工程领域的材料，其种类繁多，有许多不同的分类方法。通常按材料的化学成分、结合键的特点，可将工程材料分为金属材料、高分子材料、陶瓷材料和复合材料四大类。

1. 金属材料

金属材料是以金属键结合为主的材料，具有良好的导电性、导热性、延展性和金属光泽，是目前使用量最大、用途最广的工程材料。金属材料分为钢铁材料和非铁金属两大类。

钢铁材料,又称黑色金属,主要指铁和以铁为基体的合金材料,即钢、铸铁材料,它占金属材料总量的 95％以上,由于钢铁材料具有力学性能优良、可加工性能好、价格低廉等特点,在工程材料中一直占据着主导地位。

除钢铁材料之外的所有金属及其合金材料统称为非铁金属,又称有色金属。非铁金属有轻金属(如铝、镁、钛等)、重金属(如铅、锡等)、贵金属(如金、银、镍、铂等)和稀有金属及其合金等,其中以铝及其合金用途最广。

2. 高分子材料

高分子材料又称聚合物材料,是以分子键和共价键为主的材料,主要成分为碳和氢。作为结构材料的高分子材料,具有塑性好、耐蚀性好、减振性好及密度小等特点。按其用途和使用状态,高分子材料又分为橡胶、塑料、合成纤维和胶黏剂等四大类型,在机械、电气、纺织、汽车、飞机、轮船等制造工业和化学、交通运输、航空航天等工业中被广泛应用。

3. 陶瓷材料

陶瓷是人类应用最早的材料之一。所谓陶瓷是指一种用天然硅酸盐(如黏土、长石、石英等)的人工合成化合物(如氮化物、氧化物、碳化物、硅化物、硼化物、氟化物等)为原料,经粉碎、配制、成形和高温烧制而成的无机非金属材料。陶瓷具有熔点高、硬度高、化学性能稳定、耐高温、耐腐蚀、耐磨损、绝缘和脆性大等特点。由于它的一系列性能优点,不仅可用于制作像餐具之类的生活用品,而且在现代工业中的应用也越来越广泛。尤其是在一些情况下,陶瓷成为唯一能选用的材料,例如内燃机火花塞,用陶瓷制作可承受的瞬间引爆温度达 2500 ℃,并可满足高绝缘性及耐蚀性的要求。一些现代陶瓷已成为国防、宇航等高科技领域中不可缺少的高温结构材料及功能材料。

陶瓷材料、金属材料及高分子材料被称为现代工程界的三大固体材料。

4. 复合材料

复合材料是指把两种或两种以上具有不同性质或不同组织结构的材料以微观或宏观的形式组合在一起而构成的新型材料。它不仅保留了组成材料各自的优点,而且还具有单一材料所没有的优良性能。

复合材料通常分为三大类:树脂基纤维复合材料、陶瓷基复合材料和金属基复合材料。如很多高级游艇、赛艇及体育器械等都是由碳纤维复合材料制成的,它们具有质量轻、弹性好、强度高等优点。

1.1.2 金属材料的主要性能

金属材料是机械制造中使用最广泛的材料,它具有一定的使用性能和工艺性能。使用性能是指材料在使用过程中所表现出的特性,包括力学性能、物理性能和化学性能等。工艺性能是指材料在加工过程中所表现出的特性,包括铸造、锻压、焊接、热处理和切削加工性能等。使用性能是机械零件材料选材的首要考虑因素。材料用于结构零件时,其力学性能是工程设计、选材的主要依据。在不同的使用条件下,对材料力学性能的要求是不同的。

1. 金属材料的力学性能

金属材料的力学性能是指材料在外力作用下所表现出来的特性。它主要包括强度、塑性、硬度和冲击韧度等。

（1）强度　强度是指金属材料在外力作用下抵抗永久变形（塑性变形）和断裂的能力。常用的强度性能指标是屈服强度（又称屈服点）和抗拉强度。屈服点以符号 σ_s（或 $\sigma_{0.2}$）表示，单位为 MPa。屈服点代表材料抵抗微量永久变形的能力；抗拉强度以符号 σ_b 表示，单位为 MPa。抗拉强度代表材料抵抗断裂的能力。

（2）塑性　塑性是指金属材料在外力作用下产生永久变形而不至于破坏的能力。常用的塑性性能指标是断后伸长率（用符号 δ 表示）和断面收缩率（用符号 ψ 表示）。断后伸长率和断面收缩率的数值越大，则材料的塑性越好。

（3）硬度　硬度是指材料抵抗局部变形，特别是塑性变形、压痕或划痕的能力，是衡量金属软硬程度的一种性能指标。材料的硬度用专门的硬度试验机测定。常用的硬度有布氏硬度和洛氏硬度两种。

布氏硬度值反映用一定直径的淬火钢球或硬质合金球，在试样表面的压痕单位面积上所承受的平均压力大小，用符号 HBS（用淬火钢压头时）或 HBW（用硬质合金压头时）表示，其中 HBS 应用最为广泛。

洛氏硬度值反映用金刚石圆锥或一定直径的淬火钢球压入被测材料表面的压痕深度的大小，用符号 HR 表示，并根据压头和试验力的不同，有 HRA、HRB 和 HRC 等标尺，其中 HRC 应用最为广泛。

硬度值一般应写在表示符号的前面，如 60 HRC、220～240 HBS 等。

（4）冲击韧度　冲击韧度是指金属材料在冲击载荷作用下抵抗断裂的能力。其反映试样单位截面上冲击吸收功的大小，用符号 α_k 表示。

工程上把冲击韧度低的材料称为脆性材料，冲击韧度高的材料称为韧性材料。

2．金属材料的物理和化学性能

（1）物理性能　金属材料的物理性能主要有密度、熔点、热膨胀性、导热性、导电性和磁性等。由于机械零件的用途不同，其物理性能要求也不同。

（2）化学性能　金属材料的化学性能是金属材料在常温或高温时抵抗各种化学作用的能力，如耐酸性、耐碱性和抗氧化性等。

3．金属材料的工艺性能

金属材料的工艺性能主要有铸造性能、锻造性能、焊接性能和可加工性能等。

（1）铸造性能　铸造性能是指金属材料能否用铸造方法制成优质铸件的性能。铸造性能的好坏取决于熔融金属的充型能力。影响熔融金属充型能力的主要因素之一是流动性。

（2）锻造性能　锻造性能又称可锻性，是指金属材料在锻压加工过程中能否获得优良锻压件的性能。它与金属材料的塑性和变形抗力有关。塑性越高，变形抗力越小，则锻造性能越好。

（3）焊接性能　焊接性能又称焊接性，是指金属材料在一定的焊接工艺条件下，获得优质焊接接头的难易程度。焊接性能好的材料，易于用一般的焊接方法和简单的工艺措施进行焊接。

（4）可加工性能　可加工性能又称可加工性，是指用刀具对金属材料进行切削加工时的难易程度。切削加工性能好的材料，在加工时对刀具的磨损量小，切削用量大，加工的表面质量也好。

1.1.3 钢铁材料的种类

虽然非金属材料和复合材料的应用越来越广,但在一般的机械制造领域中仍然以金属材料为主,尤其是以钢铁材料为主,而钢铁材料中以工业用钢和工程铸铁为主。

1. 工业用钢

钢是以铁为主要元素,含碳量一般小于 2.11%,并含有其他元素的金属材料。

1) 钢的分类

钢的分类包括我国多年来一直使用的常规分类方法和新的钢分类方法(GB/T 13304—2008)。

(1)常规分类方法。

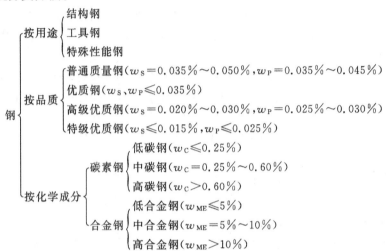

(2)新的钢分类方法。

(2) 工业用钢的牌号表示及应用

工业用钢有碳素钢(非合金钢)和合金钢两大类。

(1) 碳素钢 碳素钢简称碳钢。在实际应用中的碳素钢,其含碳量一般不超过 1.4%。碳素钢中除含有铁、碳外,还含有硅、锰等有益元素和硫、磷等有害杂质。碳素钢具有较好的力学性能和良好的工艺性能,价格低廉,在工业中应用广泛。

碳素钢有普通碳素结构钢、优质碳素结构钢和碳素工具钢等,其牌号表示及应用见表1-1。

表 1-1　常用碳素钢的牌号表示及应用

类　别		表 示 方 法	示　例	典型牌号及应用
碳素钢	普通碳素结构钢	用代表"屈服点"的拼音字母 Q＋屈服点数值＋质量等级（A、B、C、D、E）＋脱氧方法（F、B、Z、TZ）表示	如 Q235AF 表示屈服点 σ_s＝235 MPa、质量等级为 A 级的沸腾钢	Q195、Q235 等。一般在热轧状态使用，无须热处理。Q195 用于制造各种型材、建筑构件及螺钉、螺母、垫圈、铆钉等标准件；Q235 用于制造重要焊接件、不太重要的机械零件、建筑构件
	优质碳素结构钢	用代表钢中平均碳质量分数的万分之几的两位数字表示，若为沸腾钢、半镇静钢，则在钢号后加 F、B	如 20 钢表示碳质量分数为 0.2%（即万分之二十）的优质碳素结构钢。若锰质量分数较高，则在钢号后加 Mn，如 15Mn	08 钢、20 钢、45 钢、65 钢等，都需要热处理。08 钢用于制造冲压件；20 钢用于制造冲压件和焊接件，经渗碳处理也可制造轴、销等；45 钢用于制造齿轮、轴、连杆、套筒等；65 钢用于制造各种弹簧及弹性元件
	碳素工具钢	用代表"碳"的拼音字母 T＋平均碳质量分数的千分之几的数字表示，都是优质钢，若为高级优质钢，则在钢号后加 A	如 T12A 表示平均碳质量分数为 1.2%（即千分之十二）的高级优质碳素工具钢	T8、T10、T12 等，都需要热处理。T8 用于制造样冲、凿子、手锤等；T10 用于制造钻头、丝锥、刨刀、手用锯条等及冷作模具；T12 用于制造刮刀等及量规、样板等量具

（2）合金钢　为了改善钢的性能，冶炼时在碳素钢的基础上有目的地加入一种或几种合金元素，这类钢就称为合金钢。常用的合金元素有硅、锰、铬、镍、钨、钼、钒、稀土元素等。

与碳素钢相比合金钢具有许多独特的性能，如高的强度及韧度，高的淬透性和回火稳定性，一定的抗氧化能力，良好的耐磨性和耐蚀性等。常用合金钢的牌号表示及应用见表 1-2。

表 1-2　常用合金钢的牌号表示及应用

类　别		表 示 方 法	示　例	典型牌号及应用
合金钢	低合金高强度结构钢	在牌号组成中没有表示脱氧方法的符号，其余表示方法与普通碳素结构钢相同	如 Q295A 表示屈服点 σ_s＝295 MPa、质量等级为 A 级的低合金高强度结构钢	Q295、Q345、Q390 等。使用时一般不进行热处理。Q295 用于制造油槽、油罐、车辆和梁柱等；Q345 用于制造桥梁、船舶、压力容器、车辆和建筑结构等；Q390 用于制造船舶、压力容器、电站设备等

类 别		表 示 方 法	示 例	典型牌号及应用
合 金 钢	合金结构钢	用代表钢中平均碳质量分数的万分之几的两位数字＋合金元素符号＋该元素质量分数的百分之几的数字表示（w_{Me}＜1.5%不标出） 滚动轴承钢以G（滚）＋Cr＋Cr质量分数的千分之几的数字表示	如40Cr表示平均碳质量分数为0.4%（即万分之四十）的合金结构钢，主要合金元素Cr的质量分数＜1.5%。 GCr15表示平均Cr质量分数为1.5%的滚动轴承钢	16Mn、20CrMnTi、40Cr、65Mn、GCr15等。16Mn用于制造桥梁、建筑、车辆等重要构件；20CrMnTi用于制造变速齿轮、凸轮轴等；40Cr用于制造齿轮、连杆、曲轴等；65Mn用于制造各种弹簧及弹性元件；GCr15用于制造转动轴上的滚珠、滚柱和轴承等
	合金工具钢	用代表钢中平均碳质量分数的千分之几的两位数字＋合金元素符号＋该元素质量分数的百分之几的数字表示（w_C＞1.0%不标出）	如9SiCr表示平均碳质量分数为0.9%（即千分之九）的合金工具钢，主要合金元素Si、Cr的质量分数＜1.5%	9SiCr、CrWMn、W18Cr4V、W6Mo5Cr4V2等。9SiCr用于制造板牙、丝锥等低切削速度刀具及冷冲模；CrWMn用于制造模具、量具；W18Cr4V、W6Mo5Cr4V2用于制造车刀、铣刀、滚刀等高速切削刀具
	特殊性能钢	有不锈钢、耐热钢和耐磨钢等，其牌号表示方法有差异，可参考有关资料	如0Cr18Ni9表示平均碳质量分数w_C＜0.10%的奥氏体不锈钢，主要合金元素w_{Cr}＝18%、w_{Ni}＝9%	可参考有关资料

2．工程铸铁

铸铁是含碳量大于2.11%（一般为2.5%～4.0%）的铁碳合金。它是以铁、碳和硅为主要组成元素，还含有较多的杂质元素锰、硫、磷。另外，为了提高铸铁的某些性能，还可加入Cr、Mo、V、Cu、Al等合金元素，得到合金铸铁。

铸铁与钢相比，虽然力学性能较低，不能锻造，但它具有优良的铸造性能和切削加工性能，生产工艺简单、成本低，并具有良好的耐磨性、消振性和低的缺口敏感性，所以，在机械制造、冶金、矿山、石油化工、交通运输等部门得到广泛应用。在各类机械中，铸铁件占机器质量的40%～70%；在机床和重型机械中占85%～90%。

铸铁按其碳的存在形式和石墨的形状可分为白口铸铁、灰铸铁、麻口铸铁、可锻铸铁、球墨铸铁、蠕墨铸铁和合金铸铁等，以灰铸铁、可锻铸铁和球墨铸铁应用最广。常用铸铁的牌号表示及应用见表1-3。

表 1-3　常用铸铁的牌号表示及应用

类 别		表 示 方 法	示 例	典型牌号及应用
铸铁	灰铸铁	用代表"灰、铁"的拼音字母 HT＋最低抗拉强度值表示	如 HT150 表示最低抗拉强度值≥150 MPa 的灰铸铁	HT150、HT200 等。用于制造机床床身、底座、箱体、带轮等
	可锻铸铁	用代表"可、铁"的拼音字母 KT＋显微组织代号（黑心 H、珠光体 Z）＋最低抗拉强度值与最低伸长率的两组数字表示	如 KTZ450-06 表示基体为珠光体，最低抗拉强度值≥450 MPa，最低伸长率≥6％的可锻铸铁	KTZ450-06、KTH330-08 等。KTZ450-06 用于制造曲轴、连杆、活塞环、凸轮轴等；KTH330-08 用于制造管接头、弯头等
	球墨铸铁	用代表"球、铁"的拼音字母 QT＋最低抗拉强度值与最低伸长率的两组数字表示	如 QT400-15 表示最低抗拉强度值≥400 MPa，最低伸长率≥15％的球墨铸铁	QT400-15、QT500-7 等。QT400-15 用于制造阀门体、汽车零件等；QT500-7 用于制造机油泵齿轮、空压机缸体、传动轴、飞轮等

1.1.4　钢材坯料的类别与规格

常用钢材的类别很多，主要有型钢、钢板、钢管和钢丝等几种，其主要类别和规格及表示方法见表 1-4。

表 1-4　常用钢材的类别与规格

类 别	名 称		规格表示方法及示例
型钢	圆钢		以直径表示，如圆钢 $\phi20$ mm
	方钢		以边长×边长表示，如方钢 30 mm×30 mm
	扁钢		以边宽×边厚表示，如扁钢 20 mm×4 mm
	工字钢		以高×脚宽×腰厚表示，如工字钢 100 mm×50 mm×4.5 mm
	槽钢		以高×腿宽×腰厚表示，如槽钢 200 mm×75 mm×9 mm
	角钢	等边	以边宽×边宽×边厚表示，如等边角钢 50 mm×50 mm×5 mm
		不等边	以长边宽×短边宽×边厚表示，如不等边角钢 80 mm×50 mm×6 mm
钢板	薄板		以厚度×宽度表示，厚度≤4 mm，宽度为 500～1400 mm
	厚板		以厚度×宽度表示，厚度＞4 mm，宽度为 600～3000 mm
	带钢		以厚度×宽度表示，如带钢 2.0 mm×315 mm，长度一般很长
钢管	无缝		以外径×壁厚×长度表示，如钢管 $\phi133$×6.5 mm×12000 mm
	焊接		以外径×壁厚表示，如焊管 $\phi108$ mm×3.8 mm
钢丝	一般用途钢丝		以直径表示，如钢丝 $\phi8$ mm
	弹簧钢丝		以直径表示，如弹簧钢丝 $\phi12$ mm
	钢绳		以直径表示，如钢绳 $\phi8$ mm

1.2 钢的热处理方法

1.2.1 概述

热处理是将钢在固态下加热到一定的温度,进行必要的保温,并以适当的速度冷却,以改变其表面或内部组织,从而获得所需组织和性能的工艺方法。

通过热处理可以提高材料的力学性能,如强度、硬度、塑性和韧度等,同时,还可改善其工艺性能,如改善毛坯材料的切削性能,使之易于加工,从而扩大材料的适用范围,提高材料的利用率,满足一些特殊使用要求。因此,各种机械中许多的重要零件都要进行热处理。

热处理工艺过程的要素主要有加热温度与速度、保温时间、冷却速度。热处理时,根据零件的形状、大小、材料及性能等要求,可采取不同的加热速度、加热温度、保温时间以及冷却速度,因而,有不同的热处理方法。常用的热处理方法大致分类如下:

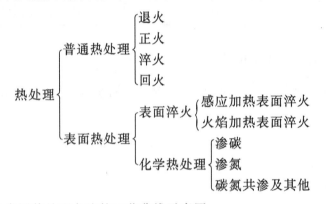

图 1-1 所示为常用热处理方法的工艺曲线示意图。

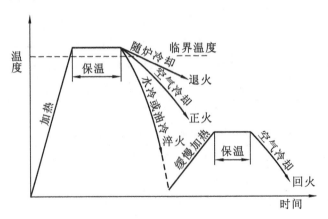

图 1-1 常用热处理方法的工艺曲线示意图

1.2.2 普通热处理

根据热处理方法在零件机械制造工艺过程中所处位置的不同,热处理工艺又可分为预先热处理和最终热处理。预先热处理用来消除坯料、半成品的某些缺陷,为后续切削加工和最终热处理做准备,如退火、正火等;最终热处理则在于实现零件的使用性能要求,如淬火、回火和化学热处理等。

1. 退火

退火是指将钢加热到某一适当温度,并保温一定时间,然后缓慢冷却(一般随炉冷却)的工艺过程。退火的目的:①降低钢硬度、提高钢的塑性,改善钢的切削加工和冷变形加工工艺性能;②细化晶粒、均匀成分、改善钢的组织;③消除内应力防止工件变形。按钢的成分和热处理的目的不同,退火方法有以下几种。

(1) 完全退火　可以降低材料的硬度,消除钢中的不均匀组织和内应力,主要用于低碳钢和中碳钢工件的热处理。

(2) 球化退火　目的在于降低硬度,改善切削加工性能,主要用于高碳钢。

(3) 去应力退火　主要用于消除铸、锻、焊件的内应力,稳定尺寸,减少工件使用中的变形。

2. 正火

将钢加热到一定温度,保温一段时间后在空气中冷却的热处理工艺称为正火。正火主要有以下几方面的应用。

(1) 调整低碳钢和低碳合金钢的硬度,改善切削工艺性能。

(2) 细化晶粒、改善组织结构,改善材料的力学性能。

(3) 消除过共析钢中的网状渗碳体,为球化退火做好组织准备。

正火比退火生产周期短,生产成本低,操作方便。因此,在可能的条件下尽可能采用正火。对于一些结构比较复杂的零件,由于正火冷却速度快,可能会引起零件的开裂,因而采用退火为宜。

3. 淬火

将钢加热到一定温度,保温后在冷却介质中快速冷却的热处理工艺称为淬火。它是提高材料的硬度及耐磨性的主要热处理方法。

不同钢材及不同表面质量要求的淬火可以使用不同的加热介质,如空气、熔盐、真空加热等。其冷却介质可以是水、油、聚合物液体、熔盐及强烈流动的气体等,可依据不同钢材进行选择。

为改善淬火后工件的力学性能,消除内应力,防止工件变形开裂,工件一般要进行回火。

4. 回火

将淬火后的工件加热到临界点以下的温度,并保温一段时间,然后以一定的方式冷却到室温,这种热处理工艺称为回火。回火是淬火的继续,经淬火的钢件须及时进行回火处理。回火可减少或消除工件淬火后产生的内应力,调整钢件的强度和硬度,使工件获得所需要的综合力学性能及稳定组织。

实际生产中,根据工件所要求的硬度确定回火温度,有低温回火、中温回火和高温回火三种。一般来说,回火温度越高,硬度、强度越低,而塑性、韧性越好。常见的"调质处理"就是"淬火＋高温回火"的热处理。

1.2.3 表面热处理

在机械设备中,某些在冲击载荷、交变载荷及摩擦条件下工作的零件(如曲轴、齿轮、凸轮、活塞销等)要求表面具有较高的硬度和耐磨性,而心部要求具有较好的塑性和韧性。为了满足这类零件的性能要求,就要进行表面热处理。常用的表面热处理方法有:表面淬火和化学热处理。

1. 表面淬火

表面淬火是将钢的表面快速加热到淬火温度,然后立即快速冷却(即快速加热、及时冷却),使工件表面的强度、硬度提高,心部仍然保持原来的组织和性能的热处理工艺。

生产中常用的表面淬火方法有:火焰加热表面淬火和感应加热表面淬火。

2. 化学热处理

化学热处理是通过改变工件表层的化学成分,以获得所需的表面组织和性能的热处理工艺。化学热处理与表面热处理的不同之处是后者改变了工件表层的化学成分。化学热处理是将工件放在含碳、氮或其他合金元素的介质(气体、液体、固体)中加热,保温较长时间,从而使工件表层渗入碳、氮、硼和铬等元素。渗入元素后,有时还要进行其他热处理工艺,如淬火及回火等。

化学热处理的主要方法有渗碳、渗氮、碳氮共渗、渗金属元素(铝、硅、硼)等。其活性原子渗入工件表面是由以下三个基本过程来完成的,即分解、吸收和扩散。

(1) 分解,由化学介质分解出能够渗入工件表面的活性原子。

(2) 吸收,分解出的活性原子被工件所吸收。

(3) 扩散,渗入的活性原子,由表面向心部扩散,形成一定厚度的扩散层(渗层)。

渗碳的目的是提高工件表面的含碳量,渗碳后经淬火及低温回火,使零件表面获得高硬度和耐磨性,而心部仍然保持一定的强度及较好的塑性和韧性。渗碳适用于低碳钢或低碳合金钢。

渗氮的目的是提高工件表面的硬度、耐磨性、疲劳极限、热硬性和耐蚀性。渗氮层的深度一般为 0.1～0.6 mm。渗氮后无须进行淬火及回火。一般钢铁材料和部分非铁金属(如钛及其合金)均可进行渗氮处理。

1.2.4 常用热处理设备

根据热处理的基本工艺过程,热处理设备分为主要设备和辅助设备。主要设备包括热处理炉、热处理加热设备、冷却设备等。辅助设备包括检验设备、校正设备、清洗设备、淬火介质循环设备、防火除尘设备等。

1. 热处理炉

热处理炉是热处理车间的主要设备,通常的分类方法为:按能源不同可分为电阻炉、燃料炉;按工作温度不同可分为高温炉(>1000 ℃)、中温炉(650～1000 ℃)、低温炉(<600 ℃);按工艺用途不同可分为正火炉、退火炉、淬火炉、回火炉、渗碳炉等;按形状结构不同可分为箱式炉、井式炉等。常用的热处理炉有电阻炉和盐浴炉等。

（1）箱式电阻炉　图 1-2 所示为箱式电阻炉的结构示意图。其中炉膛由耐火砖砌成，侧面和底面布置有电热元件。通电后，电能转化为热能，通过热传导、热对流、热辐射达到对工件的加热。箱式电阻炉的选用，一般根据工件的大小和装炉量的多少。中温箱式电阻炉应用最为广泛，常用于碳素钢、合金钢零件的退火、正火、淬火及渗碳等。

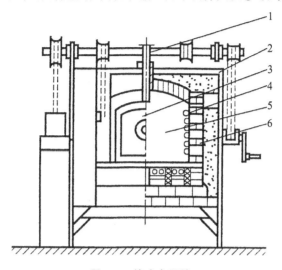

图 1-2　箱式电阻炉

1—热电偶；2—炉壳；3—炉门；4—电热元件；5—炉膛；6—耐火砖

（2）井式电阻炉　图 1-3 所示为井式电阻炉的结构示意图。其特点是炉身如井状置于地面以下，炉口向上，特别适宜于长轴类零件的垂直悬挂加热，可以减少弯曲变形。另外，井式电阻炉可用吊车装卸工件，故应用较为广泛。

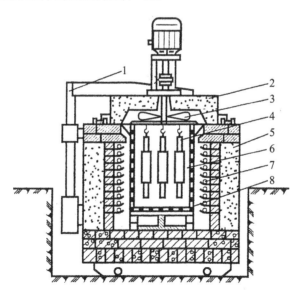

图 1-3　井式电阻炉

1—炉盖升降机构；2—炉盖；3—风扇；4—零件；5—炉体；

6—炉膛；7—电热元件；8—装料筐

（3）盐浴炉 盐浴炉是用液态的熔盐作为加热介质对工件进行加热,其特点是结构简单、加热速度快而均匀,工件氧化脱碳少,应用较广,适宜于细长工件悬挂加热或局部加热,可以减少变形。但在盐浴炉加热时,存在零件的扎绑、夹持等工序,操作较为复杂。

最常用的插入式电极盐浴炉的结构如图 1-4 所示。盐浴炉可以进行正火、淬火、化学热处理、局部淬火、回火等。

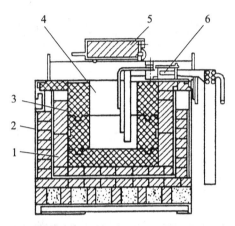

图 1-4 插入式电极盐浴炉

1—保温层;2—炉壳;3—炉衬;4—炉膛;5—炉盖;6—电极

2. 冷却设备

常用的冷却设备有水槽、油槽、浴炉、缓冷坑等。介质包括:自来水、盐水、机油、硝酸盐溶液等。

3. 检验设备

常用的检验设备有洛氏硬度计、布氏硬度计、金相显微镜、物理性能测试仪、量具、无损探伤设备等。

1.3 淬火工艺基本操作训练

1.3.1 热处理实习安全操作规程

（1）进入车间,尤其是淬火件出炉时必须穿戴好防护面罩、工作服、手套、防护鞋等必要的防护用品,严禁穿凉鞋。

（2）实习学生必须在指定工位进行操作,未经指导教师同意,不得随意触摸、启动各种电源开关和设备。

（3）操作中集中思想,严禁擅离工位,严禁串岗、打闹,应注意防火、防爆、防毒、防烫、防触电,并了解有关的救护知识。

（4）热处理操作前,必须掌握热处理工艺规程,检查设备、仪表、吊车和操作工具等是否正常,以保证热处理的安全、正常运行。

（5）热处理淬火前,须开启液池的冷却循环泵;淬火时开启油、水或淬火液的搅拌泵。

淬火时注意操作安全,防止油、水等飞溅烫伤操作者。

（6）工件装、出炉时,必须切断加热元件电源,以防触电。工件装、出炉时要确认夹持稳固、轻装轻卸,严禁任意抛甩,避免碰撞电阻丝、炉壁或热电偶,避免工件磕碰。

（7）热处理车间必须备有灭火器,操作者必须会使用 CCL4 灭火器,以防着火时急用。

（8）操作者对炽热的淬火、正火（或退火）、回火的工件应注意安全,防止烫伤。

（9）出炉前、后做好工件的标识和记录,保留好温度运行曲线图。

（10）热处理工序完成后及时对工件硬度进行检测,并记录检测结果。

（11）工作场地周围应保持整洁,工件、工具和其他物品应摆放整齐,通道应畅通,以保证安全生产。

（12）实习结束时,关闭电源开关,填写设备使用记录。

1.3.2　淬火工艺基本操作训练

热处理方法的实践操作可以以校外企业见习参观为主,有条件时开展淬火工艺基本操作训练。

1. 零件淬火工艺分析

对于碳钢材料的零件,在淬火时要分析含碳量、加热温度、冷却速度及回火温度等主要因素对碳钢热处理后组织与性能的影响。

（1）加热温度　碳钢普通热处理的加热温度,原则上按加热到临界温度 A_{c1} 或 A_{c3} 线（加热时的相变温度）以上 30～50 ℃ 进行选定。但生产中,应根据工件实际情况做适当调整。热处理加热温度不能过高,否则会使工件的晶粒粗大、氧化、脱碳、变形、开裂等倾向增加。但加热温度过低,也达不到要求。

（2）加热时间　热处理的加热时间（包括升温与保温时间）与钢的成分、原始组织、工件的尺寸与形状、使用的加热设备与装炉方式及热处理方法等许多因素有关。因此,要确切计算加热时间是比较复杂的。在实验室中,一般按照经验公式加以估算。回火的保温时间,要保证工件热透并使组织充分转变。组织转变时间一般不大于 0.5 h,但热透时间则随回火温度、工件有效厚度、装炉量及加热方式而异,生产中的热透时间一般为 1～3 h。由于实验所用试样较小,故回火保温时间可为 30 min。

（3）冷却方法　淬火时,除了要选用合适的淬火冷却介质外,还应改进淬火方法。对形状简单的工件,常采用简易的单液淬火法,如碳钢用水或盐水液作冷却介质,合金钢常用油作冷却介质。

（4）碳钢含碳量对淬火后硬度的影响　在正常淬火条件下,钢的含碳量越高,淬火后的硬度也越高。一般低碳钢淬火后,硬度在 30 HRC 左右;中碳钢淬火后,硬度可达 40～50 HRC;高碳钢淬火后,硬度高达 62～65 HRC。

（5）不同的回火温度对碳钢硬度的影响　淬火钢在回火过程中发生了一系列的组织变化,这必然会引起力学性能发生相应的变化。淬火钢的回火,实质上是一个软化过程,性能变化的总趋势是随着回火温度的升高,硬度、强度降低,而塑性、韧性提高。

2. 零件淬火步骤及注意事项

淬火操作前可将全班分成几组,每组领取 45 钢 3 块,淬火硬度为 40～45 HRC;T10 钢

3块,淬火硬度为58～62 HRC。各零件的淬火步骤见表1-5。

表1-5 零件淬火步骤

序号	工序内容	操作步骤及内容
1	准备阶段	根据材料热处理后的硬度要求,拟定零件的热处理工艺规范
		绘出包括加热温度、保温时间及冷却方法的工艺曲线
		拟定淬火操作步骤
2	淬火	加热,将零件放入加热炉中加热至指定温度
		保温,约30 min
		冷却,将零件放入水中冷却
3	检验	清除氧化皮后,测定硬度
4	回火	根据回火要求进行回火处理
5	检验	清除氧化皮,测定硬度

注意事项:

(1)往炉中放、取零件时必须使用夹钳,夹钳必须擦干,不得沾有油和水。

(2)淬火冷却时,零件要用夹钳夹紧,动作要迅速,并要在冷却介质中不断搅动。夹钳不要夹在测定硬度的表面上,以免影响硬度值。

(3)淬火时水温应保持在20～30 ℃,水温过高时要及时换水。测定硬度前,必须将零件表面的氧化皮除去并磨光。每个零件应在不同部位测定3次硬度,并计算其平均值。

(4)热处理时应注意安全操作。

复习思考题

1. 工程材料分为哪四类?试分别举例说明其应用。
2. 简述金属材料的主要性能。
3. 金属材料的力学性能指标主要有哪些?
4. 简述钢铁材料的分类及牌号表示。与碳素钢相比,合金钢具有哪些特点?
5. 什么是钢热处理?常用的热处理方法有哪些?
6. 什么是回火?为什么淬火钢均应回火?
7. 常用的化学热处理方法有哪几种?
8. 何谓调质处理?其目的是什么?

第 2 章 铸 造

教 学 要 求

理论知识

（1）了解铸造的定义、特点与分类，理解砂型铸造的工艺过程；

（2）理解铸型的组成及砂型铸造的工艺装备，了解型（芯）砂的性能要求、组成、种类和配制；

（3）掌握手工两箱造型（整模、分模、挖砂和活块造型）和造芯的方法与基本操作；

（4）了解合金的熔炼与浇注、落砂与清理，了解铸件的常见缺陷及产生原因；

（5）了解常见特种铸造的方法和铸造新技术。

技能操作

（1）能正确使用手工造型的常用工具；

（2）根据零件图，完成中等复杂铸件的手工两箱造型（整模、分模、挖砂和活块造型）和造芯的基本操作训练；

（3）有条件时完成或参观合金的熔炼和浇注。

2.1 概述

铸造是历史最为悠久的金属液态成形工艺，也是当今机械制造中毛坯生产的重要工艺方法。在机械制造业中铸件的应用十分广泛。在一般机械设备中，铸件的质量往往要占机械总质量的 70%～80%，有些甚至更高。

2.1.1 铸造的定义、特点与分类

铸造是指将熔融的金属液浇注入预先准备好的具有和零件形状相适应的铸型空腔中，冷却凝固后获得一定形状、尺寸和性能的铸件的金属成形方法。熔融金属和铸型是铸造的两大基本要素。

铸造获得的毛坯或零件称为铸件，铸件一般作为毛坯，需要经过机械加工后才能成为零件，某些特种铸造获得的铸件也可直接作为零件使用。

1. 铸造的特点

与其他材料成形方法相比，铸造具有以下特点。

（1）铸造成形方便。铸造是一种液态成形技术，形状十分复杂的铸件可以通过铸造生产，如带有复杂内腔的内燃机的缸体和缸盖、机床的床身和箱体等都是采用铸造的方法生产的。

（2）铸造适应范围广。首先，各种金属材料及部分非金属材料都可以通过铸造的方法

制造出零件,如碳钢、合金钢、铸铁、铜合金、铝合金以及高分子材料和陶瓷等均可铸造,其中应用广泛的铸铁件只能通过铸造的方法获得;其次,铸件的大小几乎不限,质量从几克到几百吨,壁厚从 1 mm 以下到 1 m 以上;再次,适应各种批量的零件生产,从单件、小批到大量生产,铸造方法均能适应。

(3)铸造生产成本低。首先,铸件的加工余量小,减少切削加工量,节约金属,从而降低了制造成本;其次,铸造过程中各项费用较低,铸件本身的生产成本较低。

(4)铸件的力学性能较差。一般条件下,铸件晶粒粗大(铸态组织)、化学成分不均匀、存在铸造缺陷等,因此,铸件的力学性能较差。

2. 铸造的分类

常用的铸造方法可分成两大类,砂型铸造和特种铸造。

(1)**砂型铸造** 当直接形成铸型的材料主要是型砂,且液态金属完全靠重力充满整个铸型型腔时,称为砂型铸造。砂型铸造目前应用最为广泛,是本章介绍的重点。

(2)**特种铸造** 凡不同于砂型铸造的所有铸造方法,统称为特种铸造,如金属型铸造、压力铸造、离心铸造和熔模铸造等。

2.1.2 砂型铸造的工艺过程

砂型铸造是指用型砂紧实成形的铸造方法,其基本工艺过程如图 2-1 所示,主要包括制造模样和芯盒、配制型砂和芯砂、造型和造芯、烘干、合型、熔炼金属、浇注、落砂、清理及检验等。图 2-2 是齿轮毛坯的砂型铸造工艺过程简图。

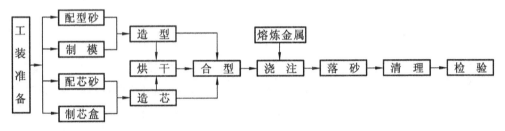

图 2-1 砂型铸造的基本工艺过程

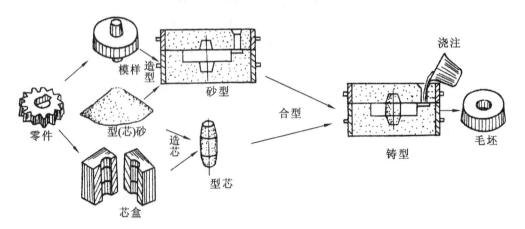

图 2-2 齿轮毛坯的砂型铸造

2.2 铸型的制造

铸型用来容纳金属液的,使金属液按照型腔的形状凝固成形,由型砂、金属材料或其他耐火材料制成。由型砂制成的铸型由上砂型、下砂型、型腔(形成铸件形状的空腔)、型芯、浇注系统和砂箱等部分组成。铸型的组成和各部分名称见图 2-3 所示,各部分作用见表 2-1。

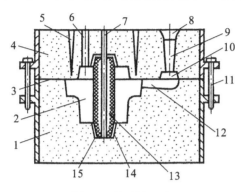

图 2-3 铸型的组成

1—下砂型;2—型腔;3—分型面;4—上砂型;5—通气孔;6—出气孔;
7—型芯通气孔;8—浇口杯;9—直浇道;10—横浇道;11—合型销;
12—内浇道;13—型芯;14—型芯座;15—型芯头

表 2-1 铸型各组成部分的名称与作用

名 称	作用与说明
上砂型	上面砂箱内的砂型
下砂型	下面砂箱内的砂型
分型面	上砂型与下砂型的分界面
型砂	按照一定比例配制的、符合造型要求的造型材料
型腔	模样取出砂型后留下的、造型材料包围的、形成铸件形状的空腔
型芯	为了获得铸件内孔或局部外形、放置于型腔内部的造型材料
浇注系统	为了将金属液引导入型腔而在砂型上开设的通道
通气孔	为了排除气体,在砂型或型芯内开设的沟槽或孔洞

2.2.1 造型(芯)材料

砂型铸造用的造型材料主要是型砂和芯砂,其中,型砂用于造型,芯砂用于造芯。型(芯)砂一般由原砂、黏结剂、附加物和水等按一定比例混制而成(见图 2-4),具有一定的物理性能,能够满足造型(芯)的需要。型(芯)砂的质量直接关系铸件质量。

1. 型(芯)砂的主要性能要求

(1)一定的强度 强度是指紧实后的型(芯)砂抵抗外力破坏的能力。足够的强度可以

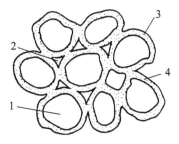

图 2-4　型(芯)砂的组成
1—原砂；2—空隙；
3—黏结剂膜；4—附加物

保证砂型在制造、搬运以及金属液冲刷下不会被破坏。强度过低,易造成塌箱、冲砂,铸件易产生砂眼、夹砂等铸造缺陷;但强度过高,使得型(芯)砂的透气性和退让性降低,铸件易产生气孔、变形和裂缝等铸造缺陷。

型(芯)砂的强度跟黏结剂含量、原砂粒度和砂型紧实度等有关。砂中黏结剂含量越高,砂型紧实度越高,原砂粒度越细,则强度越高。

（2）较高的耐火性　耐火性是指型(芯)砂抵抗高温热作用的能力。耐火性差,铸件易产生黏砂等铸造缺陷。型(芯)砂的耐火性主要取决于原砂中 SiO_2 的含量, SiO_2 的含量越多,耐火性越高。

（3）较好的透气性　紧实后的型(芯)砂透过气体的能力称为透气性。浇注时,型腔内会产生大量气体(水分汽化为高温过热蒸汽和空气受热膨胀),这些气体必须通过铸型排出去。如果透气性差,会使铸件形成气孔、浇不足等铸造缺陷。砂中黏结剂含量越低,砂型紧实度越低,原砂粒度越粗,透气性越好。

（4）较好的退让性　退让性是指型(芯)砂在铸件冷却收缩过程中,体积可被压缩的能力。退让性差,铸件收缩受到阻碍,使得内应力增加,易产生变形、裂纹等铸造缺陷。型(芯)砂的退让性跟黏结剂类型、原砂成分和砂型紧实度等有关。砂型紧实度越高,退让性越差。

此外,型(芯)砂还应具有好的可塑性、溃散性、耐用性、流动性以及低的吸气性等。芯砂处于金属液的包围之中,所以对芯砂的性能要求更高。

2. 型(芯)砂的组成和种类

（1）原砂　原砂即硅砂,主要成分为 SiO_2,是型(芯)砂的主要成分,但只有符合一定技术要求的天然矿砂才能作为铸造用砂。高质量的原砂要求 SiO_2 的含量达到 85% 以上,杂质少,粒度较粗但均匀,而且呈圆形。

（2）黏结剂　黏结剂的作用是将原砂砂粒黏结在一起,以便制造出具有一定塑性及强度的砂型,主要有无机黏结剂(如黏土、水玻璃、水泥等)和有机黏结剂(如合成树脂、油类等)两大类。

按照黏结剂的不同,型(芯)砂可分为黏土砂、水玻璃砂、树脂砂、合脂砂等。

① 黏土砂。黏土砂是以黏土(膨润土和普通黏土)为黏结剂的型(芯)砂,其用量占整个铸造用砂量的 $70\%\sim80\%$,其中膨润土多用于湿型(芯)砂、普通黏土多用于干型(芯)砂。

② 水玻璃砂。用水玻璃(硅酸钠的水溶液)作黏结剂的型(芯)砂称为水玻璃砂。硅酸钠的水溶液在加热或吹入 CO_2 时,能生成硅酸凝胶,迅速硬化,无需烘干,强度比黏土砂更高,铸件精度高,主要适用于制作砂型或要求较高的型芯。

③ 树脂砂。树脂砂是以合成树脂(如酚醛树脂和呋喃树脂等)为黏结剂的型(芯)砂。树脂砂硬化快,强度高,砂型或型芯尺寸精度高、表面质量好,退让性、溃散性好,但成本较高,主要适用于制作尺寸较小、形状复杂或较重要的型芯。

（3）附加物　附加物主要是为了改善型(芯)砂的某些性能而加入的辅助材料。如加入煤粉、重油有利于提高铸件表面和内腔表面的质量;加入木屑有利于提高型(芯)砂的退让性和透气性。

（4）涂料　为了提高铸件表面质量，防止或减少铸件黏砂、砂眼和夹砂等缺陷，便于铸件落砂和清理，可在砂型或型芯表面涂覆涂料。涂料一般由耐火材料、溶剂、悬浮剂、黏结剂和添加剂等组成。

3. 型(芯)砂的配制

型(芯)砂的配制工艺对型(芯)砂的性能有很大影响。为了降低生产成本，同时保证铸件质量，铸造生产所用的型(芯)砂往往以使用过的旧砂为主，加入一定量的新砂，按照一定比例重新配制使用。生产小型铸件的型(芯)砂配比一般为旧砂 90％左右、新砂 10％左右，黏土、水、煤粉等附加物分别占新旧砂总量的 5％～10％、3％～8％、2％～3％。

按照一定配比选择和处理好的原材料应混合均匀。混制工艺是先加入新砂、旧砂、黏结剂和附加物等干混 2～3 min，再加入水湿混 5～7 min，性能达到要求后出砂。混好的型(芯)砂应堆放一段时间，使水分均匀。使用前还要用筛砂机或松砂机进行松砂，使之松散好用。

2.2.2　造型(芯)的工艺装备

模样、芯盒和砂箱是砂型铸造的主要工艺装备。

1. 模样

在砂型铸造生产中，模样用来形成铸型的型腔。模样是由木材、金属或其他材料制成的，模样的外形应与零件外形相适应，但其形状和尺寸与零件图有一定差别。设计模样时必须考虑：在铸件需要切削加工的表面上留出加工余量；铸件在冷凝过程中产生的收缩量；模样的垂直部分要有起模斜度；模样上的夹角处要做成圆角等。图 2-5 所示为零件与模样关系示意图。

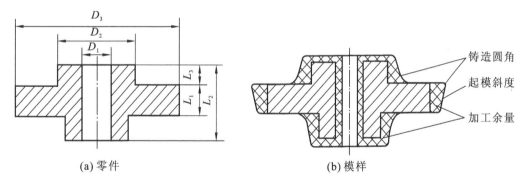

(a) 零件　　　　　　　　　　　　　(b) 模样

铸造圆角
起模斜度
加工余量

图 2-5　零件与模样关系示意图

木模质轻价廉，易于制造，但容易变形和损坏，一般用于单件小批生产的铸件。大批量生产铸件时，常用金属模。

2. 芯盒

砂型铸造生产中，一般要用与铸件内腔相似的型芯来形成铸件的孔及内腔。型芯一般用芯盒制造，芯盒的空腔形状和铸件的内腔相适应。芯盒用木材或金属制成，单件小批量生产时常用木制芯盒，成批大量生产时用金属芯盒。按照芯盒构造不同，可分为整体式、对开式和组合式等多种类型，如图 2-6 所示。

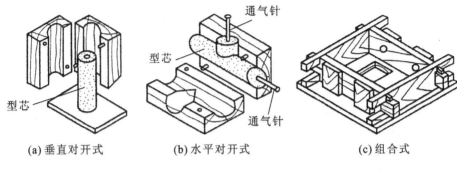

(a) 垂直对开式　　　　(b) 水平对开式　　　　(c) 组合式

图 2-6　芯盒的类型

3. 砂箱

砂型铸造生产中,一般应用砂箱进行生产,其作用是在造型、搬运和浇注过程中容纳、支承和固定砂型,防止砂型变形或损坏。砂箱一般由铸铁等金属制成,如图 2-7 所示为常用的几种砂箱。应根据铸件的尺寸和重量、造型方法选择合适的砂箱。

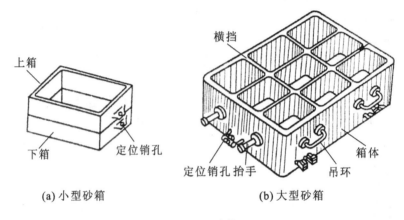

(a) 小型砂箱　　　　　　　　　(b) 大型砂箱

图 2-7　砂箱

除模样、芯盒和砂箱外,砂型铸造的工艺装备还有压实砂箱用的压砂板,填砂用的填砂框,托住砂型用的砂箱托板等。

2.2.3　造型

用型砂及模样等工艺装备制造砂型的过程称为造型。造型方法可分为手工造型和机器造型两大类。

1. 手工造型

造型主要工序有填砂、春砂、起模和修型。填砂是将型砂填充到已放置好模样的砂箱内,春砂则是把砂箱内的型砂紧实,起模是把形成型腔的模样从砂型中取出,修型是起模后对砂型损伤处进行修理的过程。手工完成这些工序的操作方式即手工造型。

手工造型常用工具如图 2-8 所示,表 2-2 所示为手工造型常用工具的名称及作用。

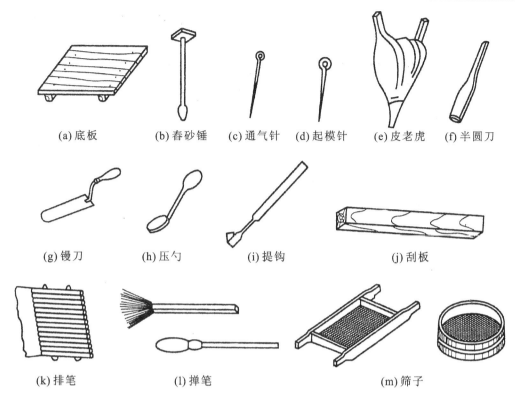

(a) 底板　　　(b) 舂砂锤　　(c) 通气针　(d) 起模针　(e) 皮老虎　(f) 半圆刀

(g) 镘刀　　　　(h) 压勺　　　　(i) 提钩　　　　　　(j) 刮板

(k) 排笔　　　　　　(l) 掸笔　　　　　　　　(m) 筛子

图 2-8　手工造型常用工具

表 2-2　手工造型常用工具及作用

名　　称	作用与说明
底板	用于造型时放置模样和砂箱,多由木材制成,尺寸大小依模样和砂箱而定
舂砂锤	两端形状不同,尖头用于砂箱内及模样周围型砂紧实,平头用于砂箱顶部型砂紧实
通气针	用于在砂型上适当位置扎出通气孔,以利于排出型腔中的气体
起模针	用于由砂型中取出模样
皮老虎	又称为手风箱,用于吹去模样上的分型砂及砂型上的散砂
半圆刀	用于修整砂型型腔的圆弧形内壁和型腔内圆角
镘刀	又称为砂刀,有平头、圆头、尖头等,用于修整砂型表面或在砂型表面开挖沟槽
压勺	用于修整砂型型腔的曲面
提钩	用于修整砂型型腔的底面和侧面,也用于清理散砂
刮板	用于型砂紧实后刮平砂箱顶面的型砂和修整大平面
排笔	用于较大砂型(芯)表面刷涂料,或清扫砂型上的灰砂
掸笔	用于蘸水润湿模样边缘的型砂,以利于起模,或对小砂型(芯)表面刷涂料
筛子	大筛子用于型砂的筛分和松散,小筛子用于筛撒面砂
铁铲	用于拌匀、松散型砂和往砂箱内填砂

手工造型操作灵活、工艺设备简单,但生产效率低,劳动强度大,仅适用于单件、小批生产。

手工造型的方法很多,按砂箱特征可分为两箱造型、三箱造型、脱箱造型和地坑造型等。按模样特征可分为整模造型、分模造型、活块造型、挖砂造型、假箱造型等。可根据铸件的形状、尺寸和生产批量选择造型方法。

(1)整模造型 整模造型是用整体模样进行造型的方法,其造型过程如图 2-9 所示。

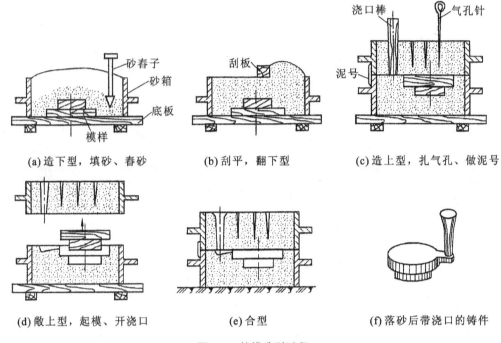

(a) 造下型,填砂、舂砂　　(b) 刮平,翻下型　　(c) 造上型,扎气孔、做泥号

(d) 敞上型,起模、开浇口　　(e) 合型　　(f) 落砂后带浇口的铸件

图 2-9 整模造型过程

整模造型的特点是模样为整体结构,最大截面在模样一端且是平面,分型面多为平面,模样全部或大部分在一个砂型内,操作简单。整模造型适用于形状简单的盘、盖类铸件。

(2)分模造型 当铸件的最大截面不位于零件一端时,为了取出模样,需用可分开式模样进行分模造型,其造型过程如图 2-10 所示。

分模造型是一种常用的造型方法,所用的模样沿最大截面分成两部分或几部分,分别在上、下箱或上、中、下箱内造型,各部分之间用销钉定位。由于分模面与分型面重合,起模、修型操作方便,便于设置浇注系统,适用于形状复杂、带有孔或空腔的铸件,如水管、曲轴、阀体、箱体等。但上、下型合型不准确时,将产生错箱缺陷。

(3)活块造型 当铸件上带有妨碍起模的凸台、肋、耳等突出部分时,可在模样上将该部分做成可拆卸的或能活动的活块,进行活块造型,如图 2-11 所示。活块可以用销钉或燕尾榫与主体模样连接。起模时,先将模样主体取出(见图 2-11(e)),再将留在砂型内的活块取出(见图 2-11(f))。

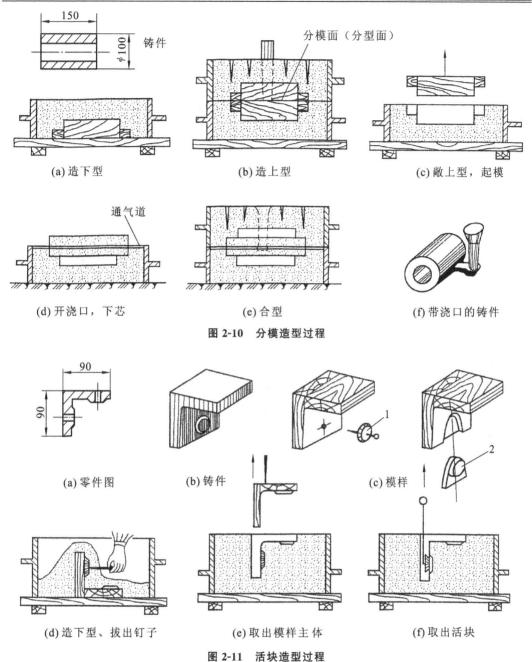

(a) 造下型   (b) 造上型   (c) 敞上型，起模

(d) 开浇口，下芯   (e) 合型   (f) 带浇口的铸件

图 2-10　分模造型过程

(a) 零件图   (b) 铸件   (c) 模样

(d) 造下型、拔出钉子   (e) 取出模样主体   (f) 取出活块

图 2-11　活块造型过程

1—用钉子连接的活块；2—用燕尾榫连接的活块

活块造型中的模样主体可以是整体的，也可以是分开的。活块取出操作较麻烦，对操作者的技能要求高，生产率低。

（4）挖砂造型与假箱造型　当铸件的最大截面不位于零件一端，且模样又不便于分模时，常常将模样制成整体，为了取出模样，可进行挖砂造型。手轮的挖砂造型过程如图 2-12所示，为便于起模，下型分型面需要挖到模样最大截面处（见图 2-12(c) 中 A—A 处），分型面坡度尽量小并应修抹得平整光滑。

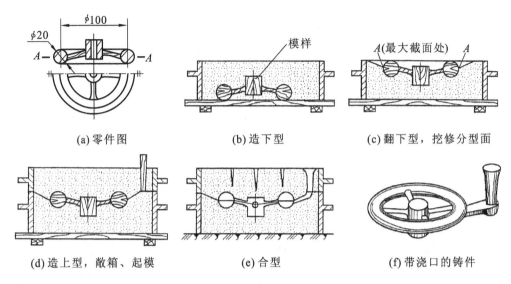

(a) 零件图　　　　　　(b) 造下型　　　　　　(c) 翻下型，挖修分型面

(d) 造上型，敞箱、起模　　　　(e) 合型　　　　(f) 带浇口的铸件

图 2-12　手轮的挖砂造型过程

挖砂造型时，需要挖掉妨碍起模的型砂，以便形成较复杂的曲面分型面，如果不能准确挖至模样的最大截面，铸件分型面处会产生毛刺，影响外观和尺寸精度。由于只能手工操作，生产率较低，且对操作者的技能要求较高，因此，适用于形状较复杂铸件的单件小批量生产。

成批生产手轮等最大截面为曲面的铸件时，可在造型前，预先制好半个铸型(此即假箱)代替底板，并将模样放置于假箱上进行造型，以省去挖砂操作。假箱只参与造型，不用来组成铸型。手轮的假箱造型过程如图 2-13 所示，以不带浇口的上型当假箱，其上承托模样，造下型，随后造上型、合型等。

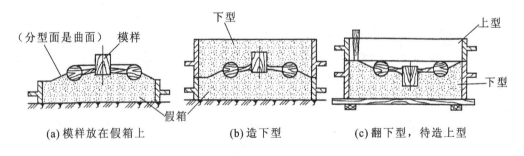

(a) 模样放在假箱上　　　　(b) 造下型　　　　(c) 翻下型，待造上型

图 2-13　手轮的假箱造型过程

(5) 三箱造型　用三个砂箱制造铸型的造型方法称为三箱造型。前述的各种造型方法都是使用两个砂箱，操作简单。但有些铸件如两端截面尺寸大于中间截面时，需要用三个砂箱，从两个方向分别起模，如图 2-14 所示的带轮的三箱造型过程。

三箱造型时，模样必须是分开的，以便从中型内取出模样。中型上下两面都是分型面，且中箱高度应与中型的模样高度相近。由于有两个分型面，铸件高度方向的尺寸精度降低，

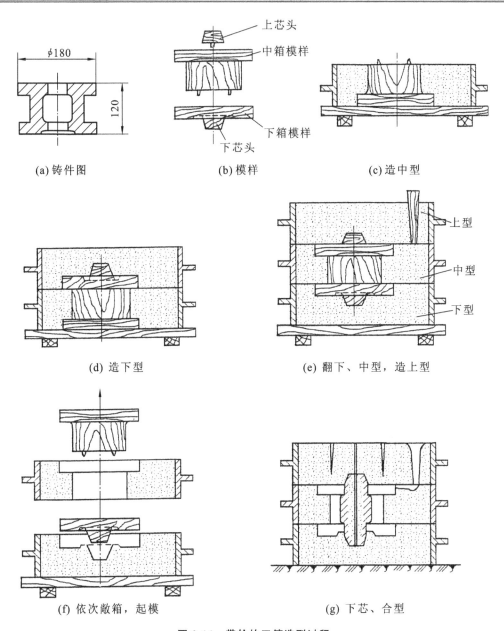

(a) 铸件图　　　　　(b) 模样　　　　　(c) 造中型

(d) 造下型　　　　　　(e) 翻下、中型，造上型

(f) 依次敞箱，起模　　　　(g) 下芯、合型

图 2-14　带轮的三箱造型过程

操作较两箱造型复杂，生产率低。

2. 机器造型

机器造型是用机械代替手工全部或部分地完成填砂、紧砂、起模等造型操作的方法。与手工造型相比，机器造型生产效率高，铸件尺寸精度较高，铸件表面质量好，工人劳动强度低，但设备和工装投入高，生产准备周期长，仅适用于成批、大量生产。

按砂型的紧实方式，机器造型可分为震压式、高压式、射压式、空气冲击式和静压式等。下面仅介绍震压式造型机的造型过程及造型生产线。

（1）震压式造型机造型　在生产数量较少时，常采用单机造型。图 2-15 所示为震压式造型机的工作过程示意图。

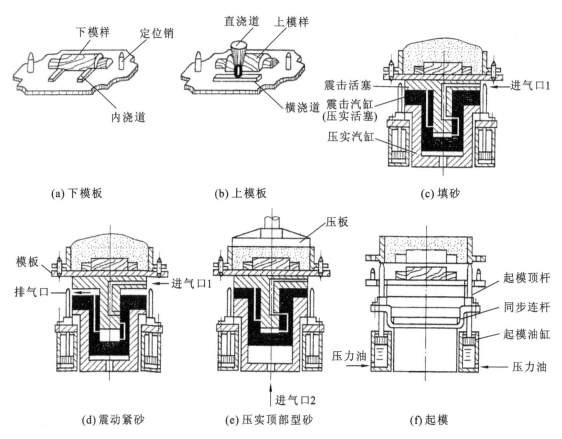

(a) 下模板　　　　　(b) 上模板　　　　　(c) 填砂

(d) 震动紧砂　　　　(e) 压实顶部型砂　　　(f) 起模

图 2-15　震压式造型机工作过程示意图

① 填砂。砂箱放在模板上，打开定量砂斗门，型砂从上方填入砂箱（见图 2-15(c)）。

② 震击。先使压缩空气从进气口 1 进入震击活塞底部，顶起震击活塞、模板、砂箱等，并将活塞内进气口道断开。当活塞底部上升到排气口时，压缩空气被排出。震击活塞及砂型等自由下落，与震击汽缸（即压实活塞）顶面发生撞击（见图 2-15(d)）。此时进气道打开，重复上述过程，再次震击。如此反复多次，使砂型逐渐紧实。但震动紧实后的砂型下紧上松，还需将上部型砂压实。

③ 压实。压缩空气由进气口 2 进入压实汽缸的底部，顶起压实活塞、震击活塞、模板和砂型（总称砂型组），使砂型受到压板的压实。然后转动控制阀，排气，砂型组下降（见图 2-15(e)）。

④ 起模。压力油推动起模油缸中的活塞及与其相连的四根起模顶杆，起模顶杆平稳地顶起砂型，同时振动器振动，模样起出（见图 2-15(f)）。同步连杆的作用是保证四根顶杆同步上升。

（2）造型生产线　大批量生产时，为充分发挥造型机的生产率，一般采用各种铸型输送装置,将造型机和铸造工艺过程中各种辅助设备(如翻箱机、落箱机、合箱机和捅箱机等)连接起来,组成机械化或自动化的造型系统,称为造型生产线。

图 2-16 所示为造型生产线示意图,其工艺流程是:两台造型机分别造上下型;下型由轨道送至翻箱机处翻转,再由落箱机送到铸型输送机的平板上,手工下芯;上型造好后经翻转检查,进入合箱机,靠定位销准确地合在下型上。铸型按箭头所示方向运至压铁机下放压铁,至浇注段进行浇注。然后进入冷却室,冷却后由压铁机取走压铁。铸型继续被运到捅箱机处捅出砂型。空砂箱经输送机分别运回到上、下型造型机处;带铸件的砂型则被运到落砂机上,落砂后铸件送到清理部;旧砂则被运送到砂处理部。

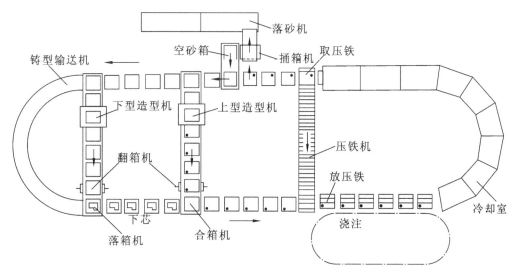

图 2-16　造型生产线示意图

2.2.4　造芯

砂型是由模样制成的,用于形成铸件的外形;而型芯是由芯盒制成的,用于形成铸件的内孔和内腔等。用芯砂及芯盒等工艺装备制造型芯的过程称为造芯。大部分型芯用芯砂制成,因此,型芯又称砂芯。

1. 造芯工艺

由于型芯的表面被高温金属液所包围,受到的冲刷及烘烤比砂型厉害,因此,型芯必须具有比砂型更高的强度、透气性、耐火性和退让性等,除配制合格的芯砂外,必须采取正确的造芯工艺来保证。

(1) 放芯骨　型芯中应放入芯骨以提高强度,小型芯的芯骨可用铁丝制作,中、大型型芯要用铸铁芯骨,为了吊运型芯方便,往往在芯骨上做出吊环,如图 2-17 所示。

(2) 开通气道　型芯中必须做出通气道,以提高型芯的透气性,如图 2-17(a)、(c)所示。型芯通气道一定要与砂型出气孔接通。形状简单的小型芯可用通气孔针等工具形成通气道,复杂型芯可在型芯中埋设蜡线形成通气道,大型芯可用焦炭填充内部帮助通气,如图 2-18 所示。

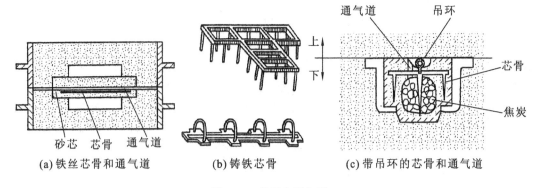

(a) 铁丝芯骨和通气道　　(b) 铸铁芯骨　　(c) 带吊环的芯骨和通气道

图 2-17　芯骨和通气道

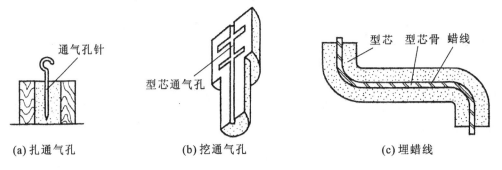

(a) 扎通气孔　　　　　(b) 挖通气孔　　　　　(c) 埋蜡线

图 2-18　型芯通气道的开设

（3）刷涂料　大部分型芯表面要刷涂料,以提高耐高温性能,防止铸件黏砂。铸铁件多用石墨粉涂料,铸钢件多用硅粉涂料,非铁金属铸件用滑石粉涂料。

（4）烘干　型芯一般还需要进行烘干,以提高型芯的强度和透气性。

2. 型芯的组成和定位

型芯必须要有足够的尺寸和合适的形状,以保证其在安放时定位准确并可靠。型芯在砂型中的定位和支承主要依靠型芯头(又称芯头)。砂型中用于放置型芯头的空腔则是型芯座(又称芯座)。芯座由模样上凸出的部分形成,便于型芯的定位和支承。

一般通孔铸件多采用垂直型芯或水平型芯,盲孔铸件多采用悬臂型芯,而重要铸件则应采用吊芯,型芯的定位方式如图 2-19 所示。为了便于安放型芯,芯头和芯座之间应留出一定间隙,但会导致铸件内腔精度的降低。

3. 造芯的方法

造芯方法有手工造芯和机器造芯两大类。根据芯盒的结构,手工造芯方法主要有下列三种。

（1）对开式芯盒造芯　适用于圆形截面的复杂型芯,其造芯过程如图 2-20 所示。

（2）整体式芯盒造芯　用于形状简单的中、小型芯,其造芯过程如图 2-21 所示。

（3）可拆式芯盒造芯　对于形状复杂的中、大型芯,当用整体式或对开式芯盒无法取芯

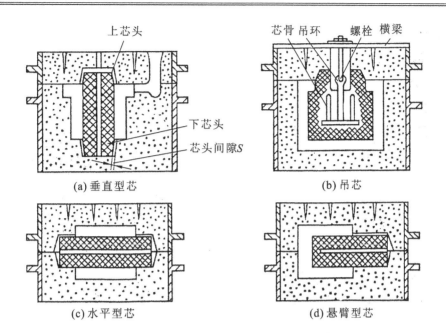

图 2-19　型芯的定位方式

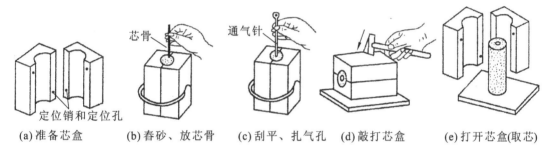

图 2-20　对开式芯盒造芯

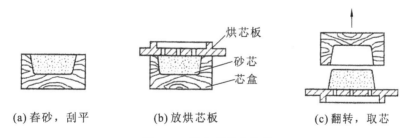

图 2-21　整体式芯盒造芯

时,可将芯盒分成几块,分别拆去芯盒取出型芯,如图 2-22 所示。芯盒的某些部分还可以做成活块。

　　成批大量生产的型芯大都采用水玻璃或树脂型芯,可用机器造出,如射芯机和壳芯机等。

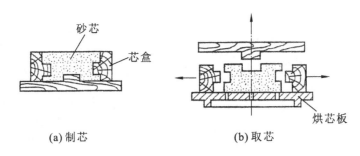

(a) 制芯　　　　　　　　(b) 取芯

图 2-22　可拆式芯盒造芯

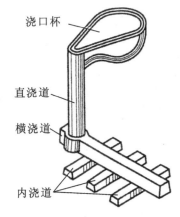

图 2-23　浇注系统的组成

2.2.5　浇注系统、冒口与冷铁

1. 浇注系统

浇注系统是指为了将金属液准确引导入型腔而在铸型内开设的一系列通道。合理选择浇注系统各部分的形状、尺寸和位置,能够保证金属液充型连续而平稳,阻止熔渣等进入型腔,并对铸件凝固顺序起调节作用,能有效避免铸件缺陷,提高铸件质量。

(1) 浇注系统的组成　典型的浇注系统一般由浇口杯、直浇道、横浇道、内浇道等部分组成,如图 2-23 所示,各部分的名称及作用见表 2-3。

表 2-3　浇注系统的组成及作用

名　　称	作用与说明
浇口杯	用于接受浇注入的金属液,减缓金属液对铸型的冲刷,使之平稳地流入直浇道,并分离熔渣。小铸件的外浇口为漏斗形,较大铸件的外浇口为盆形并带有挡渣结构
直浇道	它是浇注系统中的垂直通道,截面多为圆形,带有一定锥度,作用是将金属液从浇口杯引入横浇道,并以其高度对型腔内的金属液产生一定静压力,有利于使金属液充满型腔
横浇道	它是浇注系统中的水平通道,截面多为梯形,作用是挡渣和减缓金属液流速,并将金属液平稳地从直浇道引入和分配给内浇道
内浇道	与型腔相连,截面多为扁梯形、三角形、半圆形等,其作用是控制金属液流入型腔的方向和速度,调节铸件各部分的冷却速度

(2) 浇注系统的类型　按内浇道与铸件相对位置的不同,浇注系统主要有顶注式、底注式、中注式和阶梯式等类型,如图 2-24 所示,其特点及应用见表 2-4。

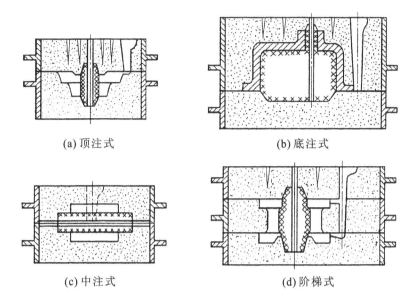

(a) 顶注式　　　　　　　　　　(b) 底注式

(c) 中注式　　　　　　　　　　(d) 阶梯式

图 2-24　浇注系统的主要类型

表 2-4　浇注系统主要类型的特点及应用

类　型	特点及作用
顶注式	内浇道开设于型腔顶部,金属液自上而下流入型腔,有利于充填型腔和设置冒口补缩,但易对型腔壁直接冲刷,引起金属液飞溅,产生铸造缺陷,适用于高度较小、形状简单的中、小型铸件
底注式	内浇道开设于型腔底部,金属液自上而下流入型腔,有利于排出气体,平稳充型,不会造成铸件损坏,但补缩效果差,薄壁型腔充型困难,产生浇不足等缺陷,适用于高度和壁厚较大、形状复杂的大、中型铸件,以及易氧化的合金铸件
中注式	内浇道开设于型腔中部,金属液从中间流入型腔,兼有顶注式与底注式的优点,有利于内浇道的开设,适用于中型铸件
阶梯式	内浇道开设于型腔的不同高度,金属液自上而下、逐层依次流入型腔,兼有以上各种类型的优点,有利于减轻铸型的局部过热,但操作比较复杂,适用于高度较高、形状复杂的大型铸件

2. 冒口

铸件生产过程中,流入型腔的金属液在冷却凝固时会产生体积收缩,如果不及时补充金属液、则在最后凝固的部位将会形成缩孔,如图 2-25(a)所示。冒口就是在铸型中人为设置的、用来储存供补缩用金属液的空腔,与型腔相通,其作用是将缩孔由铸件内转移至冒口内,如图 2-25(b)所示。

冒口形状有圆柱形或球形等多种。冒口按在铸件上设置位置的不同分为明冒口和暗冒口,如图 2-26 所示。上口露在铸型外面的冒口称为明冒口,一般设置于铸件的顶部。设置于铸型内部的冒口称为暗冒口。

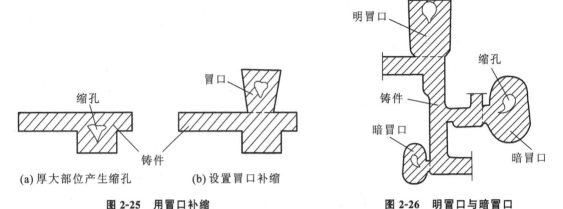

(a) 厚大部位产生缩孔　　(b) 设置冒口补缩

图 2-25　用冒口补缩

图 2-26　明冒口与暗冒口

　　冒口应设置于铸件厚壁处,即最后凝固的部位,且应比铸件凝固得更晚。铸件形成后,冒口变成与铸件相连的无用部分,落砂清理时,与浇注系统一起被清除掉。冒口除了补缩作用外,还具有排气和集渣的作用。

　　3. 冷铁

　　为了增加铸件局部的冷却速度,在型腔的相应部位或型芯内设置的激冷金属块称为冷铁,由铸铁、铸钢、非铁金属等制成,有内冷铁和外冷铁两类。

　　冷铁的作用是加快铸件厚大部位的冷却速度,调节铸件凝固顺序;消除冒口难以补缩部位的缩孔、缩松,扩大冒口的有效补缩距离,减少冒口的数量和尺寸。

2.3　合金的熔炼与浇注、落砂与清理

2.3.1　铸造合金的熔炼

　　将金属料、辅料入炉加热,熔化成铁水,为铸造生产提供预定成分和温度合格的合金液的过程称为合金的熔炼。合金的熔炼是铸造的必要过程之一,对铸件质量影响很大,若控制不当会使铸件化学成分和力学性能不合格,以及产生气孔、夹渣、缩孔等缺陷。因此,对合金熔炼的基本要求是优质、低耗和高效。即金属液温度高、化学成分合格和纯净度高(夹杂物及气体含量少);燃料、电力耗费少,金属烧损少;熔炼速度快。

　　常用的铸造合金有铸铁、铸钢、铸造铝和铜合金等,其中铸铁应用最多。

　　熔炼铸铁的设备有冲天炉和感应电炉等,熔炼铸钢的设备有电弧炉及感应电炉等,铸造铝、铜合金的熔炼设备主要是坩埚炉及感应电炉等。下面仅介绍用冲天炉熔炼铸铁。

　　1. 冲天炉的基本结构

　　冲天炉是铸铁的主要熔炼设备。它结构简单,操作方便,可连续熔炼,生产率高,成本低,其熔炼成本仅为电炉的十分之一,但熔炼的铁水质量不如电炉的好。

　　图 2-27 所示为熔化率是 2.5 t/h 的冲天炉构造示意图,它由炉体、火花捕集器、前炉、加料系统和送风系统等五部分组成。炉体是一个直立的圆筒,包括烟囱、加料口、炉身、风口、

炉缸、炉底和炉腿等部分。炉体的主要作用是完成炉料预热、熔化和铁水的过热。位于烟囱上部的火花捕集器起除尘作用,炉顶喷出的烟尘火花沉积于底部,可由管道排出。前炉起储存铁水的作用,其前部设置有出铁口和出渣口。

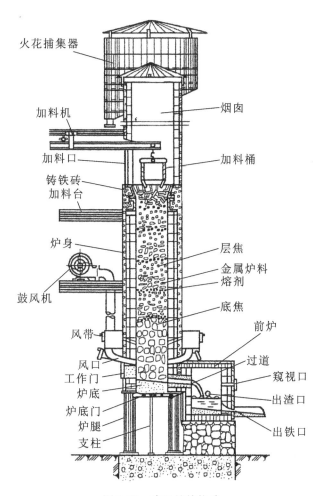

图 2-27　冲天炉的构造

炉体底部装有燃料(焦炭),上面分层加入炉料,每层炉料包括金属炉料(如新生铁、浇冒口及废铸件回炉料、废钢和铁合金等)、熔剂(石灰石 $CaCO_3$)和萤石(CaF_2)和焦炭三类。

2. 冲天炉的熔炼原理

冲天炉熔炼铸铁是利用热量的对流传导原理进行的。在冲天炉熔炼过程中,形成了两类物质的流动,即自上而下的炉料流和自下而上的热气流。一方面,鼓风机不断向炉内送入大量空气,使底焦燃烧,产生大量高温炉气;另一方面,炉料由加料口装入,在下降过程中被上升的高温炉气预热,并在底焦顶部的熔化区开始熔化(温度约为 1200 ℃)。熔炼后形成的铁水由底焦缝隙渗透入炉底,在此下滴的过程中,又被高温炉气和炽热的焦炭进一步加热(称为过热,温度可达到 1500~1600 ℃),经炉底过道进入前炉,最后出炉温度为 1360~1420 ℃。

在冲天炉熔炼过程中,炉内铁水、焦炭、炉气之间要发生一系列的冶金反应,从而使铁水成分与原来配料的成分不同,最终获得符合要求的铁水。

2.3.2 合型与浇注

1. 合型

将上砂型、下砂型、型芯和浇注系统等部分组成一个完整铸型的操作过程称为合型。合型是浇注的最后一道工序,也是决定铸型型腔形状及尺寸精度的关键工序。合型操作不当,会导致铸件产生错箱、塌箱、偏芯、跑火及夹砂等缺陷。

合型操作包括以下步骤:

(1) 砂型、型芯的检验　主要检验型腔、浇注系统及表面有无浮砂,型芯表面是否有缺陷,型芯头是否符合要求等。

(2) 下芯　将型芯的型芯头准确放置于砂型的型芯座内。芯头和芯座应配合好,间隙大小应合理,并用泥条或干砂密封,防止金属液进入,导致铸件产生飞边或堵塞型芯通气孔。

(3) 合上、下砂型　合型时,应注意使上砂型保持水平下降,并应对准合型(箱)线。上、下砂型的定位,成批量生产是靠砂箱上的定位销定位,单件小批量生产常采用划线号定位。

(4) 铸型的紧固　浇注时,金属液充满整个型腔,上砂型受到金属液的浮力,并通过芯头作用于上砂型,抬起上砂型,并由分型面溢出,导致铸件产生跑火、飞边等缺陷。因此,合型后还应将铸型紧固。

2. 浇注

将熔炼的金属液浇入铸型的操作过程称为浇注。浇注工艺不当会引起浇不到、冷隔、跑火、夹渣和缩孔等缺陷,还会涉及操作者的人身安全。

1) 浇注前准备工作

(1) 准备浇包。一般中小件用抬包,容量为 $50\sim100$ kg;大件用吊包,容量为 200 kg 以上。浇包应进行清理、修补,要求内表面光滑平整。

(2) 清理通道。浇注时行走的通道不应有杂物挡道,更不能有积水。

(3) 烘干用具。避免因挡渣钩、浇包等潮湿而引起铁水飞溅及降温。

(4) 戴好保护用品。操作者必须穿戴好劳动保护用品,防止铁水飞溅伤人。

2) 浇注时注意的问题

应根据合金种类、生产条件、铸造工艺和铸造技术等因素确定浇注温度、浇注速度和浇注技术。

(1) 浇注温度。浇注温度过低,铁水的流动性差,易产生浇不到、冷隔、气孔等缺陷;浇注温度过高,铁水的收缩量增加,易产生缩孔、裂纹及黏砂等缺陷。对形状较复杂的薄壁灰铸铁件,浇注温度为 1400 ℃左右;对形状简单的厚壁灰铸铁件,浇注温度可在 1300 ℃左右。

(2) 浇注速度。浇得太慢,金属液降温过多,易产生浇不到、冷隔、夹渣等缺陷;浇得太快,型腔中气体来不及逸出,易产生气孔,金属液的动压力增大,易造成冲砂、抬箱、跑火等缺陷。浇注速度还应根据铸件的形状、大小决定,一般用浇注时间表示。

(3) 浇注技术。注意扒渣、挡渣和引火。为使熔渣变稠便于扒出或挡住,可在浇包内金属液面上撒些干砂或稻草灰。用红热的挡渣钩及时点燃从砂型中逸出的气体,以防止 CO 等有害气体污染空气及使铸件形成气孔。浇注中间不能断流,应始终使浇口杯保持充满,以便于熔渣上浮。

2.3.3　铸件的落砂与清理

铸件浇注完毕并冷却凝固后,还必须进行落砂和清理。

1. 落砂

从砂型中取出铸件的操作称为落砂。落砂时应注意铸件的温度,落砂过早,铸件温度过高,容易因铸件表面急冷而产生白口组织,形成难以切削加工的硬皮,及形成铸造应力、裂纹等;但落砂过晚,将过长时间占用生产场地和砂箱,使生产率降低。应在保证铸件质量的前提下尽早落砂。一般铸件落砂温度在 400～500 ℃之间。

落砂的方法有手工落砂和机械落砂两种,大量生产中采用各种落砂机落砂。

2. 清理

落砂后的铸件必须经过清理工序,以提高铸件表面质量。清理工作主要有以下内容。

(1) 切除浇冒口。铸铁件可用铁锤敲掉浇冒口,铸钢件要用气割切除,非铁金属铸件则用锯割切除。大量生产时,可用专用设备切除浇冒口。

(2) 清除砂芯。铸件内腔的砂芯和芯骨可用手工或振动出芯机去除。

(3) 清除黏砂。主要采用机械抛丸方法清除铸件表面黏砂。利用抛丸器内高速旋转的叶轮将铁丸以 70～80 m/s 的速度抛射到转动的铸件表面上,可清除掉黏砂及氧化皮等缺陷。小型铸件可采用抛丸清理滚筒、履带式抛丸清理机,大、中型铸件可用抛丸室、抛丸转台等设备清理,生产量不大时也可用手工清理。

(4) 铸件的修整。最后,可用砂轮机、手凿和风铲等工具去掉在分型面或在芯头处产生的飞翅、毛刺,修整残留的浇、冒口痕迹。

2.4　铸件常见的缺陷

2.4.1　铸件的质量检验

所有铸件都要经过质量检验,检验的方法取决于对铸件的质量要求。常见的检验方法主要有外观检测、无损探伤检测、理化性能检测等多种。

(1) 外观检测　外观检测是指具有一定经验的人员,通过目测或使用简单的工具、量具来检测铸造缺陷的方法。如气孔、砂眼、夹砂、黏砂、浇不到、冷隔、错箱、偏芯等铸造缺陷大多位于铸件外表面,可以直接目测观察到;内部裂纹等表皮下缺陷,可以用小锤敲击,听声音是否清脆进行检测;铸件尺寸是否符合图样要求,可以用量具进行检测。外观检测法简单方便、灵活快速,一般适用于普通铸件的检测。

(2) 无损探伤检测　无损探伤是指利用声、光、电、磁等物理方法和相关仪器来检测铸件质量的检测方法,常用方法有磁力探伤、超声波探伤、射线探伤等。无损探伤不会损坏铸件,也不影响其使用性能,但设备投入大,检测费用高,一般适用于重要铸件的检测。

(3) 理化性能检测　理化性能检测是利用各种技术和仪器对铸件化学成分、力学性能、金相组织等进行检测的检验方法。如利用化学分析和光谱分析法检验铸件材质是否符合要求;制取试样,利用专用设备检测铸件强度、硬度、塑性等力学性能是否符合要求;制取试样,利用金相显微镜检测金相组织,判断力学性能是否符合要求。

2.4.2 铸件的缺陷分析

铸造生产工艺过程比较复杂,影响铸件质量的因素很多,容易产生各种缺陷。常见的铸件缺陷有气孔、砂眼、渣眼、缩孔、错箱、偏芯、浇不到、冷隔、黏砂、夹砂、裂纹以及化学成分不合格、力学性能不合格等,其特征及产生原因见表 2-5。

表 2-5 常见铸件缺陷的特征及产生原因

类别	缺陷名称和特征	主要原因分析
孔洞类	气孔:铸件内部出现的孔洞,常为梨形、圆形和椭圆形,孔的内壁较光滑	(1) 砂型紧实度过高; (2) 型砂太湿,起模、修型时刷水过多; (3) 砂芯未烘干或通气道堵塞; (4) 浇注系统不正确,气体排不出
	缩孔:铸件厚截面处出现的形状极不规则的孔洞,孔的内壁粗糙 缩松:铸件截面上细小而分散的缩孔	(1) 浇注系统或冒口设置不正确,补缩不足; (2) 浇注温度过高,金属液态收缩大; (3) 铸铁中碳、硅含量低,其他合金元素含量高时易出现缩松
	砂眼:铸件内部或表面带有砂粒的孔洞	(1) 型砂太干、韧性差,易掉砂; (2) 局部没舂紧,型腔、浇口内散砂未吹净; (3) 合箱时砂型局部挤坏,掉砂; (4) 浇注系统不正确,冲坏砂型
	渣气孔:铸件浇注时的上表面充满熔渣的孔洞,常与气孔并存,大小不一,成群集结	(1) 浇注温度太低,熔渣不易上浮; (2) 浇注时没挡住熔渣; (3) 浇注系统不正确,挡渣作用差
表面缺陷类	机械黏砂:铸件表面黏附着一层砂粒和金属的机械混合物,使表面粗糙	(1) 砂型舂得太松,型腔表面不致密; (2) 浇注温度过高,金属液渗透力大; (3) 砂粒过粗,砂粒间空隙过大
	夹砂结疤:铸件表面有局部突出的长条疤痕,其边缘与铸件本体分离,并夹有一层型砂。多产生在大平板铸件的上型表面(见图(a)) 鼠尾:在大平板铸件下型表面有浅的条状凹槽或不规则折痕(见图(b)) 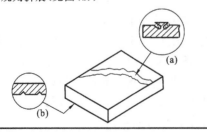	(1) 型砂的热湿强度较低,特别在型腔表层受热后,水分向内部迁移形成的高水层位置更低; (2) 表层石英砂受热膨胀拱起,与高水层分离直至开裂; (3) 砂型局部过紧、不均匀,易出现表层拱起; (4) 浇注温度过高,型腔烘烤厉害; (5) 浇注速度过慢,铁水压不住拱起的表层型砂,易产生鼠尾

续表

类别	缺陷名称和特征	主要原因分析
形状差错类	偏芯:铸件内腔和局部形状位置偏差	(1) 砂芯变形; (2) 下芯时放偏; (3) 砂芯没固定好,浇注时被冲偏
	错箱:铸件的一部分与另一部分在分型面处相互错开	(1) 合箱时上、下型错位; (2) 定位销或泥记号不准; (3) 造型时上、下模有错动
裂纹冷隔类	热裂:铸件开裂,裂纹断面严重氧化,呈暗蓝色,外形曲折不规则 冷裂:裂纹断面不氧化并发亮,有时轻微氧化。呈连续直线状	(1) 砂型(芯)退让性差,阻碍铸件收缩而引起过大的内应力; (2) 浇注系统开设不当,阻碍铸件收缩; (3) 铸件设计不合理,薄厚差别大
	冷隔:铸件上有未完全融合的缝隙,边缘呈圆角	(1) 浇注温度过低; (2) 浇注速度过慢; (3) 内浇道截面尺寸过小,位置不当; (4) 远离浇口的铸件壁过薄
残缺类	浇不到:铸件残缺,或轮廓不完整,或形状完整但边角圆滑光亮,其浇注系统是充满的	(1) 浇注温度过低; (2) 浇注速度过慢; (3) 内浇道截面尺寸和位置不当; (4) 未开出气口,金属液的流动受型内气体阻碍

2.5　特种铸造与铸造新技术

2.5.1　特种铸造

　　砂型铸造具有适应性强、灵活性大、经济性好等优点,在铸造生产中得到广泛应用,但铸件质量不高、力学性能较差、工艺过程复杂、劳动强度大和生产条件差等缺点制约了其发展。为了弥补砂型铸造的不足,人们通过改变造型(芯)材料和方法、改变了浇注方法和凝固条件等措施,发展出了一些新的铸造方法——特种铸造。

1. 金属型铸造

金属型铸造是指金属液在重力作用下浇注入由金属制成的铸型型腔内而获得铸件的一种特种铸造方法,如图 2-28 所示。金属铸型一般由钢、铁等金属材料制成,型腔表面需喷涂一层耐火材料,在取出铸件后,还能继续使用。可采用砂芯或金属芯铸孔。

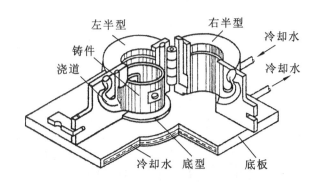

图 2-28　金属型铸造

金属铸型的结构主要取决于铸件的形状、尺寸、合金种类及生产批量等,有整体式、垂直分型式、水平分型式和复合分型式等类型。

金属型铸造生产的铸件尺寸精度高(IT12~IT14),表面质量好;内部组织细密,力学性能优良;可实现"一型多铸",节约了大量工时和型砂,提高了生产效率,改善了劳动条件。但金属铸型的制造成本高、准备周期长,工艺过程要求严格;铸件形状越复杂,金属铸型的设计和制造越困难。

金属型铸造常用于大批量生产的中小型非铁金属铸件,也可浇注铸铁件。

2. 压力铸造

压力铸造是指将液态或半液态的金属高压、高速下注入铸型型腔,并在压力下凝固获得铸件的一种特种铸造方法。其压力为 5~150 MPa,流速为 15~100 m/s,铸型材料一般采用耐热合金钢。用于压力铸造的机器称为压铸机。压铸机的种类很多,目前应用较多的是卧式冷压室压铸机,生产工艺过程如图 2-29 所示。

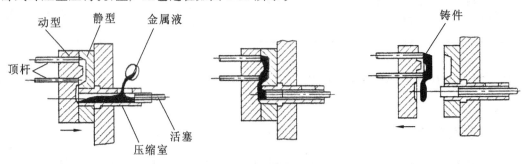

(a) 合型,浇入金属液　　　　(b) 高压射入,凝固　　　　(c) 开型,顶出铸件

图 2-29　压铸工艺过程示意图

压力铸造时由于金属液在高压下成形,因此可以铸出壁很薄、形状很复杂的铸件;压铸件在高压下结晶凝固,组织致密,其力学性能比砂型铸件提高 20%～40%;压铸件表面质量较高,尺寸公差等级可达 IT11～IT13,一般不需再进行切削加工,或只需进行少量切削加工;压力铸造生产率很高,每小时可生产几百个铸件,易于实现自动化生产。当然,压力铸造的铸型结构复杂,加上精度和表面粗糙度要求很严,成本很高;不适于压铸铸铁、铸钢等金属,因浇注温度高,铸型的寿命很短;压铸件易产生气孔缺陷,不宜进行机械加工和热处理。

压力铸造适用于非铁金属的薄壁小件大量生产,在航空、汽车、电器和仪表工业中广泛应用。

3. 离心铸造

离心铸造是指将金属液浇入高速旋转(250～1500 r/min)的铸型型腔中,然后在离心力的作用下充填铸型并凝固成形的铸造方法,其原理如图 2-30 所示。离心铸造一般都是在离心铸造机上进行的,铸型多采用金属型,可以围绕垂直轴或水平轴旋转。

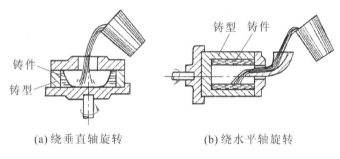

(a)绕垂直轴旋转　　　　　　(b)绕水平轴旋转

图 2-30　离心铸造示意图

离心铸造生产中合金液在离心力的作用下凝固,组织细密,无缩孔、气扎、渣眼等缺陷,铸件的力学性能较好;铸造圆形中空的铸件可不用型芯,不需要浇注系统,提高了金属液的利用率。但离心铸造的铸件内孔尺寸不精确、内表面粗糙,增加了内孔的加工余量,且不宜铸造比重偏析大的合金,如铅青铜。

离心铸造适用于铸造铁管、钢辊筒、铜套等回转体铸件,也可用来铸造成形铸件。

4. 熔模铸造

熔模铸造是指用易熔材料(如蜡料)制成模样(称蜡模),用加热的方法使模样熔化流出,从而获得无分型面、形状准确的型壳,经浇注获得铸件的一种特种铸造方法,又称失蜡铸造,是一种精密铸造方法。

熔模铸造工艺过程包括:压制蜡模、组合蜡模、制壳、脱蜡、焙烧和浇注,如图 2-31 所示。先在压型中做出单个蜡模(见图 2-31(a)),再把单个蜡模焊到蜡质的浇注系统上(统称蜡模组,见图 2-31(b))。随后在蜡模组上分层涂挂涂料及撒上硅砂,并硬化结壳。熔化蜡模,得到中空的硬型壳(见图 2-31(c))。型壳经高温焙烧去掉杂质后放在砂箱内,填入干砂,浇注(见图 2-31(d))。冷却后,将型壳打碎取出铸件。熔模铸造的型壳也属于一次性铸型。

熔模铸造生产的铸件精度高,铸件尺寸公差等级达 IT11～IT14,表面粗糙度 Ra 可达 6.3～1.6 μm,可以少切削或不切削加工;适用于各种铸造合金,特别是对于熔点很高的耐热合金铸件,它几乎是目前唯一的铸造方法;因为是用熔化的方法取出蜡模,因而可做出形

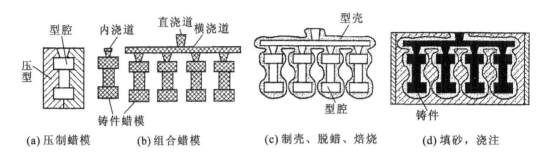

图 2-31 熔模铸造工艺过程

(a) 压制蜡模   (b) 组合蜡模   (c) 制壳、脱蜡、焙烧   (d) 填砂，浇注

状很复杂、难以进行机械加工的铸件，如汽轮机叶片等。熔模铸造的工艺过程复杂，生产成本高；因蜡模易变形，且型壳强度有限，故不能用于生产大型铸件。

熔模铸造主要适用于批量生产的中、小型精密铸钢件，特别用于高熔点、难以切削加工的合金铸件，如汽轮机的叶片和叶轮、形状复杂的刀具等。

2.5.2 铸造新技术

随着科学技术和生产的发展，围绕提高铸件质量、提高生产率、降低材料消耗等，世界各国在铸造新技术新工艺方面做了大胆的探索和尝试，取得了一定成果，当然每种新技术新工艺也有它的不足和局限性。

1. 消失模铸造

消失模铸造是将高温金属液浇入包含泡沫塑料模样在内的铸型内，模样受热逐渐汽化燃烧，从铸型中消失，金属液逐渐取代模样所占型腔的位置，从而获得铸件的方法，又称实型铸造或气化模铸造，简称 EPC。

消失模铸造是 20 世纪 60 年代出现，80 年代迅速发展起来的一种铸造新工艺。和传统的砂型铸造相比，有下列主要的区别：一是模样采用特制的可发泡聚苯乙烯（EPS）珠粒制成，这种泡沫塑料密度小，在 570 ℃ 左右汽化、燃烧，汽化速度快、残留物少；二是模样埋入铸型内不取出，型腔由模样占据；三是铸型一般采用无黏结剂和附加物质的干态石英砂振动紧实而成，对于单件生产的中大型铸件可以采用树脂砂或水玻璃砂按常规方法造型。成批大量生产的中小铸件消失模铸造工艺过程如图 2-32 所示。

消失模铸造具有以下特点。

（1）铸件质量好。由于泡沫塑料模样的尺寸精度高，在造型中不存在分模、起模、修型、下芯、合型等导致尺寸偏差的工序，使铸件尺寸精度提高；由于模样表面覆盖有涂料，使铸件表面粗糙度值降低；铸型无分型面，不产生飞边、毛刺等缺陷，铸件外观光整。

（2）生产效率高。简化了制模、造型、落砂、清理等工序，使生产周期缩短。

（3）生产成本低。省去木材、型砂黏结剂等辅助材料及相应设备及制造费用。

（4）适用范围广。对合金种类、铸件尺寸及生产数量几乎没有限制。

（5）铸件易产生与泡沫塑料模有关的缺陷，如黑渣、皱纹、增碳、气孔等。

消失模铸造适用于除低碳钢以外的各类合金的生产。消失模铸造技术为多品种、单件小批量生产，以及几何形状复杂的中、小型铸件的生产提供了经济适用的生产方法。

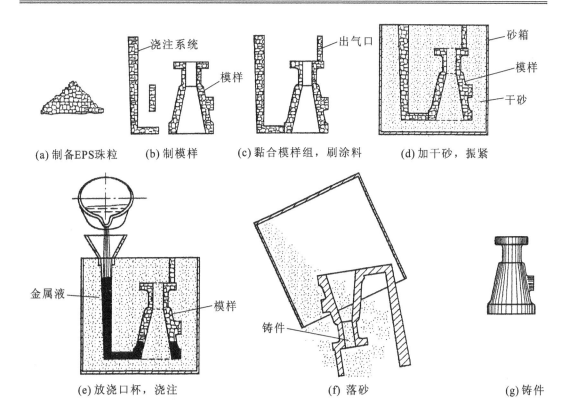

(a) 制备EPS珠粒　　(b) 制模样　　(c) 黏合模样组，刷涂料　　(d) 加干砂，振紧

(e) 放浇口杯，浇注　　　　　　(f) 落砂　　　　　　(g) 铸件

图 2-32　消失模铸造工艺过程示意图

2. 真空密封造型 (V 法造型)

真空密封造型,简称为真空造型,其基本原理是在特制的砂箱内,填入无水、无黏结剂的干砂,用塑料薄膜将砂箱密封后抽成真空,借助铸型内外的压力差,使型砂紧实成形。

真空造型是一种金属的物理造型方法,利用这种造型方法可以使铸件获得高的精度和低的表面粗糙度;在具有塑料薄膜的铸型中,金属的流动性提高,所以可以铸造薄壁铸件,以减少切削加工余量;而且铸件的落砂清理方便,砂的回收率可达 95% 以上,铸件成本低。

真空造型用来生产面积大、壁薄、形状不太复杂及表面要求高的铸件。

3. 计算机技术在铸造过程中的应用

铸造过程计算机辅助工程分析(CAE)和铸造工艺计算机辅助设计(CAD)是计算机技术在铸造过程中的典型应用。前者通过对温度场、流动充型过程、应力场以及凝固过程计算机数字模拟来预测铸件组织和缺陷,提出工艺改进措施,最终达到优化工艺的目的;后者把传统工艺设计问题转化为计算机辅助设计,其特点是计算准确、迅速、能够存储并利用大量专家的经验,可大大提高铸造工艺的科学性和可靠性。

此外,快速成形制造技术可以快速制出形状复杂的模样或用激光束直接将覆砂制成铸型以便完成铸造生产;参数检测与生产过程的计算机控制可以实现铸造过程最佳参数调节,并使铸造生产实现自动化。

2.6 砂型铸造工艺基本操作训练

2.6.1 铸造实习安全操作规程

(1) 进入车间,穿好工作服、工作鞋,扎好袖口,女同学戴好工作帽。操作时,根据需要戴手套。

(2) 实习学生必须在指定工位进行操作,未经指导教师同意,不得随意触摸、启动各种电源开关和设备。

(3) 操作中集中思想,严禁擅离工位,严禁串岗、打闹、从事与实习内容无关活动。

(4) 工作前,检查自用设备和工具,砂型必须摆放整齐,并留出通道。在造型场地内行走时,注意脚下。

(5) 造型中严禁用嘴吹砂。使用皮老虎时,要选择无人的方向吹,以免沙尘吹入眼睛。

(6) 造型时要保证分型面平整、吻合。为防止浇注时金属液从分型面流出,必要时可用烂砂将分型面的箱缝封堵。

(7) 人力搬运或翻转芯盒、砂箱时,要小心轻放,量力而行。两人配合翻箱时,动作要协调。

(8) 造型中使用的工具如舂砂锤、起模针等,不得随意乱放,以防伤人。

(9) 电炉融化金属时,加入金属或流出金属前必须先切断电源。

(10) 在熔炉周围观察开炉与浇注时,人应站在安全位置,不得站在浇注运行的通道上。如遇火星或铁水飞溅时,要保持冷静,不要尖叫或乱跑避让。

(11) 熔炉、出炉、抬包和浇注等工作,必须在指导教师的指导下,按操作规程操作。

(12) 浇包内金属液不能太满。浇注时,人不能站在高温液体金属正面,严禁从冒口正面观察金属液。未浇注人员要远离浇包。

(13) 刚浇注的铸件,不得用手摸或拿。

(14) 每天实习结束,做好工具、用具和铸件的整理工作,打扫场地,填写设备使用记录。

2.6.2 砂型铸造工艺基本操作训练

受条件和安全的限制,本节仅介绍砂型铸造中手工造型(芯)的基本操作训练,合金熔炼和浇注的操作训练等内容参考有关书籍及安排到企业参观见习。

1. 阅读分析图样

图 2-33 所示为轴承座零件及其模样,零件材料为 HT150。模样结构形状简单,有长方体和半圆柱体叠加而成,大平面尺寸为 80 mm×150 mm,要求完成该模样的造型工序。

轴承座　　　　　　　　模样

图 2-33　轴承座零件和模样

2. 零件铸造工艺分析

零件的模样为整体结构,最大截面在模样一端且是平面,分型面为平面,模样的全部可以在一个砂型内,因此,可以用整模造型方法进行造型。

由于铸件结构简单,浇注系统由浇口杯和主浇道组成。浇注位置选择在铸件的主要加工面即下表面上。分型面设在铸件的最大截面处。

3. 零件造型步骤及注意事项

轴承座的整模造型操作步骤见表 2-6,详细内容见图 2-9 整模造型过程。

表 2-6　轴承座的整模造型操作步骤

序号	工序内容	操作步骤及内容	主要工具
1	造型前准备工作	(1) 选择大小合适的底板和砂箱	底板、砂箱等
		(2) 准备造型工具	
		(3) 配型砂	
2	造下砂型	(1) 将模样置于砂箱中合适位置,并用砂固定	模样
		(2) 分次填砂和舂砂	舂砂锤
		(3) 用刮板将上面刮平	
		(4) 翻转下砂型,修光分型面,撒分型砂	
3	造上砂型	(1) 放浇口棒	浇口棒
		(2) 分次填砂和舂砂	舂砂锤
		(3) 扎通气孔	
		(4) 做合箱记号	
4	起模	(1) 敞上砂型	
		(2) 起模	
5	开浇口、修型	(1) 开外浇口、内浇道	
		(2) 修型	
6	合型	将上、下砂型合在一起	

注意事项:

(1) 第一次加砂后须用手将模样按住,以免舂砂时模样在砂箱内移动。

(2) 舂砂应均匀地按一定的路线进行,以保证砂型各处紧实均匀。

(3) 撒分型砂后应将模样上的分型砂吹掉。

(4) 起模前要用毛笔沾些水,刷在模样周围的型砂上,便于起模。

(5) 起模时,起模针位置要尽量与模样的重心垂直线重合,防止模样倾斜破坏型腔。

复习思考题

1. 试述铸造成形的实质。铸造包括哪些主要工序?其特点和应用范围是什么?

2. 型砂是由哪些物质组成的？对其基本性能有什么要求？

3. 起模时，为什么要在模样周围的型砂上刷水？

4. 造型(芯)的工艺装备主要有哪些？各有什么作用？

5. 各种手工造型方法各有哪些特点？说明各自的适用范围。

6. 什么是分模面？分模造型时模样应从何处分开？

7. 活块造型舂砂时应注意什么？

8. 挖砂造型时对挖修分型面有什么要求？

9. 手工造型和机器造型各有何特点？各适用于哪种生产纲领？

10. 震压式造型机是怎样紧砂和取模的？有何优缺点？

11. 什么叫造型生产线？用这种方式生产有何优点。

12. 下列套筒类铸件(见图2-34)都是单件生产，试确定它们的造型方法。

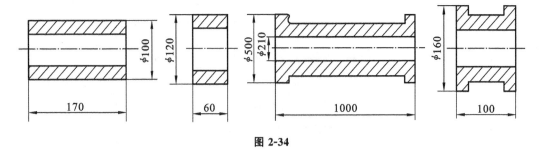

图 2-34

13. 下列铸件(见图2-35)在单件小批和成批、大量生产时，各应采用什么造型方法？

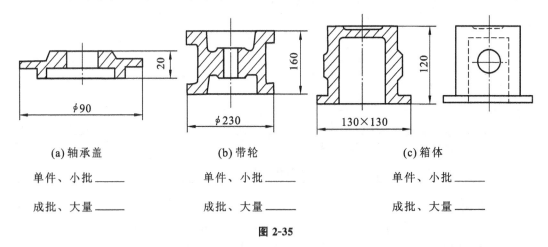

(a) 轴承盖　　　　　　(b) 带轮　　　　　　(c) 箱体

单件、小批＿＿　　　单件、小批＿＿　　　单件、小批＿＿

成批、大量＿＿　　　成批、大量＿＿　　　成批、大量＿＿

图 2-35

14. 砂芯的作用是什么？为保证砂芯的工作要求，造芯工艺上应采取哪些措施？

15. 试述芯头的作用和形式。

16. 简述图2-34中各铸件芯头的形式。

17. 芯盒有哪几种形式？制芯的一般过程是怎样的？

18. 合型的操作步骤有哪些？合型操作不当对铸件质量有何影响？

19. 冒口、冷铁的作用是什么？它们应设置在铸件的什么位置？

20. 典型的浇注系统由哪几部分组成？试述各部分的主要作用。

21. 在浇包内金属液面上撒干砂或稻草灰起什么作用？

22. 结合实习中出现的缺陷和废品，分析其产生的原因，并提出防止的方法。

23. 简述熔模铸造的工艺过程，有何优缺点？

24. 根据铸造实习体会，简述铸造实习的安全操作规程。

第3章 锻 压

教学要求

理论知识

(1) 了解锻压的含义、特点和应用,理解锻造的工艺过程;了解自由锻的设备与工具;

(2) 理解自由锻基本工序及应用,掌握自由锻基本工序的基本操作;

(3) 掌握轴类和盘类零件的一般自由锻工艺过程;

(4) 了解模锻的种类、方法和应用;

(5) 了解锻件的质量检验和自由锻的常见缺陷;

(6) 了解冲压的含义、特点及应用;了解冲压设备和模具;理解冲压的基本工序和应用;

(7) 一般了解常见特种压力加工方法。

技能操作

(1) 能正确使用手工自由锻的常用工具;

(2) 根据零件图,完成简单锻件的手工自由锻工艺的基本操作训练;

(3) 组织参观模锻生产现场和冲压生产现场。

3.1 概述

3.1.1 锻压的定义与特点

锻压是指对金属坯料施加外力,使其产生塑性变形,改变尺寸、形状及改善性能,用以制造机械零件或工件毛坯的成形加工方法,又称压力加工。

与其他成形方法相比,锻压生产具有以下特点。

(1) 能改善金属内部组织,提高力学性能。锻造过程中,金属因经历塑性变形而使其内部组织更加致密,晶粒得到细化,纤维组织分布更趋合理,因此锻件比铸件具有更好的力学性能。

(2) 节省材料。锻压件的外形和表面粗糙度已接近或达到成品零件的要求,实现了少、无切削的要求,从而节省材料。

(3) 生产率高。这一点对于金属材料的轧制、拉丝、冲裁、挤压等工艺尤其明显。

(4) 适应性广。锻压成形能生成出小至几克的仪表零件,大至几百吨的重型锻压件。

(5) 锻件形状复杂程度一般不如铸件。主要是由于锻造是在固态下使金属成形。

3.1.2 锻压的分类

锻压主要包括锻造和冲压两大类,获得的零件或毛坯称为锻件和冲压件。

（1）锻造　锻造是指在锻造设备及工（模）具的作用下,使坯料产生局部或全部塑性变形以获得零件或毛坯的方法。在机械制造中,锻件和铸件是获得零件毛坯的两种主要方法。锻件主要用作承受重载和冲击载荷的重要机器零件和工具的毛坯,如机床主轴、传动轴、齿轮、曲轴、连杆、弹簧、刀具、锻模等。

根据使用的设备和工具的不同,锻造可分为自由锻和模锻（见图 3-1（a）、（b））两种。

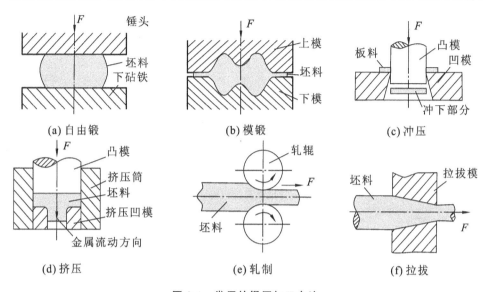

图 3-1　常用的锻压加工方法

（2）冲压　在冲床设备上利用冲模使坯料产生分离或变形的压力加工方法（见图 3-1（c））。它主要用于板料加工,广泛应用于航空、车辆、电器仪表及日用品等部门。冲压件具有刚性好、质量轻、尺寸精度和表面光洁程度高等优点。

除锻造和冲压外,锻压加工方法还有挤压、轧制和拉拔等,如图 3-1 所示。

3.2　锻造的工艺过程

锻造生产的工艺过程主要为：下料→加热→锻造成形→冷却→热处理→整形。

3.2.1　下料

下料是根据锻件的形状、尺寸和质量从选定的原材料上截取相应坯料的过程。中小型锻件一般以热轧圆钢或方钢为原材料。

锻件坯料的下料方法主要有剪切、锯割、氧气切割等。大批量生产时,剪切可在锻锤或专用的棒料剪切机上进行,生产效率高,但坯料断口质量较差。锯割可在锯床上使用弓锯、带锯或圆盘锯进行,坯料断口整齐,但生产率低,主要适用于中小批量生产。采用砂轮锯片锯割可大大提高生产率。氧气切割设备简单,操作方便,但断口质量较差,且金属损耗较多,只适用于单件、小批量生产。

3.2.2 坯料的加热

加热的目的是提高坯料的塑性并降低变形抗力,以改善其锻造性能。一般来说,随着温度的升高,金属的强度降低而塑性提高。所以,加热后锻造可以用较小的锻造力,使坯料获得较大的变形量。

1. 锻造温度范围

加热温度太高也会使锻件质量下降,甚至造成废品。各种材料在锻造时所允许的最高加热温度,称为该材料的始锻温度。

坯料在锻造过程中,随着热量的散失,温度不断下降,因而塑性越来越差,变形抗力越来越大。温度下降到一定程度后,不仅难以继续变形,且易锻裂,必须及时停止锻造,或重新加热。各种材料允许终止锻造的温度,称为该材料的终锻温度。

从始锻温度到终锻温度的温度区间,称为锻造温度范围。常用材料的锻造温度范围见表 3-1。

表 3-1 常用材料的锻造温度范围

材料种类	始锻温度/℃	终锻温度/℃
低碳钢	1200~1250	800
中碳钢	1150~1200	800
合金结构钢	1100~1180	850
铝合金	450~500	350~380
铜合金	800~900	650~700

2. 锻造加热设备

常用的锻造加热设备有燃煤、焦炭、重油、燃气的火焰加热炉和直接使用电能的电阻炉。电阻炉操作简便,可通过仪表准确控制炉温,且可通入保护性气体控制炉内气氛,以减少或防止坯料加热时的氧化,对环境无污染。电阻炉及其他电加热炉已成为坯料的主要加热设备。

3.2.3 锻造成形

坯料在加热的基础上须在锻造设备上经过锻造成形,才能达到需要的形状和尺寸。常用的锻造成形方法有自由锻、模锻和胎模锻三种,具体将在后面章节介绍。

3.2.4 锻后冷却与热处理

1. 锻后冷却

锻件的冷却也是保证锻件质量的重要环节。冷却速度过快会造成锻件表层硬化,难以进行切削加工,甚至产生变形和裂缝。按冷却速度的不同,冷却的方式有以下三种:

(1) 空冷 在无风的空气中,在干燥的地面上冷却。

(2) 坑冷 在充填有石棉灰、沙子或炉灰等保温材料的坑中或箱中,以较慢的速度冷却。

（3）炉冷　在 500～700 ℃的加热炉或保温炉中，随炉缓慢冷却。

一般来说，碳素结构钢和低合金钢的中小型锻件，锻后均采用冷却速度较快的空冷方法；成分复杂的合金钢锻件和大型碳钢锻件，宜采用坑冷或炉冷。

2. 锻后热处理

锻件在切削加工前，一般都要进行一次热处理。热处理的作用是使锻件的内部组织进一步细化和均匀化，消除锻造残余应力，降低锻件硬度，便于进行切削加工等。常用的锻后热处理方法有正火、退火和球化退火等。具体的热处理方法和工艺要根据锻件的材料种类和化学成分确定。

3.3　自由锻

自由锻是将坯料直接放在自由锻设备的上、下砧铁之间施加外力，或借助于简单的通用性工具，使之产生塑性变形的锻造方法。坯料在锻造过程中，除与上、下砧铁或其他辅助工具接触的部分表面外，都是自由表面，变形不受限制。可分为手工自由锻和机器自由锻两种。

自由锻生产率低，锻件形状一般较简单，加工余量大，材料利用率低，工人劳动强度大，对工人的操作技能要求高，只适用于单件和小批量生产的零件，但对大型锻件来说，它几乎是唯一的制造方法。

3.3.1　自由锻设备及工具

1. 自由锻设备

自由锻常用的设备有锻锤和液压机两大类，其中锻锤是以冲击力使金属坯料产生塑性变形的自由锻设备，如空气锤、蒸汽-空气自由锻锤等，但由于锻压能力有限，适用于中、小型锻件。液压机是以静压力使金属坯料产生塑性变形的自由锻设备，如水压机，可以产生很大的压力，能够生产大型和巨型锻件。

坯料质量在 100 kg 以下的小型自由锻锻件，通常都在空气锤上锻造。

（1）空气锤的基本结构　空气锤是一种以压缩空气为动力，并自身携带动力装置的锻造设备。空气锤的结构及工作原理如图 3-2 所示。空气锤由锤身、压缩缸、工作缸、传动机构、操纵机构、落下部分及砧座等几个部分组成。锤身 11 和压缩缸 9 及工作缸 7 铸成一体。传动机构包括电动机 13、减速机构 12 及曲柄 18、连杆 17 等。操纵机构包括手柄 10（或踏杆 1）、旋阀（8、19、20）及其连接杠杆。落下部分包括工作活塞 15、锤杆 14、锤头 6 和上砧铁 5 等。落下部分的质量也是锻锤的主要规格参数，例如，65 kg 空气锤，就是指落下部分的质量为 65 kg 的空气锤，是一种小型的空气锤。

（2）空气锤的工作原理及基本操作　空气锤上的电动机 13 通过传动机构带动压缩缸 9 内的压缩活塞 16 做上下往复运动，将空气压缩，并经上旋阀 19 或下旋阀 20 进入工作缸 7 的上部或下部，推动工作活塞 15 向下或向上运动，也可经旋阀 8 直接排入大气。通过手柄 10 或踏杆 1 操纵上、下旋阀 19(20)旋转到一定位置，可使锻锤实现空转、锤头上悬、锤头下

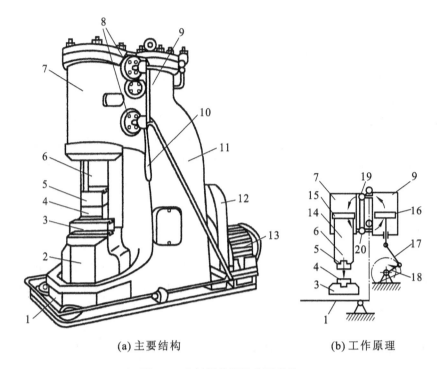

(a) 主要结构   (b) 工作原理

图 3-2 空气锤外形及主要结构

1—踏杆;2—砧座;3—砧垫;4—下砧铁;5—上砧铁;6—锤头;7—工作缸;

8,19,20—旋阀;9—压缩缸;10—手柄;11—锤身;12—减速机构;

13—电动机;14—锤杆;15—工作活塞;16—压缩活塞;17—连杆;18—曲柄

压、单次打击、连续打击等操作。

① 空转(空行程)。当操纵手柄 10 处于"空程"位置时,压缩缸 9 和工作缸 7 的上、下部分都经旋阀 8 与大气直接连通,内、外压力一致,锻锤的落下部分靠自重停在下砧铁 4 上。

此时,电动机及传动机构空转,尽管压缩活塞 16 上、下运动,但锻锤不进行工作。

② 锤头上悬。当操纵手柄 10 由"空程"位置推至"悬空"位置时,压缩缸 9 和工作缸 7 的上部都经上旋阀 19 与大气相连通,压缩缸 9 和工作缸 7 的下部与大气相隔绝。当压缩活塞 16 下行时,压缩空气经下旋阀 20,冲开单向阀,进入工作缸 7 下部,使锤杆 14 上升;当压缩活塞 16 上行时,压缩空气经上旋阀 19 排入大气。由于单向阀的单向作用,可防止工作缸 7 内的压缩空气倒流,使锤头 6 保持在上悬位置。

此时,可在锻锤上进行各种辅助工作,如放置锻件和工具、检查锻件尺寸、清除氧化皮等。

③ 锤头下压。当操纵手柄 10 处于"压紧"位置时,压缩缸 9 上部和工作缸 7 下部与大气相连通,压缩缸 9 下部和工作缸 7 上部与大气相隔绝。当压缩活塞 16 下行时,压缩空气通过下旋阀 20,冲开单向阀,经中间通道向上,由上旋阀 19 进入工作缸 7 上部,作用于工作活塞 15 上,连同落下部分自重,将工件压住;当压缩活塞 16 上行时,上部气体排入大气,由于单向阀的单向作用,使工作活塞 15 仍保持有足够的压力压紧锻件。

此时,可对锻件进行弯曲、扭转等操作。

④ 连续锻打。当将踏杆 1 踩下或将操作手柄 10 由"悬空"位置推至"连续锻打"位置时,压缩缸 9 和工作缸 7 经上、下旋阀相连通,并全部与大气相隔绝。当压缩活塞 16 往复运动时,压缩空气交替地压入工作缸 7 的上、下部,使锤头 6 相应地做上、下往复运动(此时单向阀不起作用),可对金属坯料进行连续锻打。

⑤ 单次锻打。当将踏杆 1 踩下后立即抬起,或将操作手柄 10 由"悬空"位置推至"连续锻打"位置,再迅速退回至"悬空"位置时,使锤头 6 锤击后立即返回悬空位置,可对金属坯料进行单次锻打。

连续锻打和单次锻打时锤击力的大小是通过调节踏杆或手柄的位置来控制下旋阀中气道孔的开启程度来实现的。

2. 自由锻工具

(1) 手工自由锻工具　如图 3-3 所示为手工自由锻常用的工具。

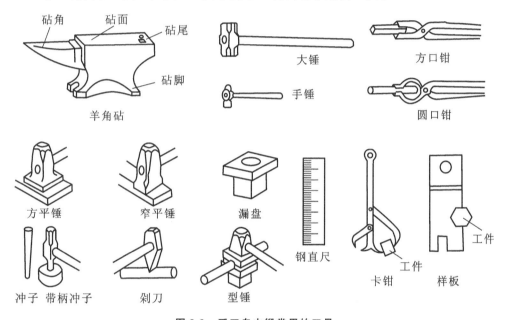

图 3-3　手工自由锻常用的工具

① 支承工具。即各种砧铁,用于放置锻件坯料和固定成形工具,由铸钢或铸铁制成,有羊角砧、双角砧、球面砧和花砧等多种类型。

② 夹持工具。即各种夹钳(又称为手钳),用于夹持锻件,一般由 45 钢制成,有尖嘴钳、圆口钳、方口钳、扁口钳和圆钳等多种类型。

③ 锻打工具。即各种手锤和大锤。手锤用于指示大锤打击的落点和轻重,由 60、70 或 T7、T8 等钢制成,有圆头、直头和横头等多种类型,以圆头最为常用,质量一般为 1~2 kg。大锤用于金属坯料的直接变形,也是由 60、70 或 T7、T8 等钢制,有直头、横头和平头等多种类型,质量一般为 4~7 kg。

④ 成形工具。即各种型锤、平锤、摔锤、冲子等,由 60、70 或 T7、T8 等钢制成。

型锤主要用于对锻件进行压肩、压槽,有时也用于加快增宽或拔长,分为上、下两个部分,上型锤带柄,供握持用,下型锤带有方形尾部,可插入砧面上的方孔,以便于使之固定。

平锤用于对锻件进行压肩或修整锻件的平面,平面边长为 30～40 mm,有方平锤、窄平锤和小平锤等多种类型。

摔锤用于摔圆和修光锻件的表面,分为上、下两个部分,其使用方法与型锤相同。

冲子用于在坯料上冲出通孔或盲孔,按照截面形状的不同,有圆形、方形或扁形等多种类型。冲子的外形一般为圆锥形。

⑤ 切割工具。即各种剁刀(又称錾子),用于切割坯料和锻件,或者在坯料上切割出缺口,为下一道工序做准备。

⑥ 测量工具。即钢直尺、卡钳、样板等,用于测量锻件或坯料的尺寸或形状。

(2) 机器自由锻工具　如图 3-4 所示为机器自由锻常用的工具。

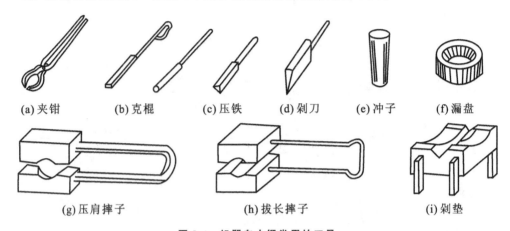

(a) 夹钳　　(b) 克棍　　(c) 压铁　　(d) 剁刀　　(e) 冲子　　(f) 漏盘

(g) 压肩摔子　　　　　　(h) 拔长摔子　　　　　　(i) 剁垫

图 3-4　机器自由锻常用的工具

① 夹持工具。如圆口钳、方口钳、槽钳、抱钳、尖嘴钳、专用型钳等。

② 切割工具。如剁刀、剁垫、克棍等。

③ 变形工具。如压铁、压肩摔子、拔长摔子、冲子、漏盘等。

3.3.2　自由锻的基本工序及其操作

锻件的锻造成形过程由一系列变形工序组成。根据工序的实施阶段和作用不同,自由锻的工序分为基本工序、辅助工序和精整工序三类。基本工序是实现锻件基本成形的工序,有镦粗、拔长、冲孔、弯曲、扭转、切割等。为便于实施基本工序而使坯料预先产生少量变形的工序称为辅助工序,如压肩、压痕、倒棱等。在基本工序之后,为修整锻件的形状和尺寸,消除表面不平,矫正弯曲和歪扭等目的而施加的工序,称为精整工序,如滚圆、摔圆、平整、校直等。

下面以镦粗、拔长和冲孔为重点,简要介绍几个基本工序的操作。

1. 镦粗

镦粗是使坯料横截面增大、高度减小的工序,有整体镦粗和局部镦粗两种,如图 3-5 所示。镦粗的操作工艺要点如下。

(1) 坯料的高径比,即坯料的原始高度 H_0 与直径 D_0 之比应小于 2.5。局部镦粗时,漏盘以上镦粗部分的高径比也要满足这一要求。高径比过大,镦粗时坯料易镦弯。发生镦弯

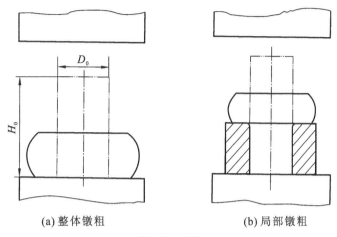

(a) 整体镦粗　　　　　　　　(b) 局部镦粗

图 3-5　镦粗

现象时,应将坯料放平,轻轻锤击矫正。

(2) 高径比过大或锤击力不足时,还可能将坯料镦成双鼓形(见图 3-6(a)),若不及时将双鼓形矫正而继续锻打,则可能发生折叠现象,使坯料报废(见图 3-6(b))。

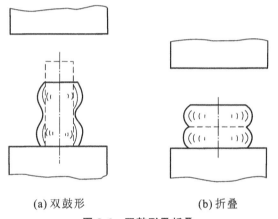

(a) 双鼓形　　　　　　　(b) 折叠

图 3-6　双鼓形及折叠

(3) 为防止镦歪,坯料的端面应与轴线垂直。坯料的端面与轴线不垂直时,要先将坯料夹紧,将端面轻击矫正。

(4) 局部镦粗时,要选择或加工合适的漏盘。漏盘内孔要有 $5°\sim7°$ 的斜度,使上口略大于下口,以便于将锻件取出。漏盘的上口部位应采取圆角过渡。

(5) 坯料镦粗后,须及时进行滚圆修整,以消除镦粗造成的鼓形。滚圆时,要将坯料翻转 $90°$,使其轴线与砧铁表面平行,一边轻轻锤击,一边滚动坯料。

2. 拔长

拔长是使坯料长度增加、横截面减小的工序,其操作要点如下。

(1) 送进。坯料沿下砧铁的宽度方向送进,每次的送进量 L 应为下砧铁宽度 B 的 $0.3\sim0.7$ 倍(见图 3-7(a))。送进量太大,金属主要向坯料宽度方向流动,反而降低了拔长效率(见图 3-7(b))。送进量太小,又容易产生夹层(见图 3-7(c))。

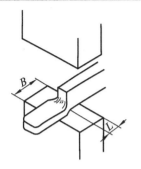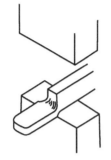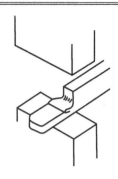

(a) 送进量合适   (b) 送进量太大，拔长效率低   (c) 送进量太小，产生夹层

图 3-7　拔长时的送进方向和送进量

（2）翻转。拔长过程中要不断翻转坯料，翻转的方法如图 3-8 所示。

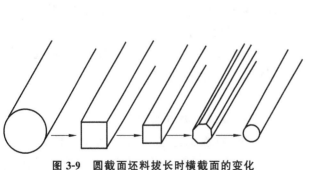

(a)　　　　　　　　　　　　　(b)

图 3-8　拔长时坯料的翻转方法

（3）锻打时，每次的压下量不宜过大，应保持坯料的宽度与厚度之比不要超过 2.5，否则，翻转后继续拔长时容易形成折叠。

（4）将圆截面的坯料拔长成直径较小的圆截面锻件时，必须先把坯料锻成方形截面，在边长接近锻件的直径时，锻成八角形，然后滚打成圆形（见图 3-9）。

（5）锻制台阶或凹槽时，要先在截面分界处压出凹槽，称为压肩（见图 3-10）。压肩后，再把截面较小的一端锻出。

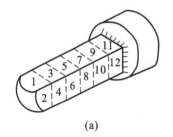

图 3-9　圆截面坯料拔长时横截面的变化

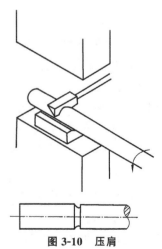

图 3-10　压肩

（6）套筒类锻件的拔长操作如图 3-11 所示。坯料须先冲孔，然后套在拔长心轴上拔长，坯料边旋转边沿轴向送进，并严格控制送进量。送进量过大，不仅拔长效率低，而且坯料内孔增大较多。

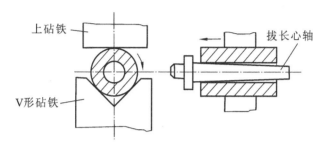

图 3-11　心轴上拔长

（7）修整。坯料拔长后须进行修整，以使锻件表面平整、截面形状规则、轴线挺直、尺寸准确。方形或矩形截面的锻件修整时，将锻件沿砧铁长度方向送进（见图 3-12(a)），以增加锻件与砧铁的接触长度。修整时，应轻轻锤击，可用钢板尺的侧面检查锻件的直线度及平面度；圆形截面的锻件修整时，锻件在送进的同时还应不断转动，若使用摔子修整（见图 3-12 (b)），锻件的尺寸精度更高。

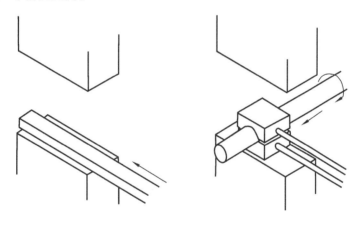

(a) 方形、矩形截面锻件的修整　　　　(b) 用摔子修整圆形截面锻件

图 3-12　拔长后的修整

3. 冲孔

冲孔是在坯料上锻制出孔的工序。冲孔一般都是冲出直径大于 $\phi 25$ mm 的圆形通孔，其工艺要点如下。

（1）由于冲孔时坯料的局部变形量很大，为了提高塑性，防止冲裂，冲孔前应将坯料加热至始锻温度。

（2）冲孔前坯料须先镦粗，以尽量减小冲孔深度，并使端面平整，以防止将孔冲斜。

（3）为保证孔位正确，应先试冲，即先用冲子轻轻压出孔位的凹痕，如有偏差，可加以修正。

（4）冲孔过程中应保持冲子的轴线与砧面垂直，以防冲斜。

（5）一般锻件的通孔采用双面冲孔法冲出（见图 3-13）。先从一面将孔冲至坯料厚度 2/3～3/4 的深度，取出冲子，翻转坯料，然后从反面将孔冲穿。

（6）较薄的坯料可采用单面冲孔（见图 3-14）。单面冲孔时，应将冲子大头朝下，漏盘上的孔不宜过大，且须仔细对正。

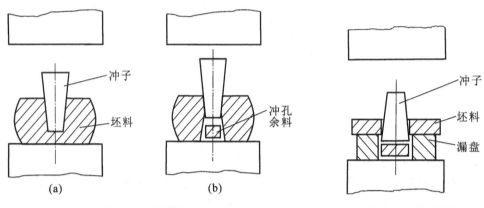

<table>
<tr><td>（a）</td><td>（b）</td></tr>
</table>

图 3-13　双面冲孔　　　　　　　　　　图 3-14　单面冲孔

（7）为防止坯料冲裂，冲孔的孔径一般要小于坯料直径的 1/3。超过这一限制时，则要先冲出一个较小的孔，然后采用扩孔的方法使其达到所要求的孔径尺寸。常用的扩孔方法有冲子扩孔和心轴扩孔。

冲子扩孔（见图 3-15（a））利用扩孔冲子锥面产生的径向胀力将孔扩大。扩孔时，坯料内产生较大的切向拉应力，容易冲裂，故每次的扩孔量不能太大；心轴上扩孔（图 3-15（b））是将带孔坯料套在心轴上，沿圆周方向对坯料进行锤击拔长，每锤击 1～2 次，旋转送进坯料。经过多次圆周锤击后，坯料的壁厚减小，内、外径增大。心轴上扩孔的扩孔量几乎不受限制，可以锻制大孔径的圆环件。

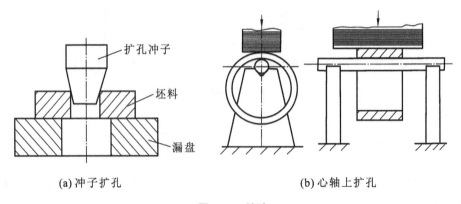

（a）冲子扩孔　　　　　　　　　　　　（b）心轴上扩孔

图 3-15　扩孔

4. 弯曲

使用一定的工具或模具，将坯料弯成一定角度或弧度的工序称为弯曲，如图 3-16 所示。

弯曲时,必须将待弯部位加热。

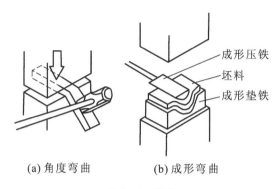

(a) 角度弯曲　　　(b) 成形弯曲

图 3-16　弯曲

5. 扭转

扭转是在保持坯料轴线方向不变的情况下,将坯料的一部分相对于另一部分扭转一定角度的工序,如图 3-17 所示。扭转时,坯料的变形量较大,易产生裂纹,因此,扭转时须将坯料加热至始锻温度,受扭曲变形的部分必须表面光滑,面与面的相交处要有圆角过渡,以防扭裂。

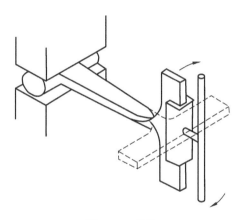

图 3-17　扭转

6. 切割

切割是分割坯料或切除锻件余料的工序。方形截面坯料或锻件的切割如图 3-18(a)所示,先将剁刀垂直切入坯料,至将要断开时将工件翻转,再用剁刀或克棍截断。切割圆形工件时,要将工件放在带有凹槽的剁垫中,边切割,边旋转,如图 3-18(b)所示。

3.3.3　自由锻工艺举例

自由锻锻件形状多样,一般需要采取几种基本工序才能锻制成形。尽管自由锻基本工序的选择和安排很灵活,但要制定出合理的锻造工艺仍需要对多种工艺方案进行综合分析和比较。

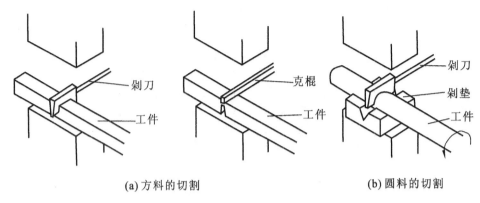

(a) 方料的切割   (b) 圆料的切割

图 3-18 切割

1. 阶梯轴类锻件的自由锻工艺

阶梯轴类锻件自由锻的主要变形工序是整体拔长及分段压肩、拔长等。表 3-2 所列为一简单阶梯轴锻件的自由锻工艺过程。

表 3-2 阶梯轴锻件的自由锻工艺过程

锻件名称	阶梯轴	工艺类别	自由锻
材　料	45	设　备	150 kg 空气锤
加热火次	2	锻造温度范围	1200～800 ℃

锻　件　图	坯　料　图
$\phi 32\pm2$　$\phi 49\pm2$　$\phi 37\pm2$ 42 ± 3　83 ± 3 270 ± 5	$\phi 65$ 95

序号	工序名称	工序简图	使用工具	操作要点
1	拔长	$\phi 49$	火钳	整体拔长至 $\phi 49\pm2$ mm

续表

序号	工序名称	工序简图	使用工具	操作要点
2	压肩	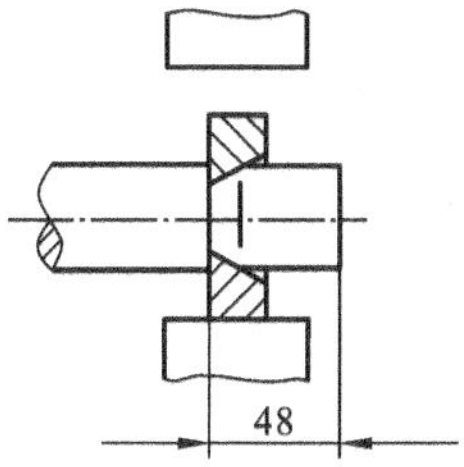 48	火钳 压肩摔子 或三角铁	边轻打边旋转坯料
3	拔长	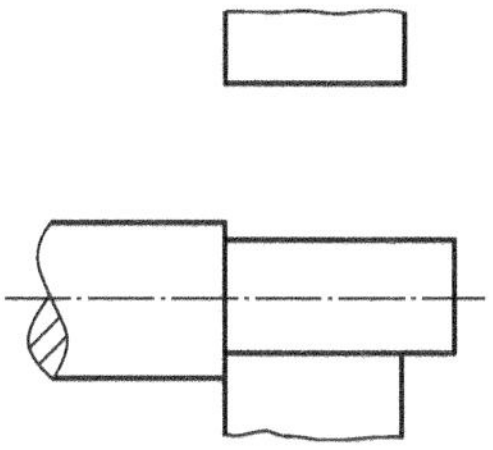	火钳	将压肩一端拔长至略大于 $\phi 37$ mm
4	摔圆	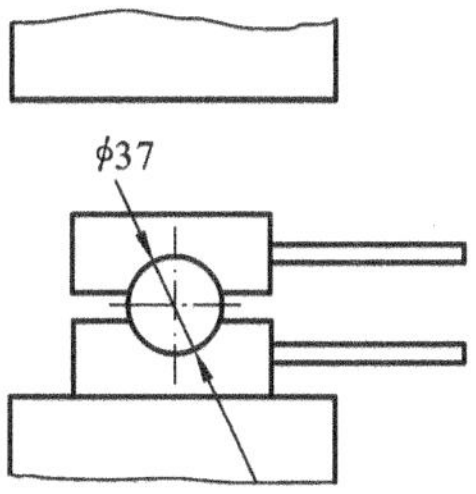 $\phi 37$	火钳 摔圆摔子	将拔长部分摔圆至 $\phi 37 \pm 2$ mm
5	压肩	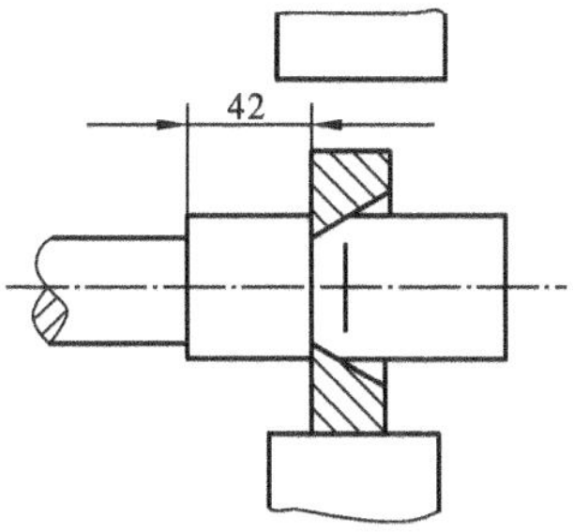 42	火钳 压肩摔子 或三角铁	截出中段长度 42 mm 后,将另一端压肩
6	拔长	(略)	火钳	将压肩一端拔长至略大于 $\phi 32$ mm
7	摔圆	(略)	火钳 摔圆摔子	将拔长部分摔圆至 $\phi 32 \pm 2$ mm
8	精整	(略)	火钳,钢板尺	检查及修整轴向弯曲

2. 带孔盘套类锻件的自由锻工艺

带孔盘套类锻件自由锻的主要变形工序是镦粗和冲孔(或再扩孔);带孔套类锻件的主要变形工序为镦粗→冲孔→心轴上拔长。表 3-3 所列为六角螺母毛坯的自由锻工艺过程。此锻件可视作带孔盘类锻件,其主要变形工序为局部镦粗和冲孔。

表 3-3　六角螺母毛坯的自由锻工艺过程

锻件名称	六角螺母	工艺类别	自由锻
材　料	45	设　备	100 kg 空气锤
加热火次	1	锻造温度范围	1200~800 ℃

锻件图	坯料图

序号	工序名称	工序简图	使用工具	操作要点
1	局部镦粗		火钳 镦粗漏盘	(1) 漏盘高度和内径尺寸要符合要求； (2) 漏盘内孔要有 3°~5°斜度，上口要有圆角； (3) 局部镦粗高度为 20 mm
2	修整		火钳	将镦粗造成的鼓形修平
3	冲孔		冲子 镦粗漏盘	(1) 冲孔时套上镦粗漏盘，以防径向尺寸胀大； (2) 采用双面冲孔法冲孔； (3) 冲孔时孔位要对正，并防止冲斜

序号	工序名称	工序简图	使用工具	操作要点
4	锻六角	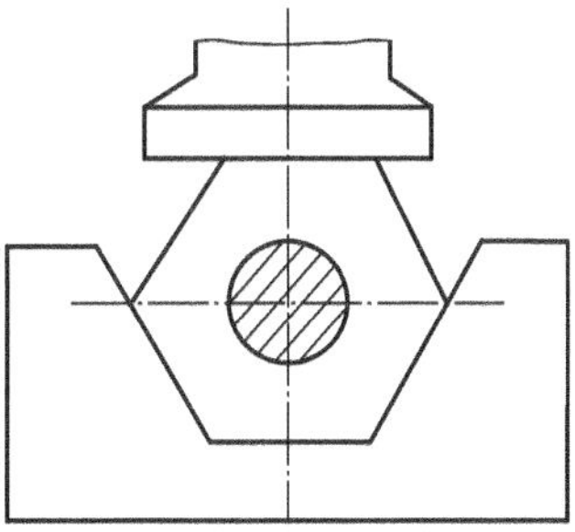	冲子 火钳 六角槽垫 平锤 样板	(1) 带冲子操作； (2) 注意轻击，随时用样板测量
5	罩圆倒角	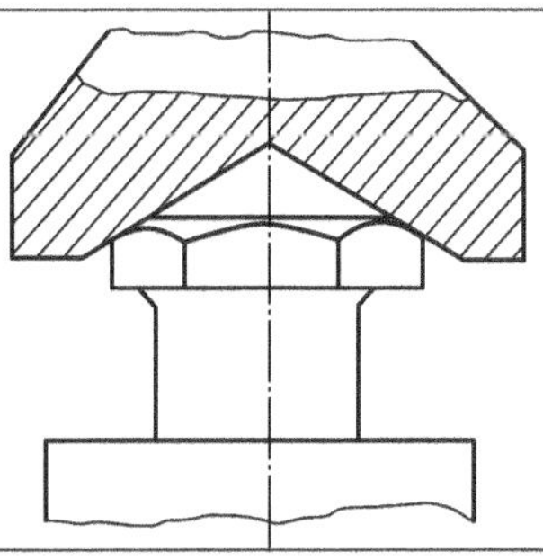	罩圆窝子	罩圆窝子要对正，轻击
6	精整	（略）		检查及精整各部分尺寸

3.4 模锻

模型锻造是将金属坯料放在具有一定形状和尺寸的模膛内，一次或多次施加冲击力或压力，使坯料在模膛内产生塑性变形，从而获得与模膛形状相同的锻件的锻造方法，简称模锻。模锻按使用设备的不同分为锤上模锻、曲柄压力机上模锻、摩擦压力机上模锻和胎模锻等，其中以锤上模锻和胎模锻应用最广。

3.4.1 锤上模锻

锤上模锻就是将模具固定在模锻锤上，使坯料变形获得锻件的锻造方法。其工艺通用性强，并能同时完成制坯工序。所使用的设备有蒸汽-空气模锻锤、无砧座锤和高速锤等。其中蒸汽-空气模锻锤（见图 3-19）应用最广泛，其工作原理与自由锻中的蒸汽-空气锤基本相同，但锤头与导轨间隙更小，且机架与砧座相连，以保证上、下模准确合拢。其吨位有 1～16 t，可锻制 0.5～150 kg 的锻件。

1. 锻模

锻模的结构如图 3-20 所示，其上、下锻模分别固定在锤头和模座上。上模与锤头一起做上、下往复运动。当上、下模合在一起时，即形成了封闭的、完整的模膛，坯料便在模膛内锻制成形。按结构形式不同，锻模分单膛锻模和多膛锻模。单膛锻模只有一个模膛，多膛锻模是指在一副锻模上有多个模膛，坯料在各个模膛内依次成形，最后在终锻模膛中得到锻件的形状和尺寸。

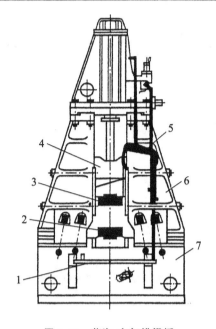

图 3-19 蒸汽-空气模锻锤

1—踏板;2—下模;3—上模;4—锤头;

5—操纵机构;6—锤身;7—砧座

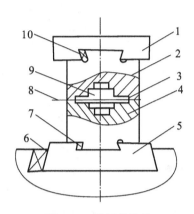

图 3-20 锻模的结构

1—锤头;2—上模;3—飞边模;4—下模;5—模座;

6、7、10—紧固楔铁;8—分模面;9—模膛

2. 锤上模锻工艺示例

图 3-21 所示是弯曲连杆的多膛模锻工艺过程。锻造时,坯料经拔长、滚压、弯曲三个制坯模膛变形后,已初步接近锻件的形状,然后再经过预锻和终锻模膛制成带飞边的锻件,最后在压力机上用切边模切除飞边,获得弯曲连杆的锻件。

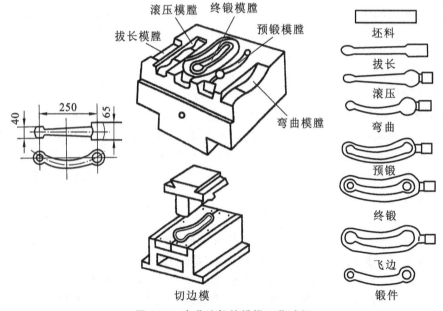

图 3-21 弯曲连杆的模锻工艺过程

锤上模锻可以锻出形状比较复杂的锻件,锻件尺寸精确、加工余量小,比自由锻节省材料,操作简单、生产率高,易于实现机械化和自动化。但坯料要整体变形,变形抗力比较大,所需设备吨位大,而且锻模制造的成本很高。主要适用于质量小于 150 kg 的中、小型锻件的大批量生产。

3.4.2　胎模锻

胎模锻是在自由锻设备上,使用简单的可移动模具生产锻件的一种锻造方法。所使用的模具称为胎模,其结构如图 3-22 所示。胎模不固定在锤头和砧铁上,只有在锻造时才放置于砧铁上。锻造时,一般先将坯料经过自由锻预锻成近似锻件的形状,然后用胎模终锻成形。

胎模锻是介于自由锻和锤上模锻之间的一种锻造方法,具有工艺操作灵活,模具结构简单,可以局部成形,扩大自由锻设备应用范围,锻件质量高于自由锻等特点,但操作者劳动强度较大,生产率较低。主要适用于中、小批量无其他模锻设备的生产。

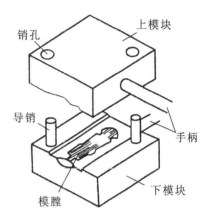

图 3-22　胎模的结构

3.5　锻件常见缺陷

3.5.1　锻件的质量检验

锻造过程中及锻后必须对锻件进行质量检验,以及时发现锻造中锻件的质量问题。常用的检验方法有外观检测、力学性能试验、金相组织分析、无损探伤检验等,应按照锻件技术条件规定或有关检验技术文件要求选择合适的检验方法。

外观检测包括锻件表面检测、形状和尺寸检测。

(1) 表面检测　表面检测主要是检测锻件的外部是否存在毛刺、裂缝、折叠、过烧、偏心、弯曲等缺陷。

(2) 形状和尺寸检测　形状和尺寸检测主要是检测锻件的形状和尺寸是否符合锻件图的要求。一般自由锻件使用钢直尺和卡钳来检验;成批锻件使用卡规、样板等专用量具来检验。

3.5.2　自由锻锻件的缺陷分析

自由锻锻件的常见缺陷及产生原因见表 3-4。

表 3-4　自由锻锻件的常见缺陷及产生原因

缺 陷 名 称	产 生 原 因
过热或过烧	(1) 加热温度过高,保温时间过长; (2) 变形不均匀,局部变形量过大; (3) 始锻温度过高

续表

缺 陷 名 称	产 生 原 因
裂缝	(1) 坯料心部没有加热透或温度太低； (2) 坯料本身有皮下气孔等冶炼质量缺陷； (3) 坯料加热速度过快,锻后冷却速度过大； (4) 锻造变形量过大
折叠	(1) 砧铁圆角半径过小； (2) 送进量小于压下量
歪斜偏心	(1) 加热不均匀,变形量不均匀； (2) 锻造操作不当
弯曲变形	(1) 锻造后修整、矫正不够； (2) 冷却、热处理操作不当
力学性能偏低	(1) 坯料冶炼成分不符合要求； (2) 锻造后热处理不当； (3) 原材料冶炼时,杂质过多,偏析严重； (4) 锻造比过小

3.6 板料冲压

冲压是在冲床上利用冲模使金属坯料发生分离或变形的压力加工方法。因其所用坯料常为 1～2 mm 以下的板料且多在常温下成形,又称为板料冲压或冷冲压。

常用的冲压材料是低碳钢、铜、铝及奥氏体不锈钢等强度低而塑性好的金属。

冲压件尺寸精确,表面光洁,一般不需要进行切削加工,只需钳工稍做加工或修整,即可作为零件使用。板料冲压操作简单,生产率高,易于实现机械化和自动化生产。

3.6.1 冲压的基本工序

冲压基本工序有分离工序和变形工序两大类。

1. 分离工序

分离工序是使板料的一部分与另一部分沿一定的轮廓线相互分离的冲压工序,主要有冲裁、剪切、切口等。

(1) 冲裁 冲裁是使板料沿封闭轮廓分离的工序。冲裁包括落料(见图 3-23)和冲孔(见图 3-24)两个具体工序,它们的模具结构、操作方法和分离过程完全相同,但各自的作用不同。落料时,从板料上冲下的部分是成品,而板料本身则成为废料;冲孔是在板料上冲出所需要的孔,冲孔后的板料本身是成品,冲下的部分是废料。

(2) 剪切 剪切是利用剪刀或冲模,将板料沿不封闭轮廓线进行分离的工序,又称切断,常用于板料下料。

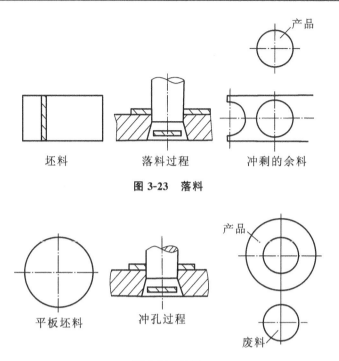

图 3-23　落料

图 3-24　冲孔

（3）切口　切口（见图 3-25）可视作不完整的冲裁，其特点是将板料沿不封闭的轮廓线部分地分离，并且分离部分的金属发生弯曲。切口有良好的散热作用，因此，广泛用于各类机械及仪表外壳的冲压中。

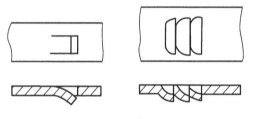

图 3-25　切口

2. 变形工序

变形工序是使板料的一部分相对于另一部分产生位移而不分离的工序，有弯曲、拉深、翻边、胀形等。

（1）弯曲　弯曲是将板料弯成一定曲率和角度的变形工序，如图 3-26 所示。弯曲模上使板料弯曲的部分要做出圆角，否则会划伤或撕裂工件。

（2）拉深　拉深是把板料冲制成中空开口形状冲压件的变形工序，如图 3-27 所示。

与冲裁模不同，拉深模的凸模和凹模的各工作部位都应加工成圆角，使板料仅变形而不会分离。为减少摩擦阻力，以使拉深时板料从中通过，凸模和凹模间要留有相当于板厚 1.1～1.2 倍的间隙，拉深前要在板料或模具上涂润滑剂。为防止板料起皱，破坏拉深过程，要用压板将板料压住。

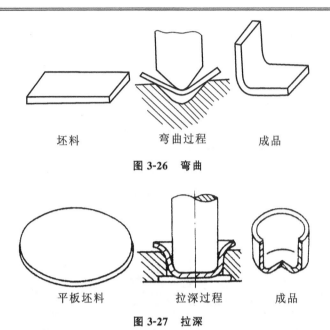

坏料   弯曲过程   成品

图 3-26　弯曲

平板坏料   拉深过程   成品

图 3-27　拉深

为防止板料拉裂,拉深的每次变形程度都有一定的限制。如果所要求的拉深变形程度较大,则应进行多次拉深(见图 3-28)。多次拉深时,每次拉深所允许的变形程度依次减小。

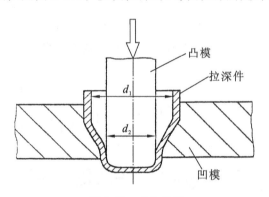

图 3-28　多次拉深

d_1—前次拉深后直径;d_2—本次拉深直径

（3）翻边　翻边是在冲压件的半成品上沿一定的曲线位置翻起竖立直边的变形工序,有内孔翻边和外缘翻边,如图 3-29 所示。为防止将板料拉裂,翻孔的变形程度也受到限制。

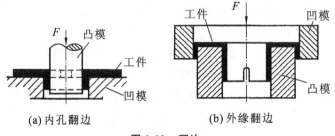

(a) 内孔翻边   (b) 外缘翻边

图 3-29　翻边

3.6.2　冲压设备及模具

1. 冲压设备

冲压设备主要有剪床和冲床。

（1）剪床　剪床是下料的基本设备,用于将板料剪切成一定宽度的条料,以供下一步冲压工序使用。

图 3-30 所示为斜刃剪床的外形及传动机构,电动机 1 通过带轮使轴 2 转动,再通过齿轮传动及离合器 3 使曲轴 4 转动,于是带有刀片的滑块 5 便上下运动,进行剪切工作。6 为工作台,7 是滑块制动器。常用剪床还有平刃剪床和圆盘剪床。

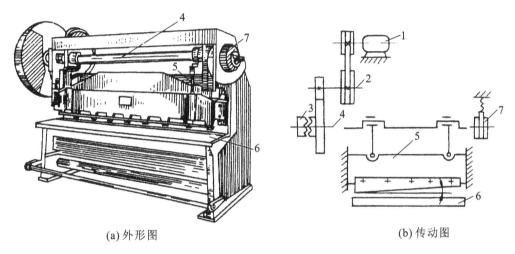

(a) 外形图　　　　　　　　　　　　(b) 传动图

图 3-30　剪床

1—电动机;2—轴;3—离合器;4—曲轴;5—滑块;6—工作台;7—滑块制动器

（2）冲床　冲床是进行冲压加工的基本设备。常用的开式双柱冲床如图 3-31 所示。冲模的上模和下模分别装在滑块的下端和工作台上。电动机 5 通过 V 带减速系统 4 带动大带轮(飞轮)转动。踩下踏板 7,离合器 3 闭合并带动曲轴 2 旋转,再经过连杆 11 带动滑块 9 沿导轨 10 做上下往复运动,进行冲压加工。如果将踏板 7 踩下后立即抬起,离合器 3 随即脱开,滑块 9 冲压一次后便在制动器 1 的作用下停止在最高位置上;如果踏板 7 不抬起,滑块 9 就进行连续冲压。滑块和上模的高度以及冲程的大小,可通过曲柄连杆机构进行调节。

冲床属于机械压力机类设备,其规格以公称压力表示,也称冲床(压力机)的吨位。例如 J23—63 型冲床,型号中的"J"表示机械压力机,"63"表示冲床的公称压力为 630 kN(63 t),"23"表示机型为开式可倾斜式。

2. 冲压模具

冲压模具(简称冲模)是使板料产生分离或变形的工具,其典型结构如图 3-32 所示。冲模主要由上模和下模两部分组成。上模通过模柄安装于冲床滑块上,下模则通过下模板由压板和螺栓安装固定在冲床工作台上。操作时,条料沿两导料板 9 之间送进,碰到定位销 8 为止。冲下的零件落入凹模孔,凸模返回时卸料板 10 将坯料推下。继续进料至定位销,重复上述动作。

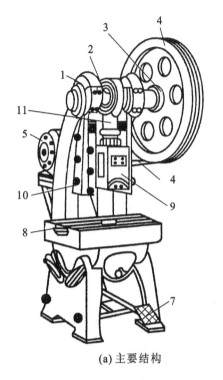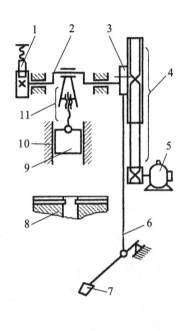

(a) 主要结构　　　　　　　　(b) 传动原理

图 3-31　开式可倾斜冲床

1—制动器；2—曲轴；3—离合器；4—V 带减速系统；5—电动机；

6—拉杆；7—踏板；8—工作台；9—滑块；10—导轨；11—连杆

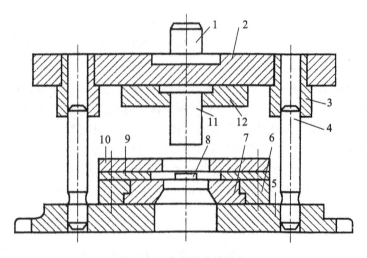

图 3-32　典型的冲模结构

1—模柄；2—上模板；3—导套；4—导柱；5—下模板；6、12—压板；

7—凹模；8—定位销；9—导料板；10—卸料板；11—凸模

冲模一般由工作零件、定位零件、卸料零件、模板零件、导向零件和固定零件等组成。

(1)工作零件 如凸模 11 和凹模 7,为冲模的工作部分,其作用是使板料产生分离或变形,是模具关键性的零件。凸模和凹模分别通过压板固定于上、下模板上。

(2)定位零件 如导料板 9、定位销 8,其作用是保证板料在冲模内处于准确的位置。导料板控制坯料的进给方向,定位销控制坯料进给量。

(3)卸料零件 如卸料板 10,其作用是当凸模回程时,可使凸模由工件或坯料中脱出。也可采用弹性卸料,如用弹簧、橡皮等弹性元件通过卸料板推开板料,以利于使凸模脱出。

(4)模板零件 如上模板 2、下模板 5 和模柄 1 等,其作用是固定凸模和凹模。凸模借助上模板并通过模柄固定于冲床滑块上,并可随滑块上、下运动;凹模借助下模板由压板、螺栓固定于工作台上。

(5)导向零件 如导套 3、导柱 4 等,其作用是保证凸模向下运动时能对准凹模孔,并保证间隙均匀,是保证模具运动精度的重要部件,分别固定于上、下模板上。

(6)固定零件 如凸模压板 12、凹模压板 6 等,其作用是将凸模、凹模分别固定于上、下模板上。此外,还有螺钉、螺栓等连接件。

以上模具零件并非每副模具都需具备,但工作零件、模板零件、固定零件等是必需的,并且除了凸模、凹模以外,其他模具零件大多为标准件。

冲模种类繁多,按照工序的不同可分为冲裁模、拉深模、弯曲模等;按照工序的复合程度可分为简单冲模、连续冲模和复合冲模,具体内容参考有关教材。

3.7 特种压力加工

工业的不断发展,对压力加工生产提出越来越高的要求,为此,在传统成形工艺的基础上逐渐完善和发展起来了所谓的精密成形工艺,如精密模锻、挤压、轧制和超塑性成形、高能高速成形等。

1. 精密模锻

精密模锻是在普通模锻设备上锻制形状复杂的高精度锻件的一种模锻工艺。如精密模锻锻伞齿轮,其齿形部分可直接锻出而不必再经切削加工。精密模锻件尺寸精度可达 IT12～IT15,表面粗糙度 Ra 值为 1.6～3.2 μm。

其工艺特点是需精确计算原始坯料尺寸,严格按坯料质量下料,并在锻前仔细清理坯料表面,采用少氧化、无氧化加热法并严格控制锻造温度和锻模温度,利用高精度的锻模保证锻件精度。

2. 挤压

挤压是将金属坯料放入模具型腔内,在一定的挤压力和挤压速度作用下,迫使金属从型腔中挤出,以获得所需尺寸和形状的制品的塑性成形工艺(见图 3-33),所获制品称为挤压件。目前,挤压不仅被广泛用于生产各种复杂截面型材,而且生产各种锻件和零件。

采用挤压工艺不但可以提高金属的塑性,生产出复杂截面形状的挤压件,而且可以提高挤压件的精度,改善挤压件的内部组织和力学性能,提高生产率和节约材料等。因此,挤压是一种先进的、少或无切削加工的成形方法。

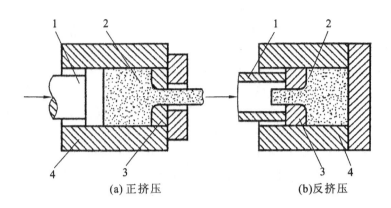

(a) 正挤压   (b)反挤压

图 3-33　挤压示意图

1—凸模；2—坯料；3—挤压模；4—挤压筒

挤压的变形过程大致可分为四个阶段,即充满阶段、开始挤出阶段、稳定挤压阶段和终了挤压阶段。

3. 超塑性成形

利用金属材料在特定条件下具有的超塑性进行压力加工的方法称为超塑性加工。

所谓超塑性,一般是指材料在低的变形速度、一定的变形温度和均匀的晶粒的条件下,其拉伸变形的伸长率超过 100% 的现象。凡具有能超过 100% 伸长率的材料,称为超塑性材料。

目前,常用的超塑性成形材料有锌合金、铝合金、钛合金及高温合金。超塑性状态下的金属在变形过程中不产生缩颈现象,变形抗力只有常态下几分之一至几十分之一。因此,此种金属极易变形,可采用多种工艺方法制出复杂零件。

如图 3-34(b)所示的零件长径比较大。选用超塑性材料可以一次拉深成形,质量很好,零件性能无方向性,图 3-34(a)所示为超塑性拉深成形示意图。

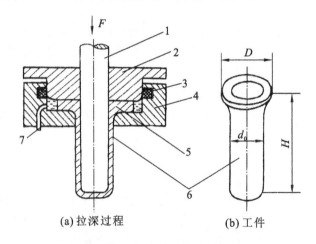

(a) 拉深过程   (b) 工件

图 3-34　超塑性材料拉深成形

1—冲头(凸模)；2—压板；3—电热元件；4—凹模；5—板坯；6—工件；7—高压油孔

4. 高能高速成形

高能高速成形是一种在极短时间内释放高能量而使金属变形的成形方法。高能高速成形主要包括利用火药爆炸产生化学能的爆炸成形、利用电能的水电成形和利用磁场力的电磁成形。

3.8 自由锻工艺基本操作训练

3.8.1 锻造实习安全操作规程

（1）进入车间，穿好工作服、工作鞋，戴好安全帽和护目镜，工作服应当很好地遮蔽身体，以防烫伤。

（2）实习学生必须在指定工位进行操作，未经指导教师同意，不得随意触摸、启动各种电源开关和设备。

（3）操作中集中思想，严禁擅离工位，严禁串岗、打闹、从事与实习内容无关的活动。

（4）工作前，检查所用的工具、模具是否牢固、良好，齐备；气压表等仪表是否正常，油压是否符合规定。

（5）设备开动前，应检查电气装置、防护装置、接触器等是否良好，空车试运转 2～3 min，确认无误后，方可进行工作。

（6）使用的风冷设备（如轴流风机等）在使用前一定要检查，以防止风机叶片脱落或漏电伤人。移动时叶片应完全停止转动。

（7）工作中应经常检查设备、工具、模具等，尤其是受力部位是否有损伤、松动，裂纹等，发现问题要及时修理或更换，严禁机床带病作业。

（8）锻件在传送时不得随意投掷，以防烫伤、砸伤。锻件必须用钳子夹牢后再进行传送。

（9）掌钳者在操作时，钳柄应在人体两侧，不要将钳柄对准人体的腹部或其他部位，以免钳子突然飞出，造成伤害。锻打时，掌钳者与打锤者之间的配合要协调。

（10）操作时，严禁用手伸到锤的下方取、放锻件。不得用手或脚直接清除铁砧上的氧化皮或推传锻打的工件。

（11）锻件及工具不得放在人行通道上或靠近机械传送带旁，以保持道路畅通。锻件应平稳地放在指定地点。堆放不能过高，以防止突然倒塌，砸伤、压伤人。

（12）易燃易爆物品不准放在加热炉或热锻件近旁。

（13）除工作现场的操作人员外，严禁无关人员近距离观看，防止工件飞出击伤人。

（14）严格遵守七不打的操作规程，即工件放不正不打、拿不平不打、夹不准不打、冷铁不打、冲子和剁刀背上有油不打、空锤不打和看不准不打。

（15）工作完毕，关闭液压、气压装置，切断电源，整理工作场地，打扫卫生，填写设备使用记录。

3.8.2   自由锻工艺基本操作训练

本节以自由锻工艺基本操作为例进行训练,模锻和板料冲压等内容可安排到企业参观见习。

1. 阅读分析图样

图 3-35 所示为自由锻实习工件六面体锻件图,材料为 45 钢,毛坯为热轧圆钢,毛坯尺寸为 ϕ30 mm×40 mm。该六面体的对边尺寸为 52 mm、厚度为 12 mm。

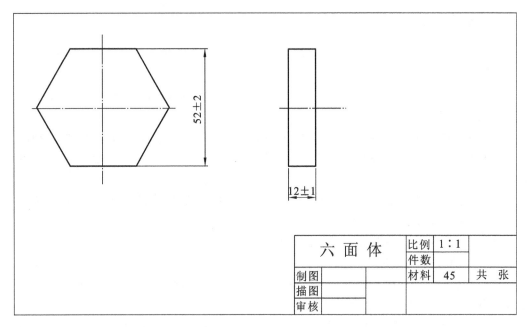

图 3-35   六面体锻件图

2. 零件自由锻工艺分析

该锻件的毛坯尺寸经计算选 ϕ30 mm×40 mm,坯料加热温度在 1150~1200 ℃之间,对坯料先镦粗,再将截面锻成六边形,然后修整和冷却。由于是自由锻的基本操作训练,在坯料的温度低于终锻温度 800 ℃后可多次再加热。

3. 零件自由锻步骤及注意事项

手工自由锻操作训练采取两人一组。一人掌钳,即用合适的夹钳,将加热坯料从加热炉中取出,在锻打过程中夹牢和翻转坯料;一人锤打,即用大锤或手锤锻打成形。六面体的自由锻步骤见表 3-5。

表 3-5   六面体的自由锻步骤

序号	工序名称	加工步骤及内容	使用工具
1	下料	ϕ30 mm×40 mm 热轧圆钢	
2	加热	加热至 1150~1200 ℃(多次)	

续表

序号	工序名称	加工步骤及内容	使用工具
3	镦粗	多次锻打,使锻件厚度至 12 mm(见图 3-36(a))	夹钳、大锤
4	锻六角	将圆盘锻打成六角形(见图 3-36(b))	夹钳、大锤、手锤
5	修整	用平锤进行修整	平锤
6	冷却	空气中自然冷却	

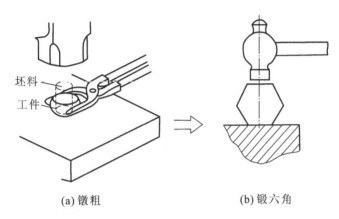

(a) 镦粗　　　　　　　　　(b) 锻六角

图 3-36　自由锻造六面体

注意事项:

(1) 两人动作要配合、协调,一般由掌钳工指挥锤工;

(2) 当坯料温度低于 800 ℃后,应重新加热,再锻打;

(3) 锻六角时,先锻好一对边面至某一尺寸,转 60°锻另一对边面,再转 60°锻另一对边面。对边尺寸在多次锻造中逐渐达到图样尺寸要求。

复习思考题

1. 简述锻压成形的实质。与铸造相比,锻压加工有哪些特点?

2. 简述锻造的主要工艺过程。

3. 铸件和锻件作为零件毛坯的两种主要类型,各适用于制造哪些类型的零件? 为什么?

4. 金属坯料锻造前加热的作用是什么? 如何控制?

5. 为什么金属坯料的加热温度不能高于始锻温度?

6. 锻件有哪几种冷却方式? 简述各自的适用范围。

7. 什么是自由锻? 试述其特点和应用范围。

8. 空气锤由哪些部分组成? 各部分的作用是什么?

9. 自由锻的基本工序有哪些?

10. 镦粗对坯料的高径比有何限制? 为什么?

11. 镦粗时漏盘上的圆角和内壁斜度的作用是什么?

12. 拔长时,送进量的大小对拔长效率和质量有何影响? 如何控制?

13. 不垫漏盘冲孔时,能否不翻转工件直接将孔冲透? 说明理由。

14. 简述冲压的基本工序和应用。

15. 冲孔与落料有何异同?

16. 弯曲件为什么会发生回弹现象?

17. 简述特种压力加工的种类与应用。

18. 根据锻造实习体会,简述锻造实习安全操作规程。

第4章 焊 接

教学要求

理论知识

(1) 了解焊接的定义、特点与分类;

(2) 理解焊条电弧焊的过程及工艺,了解焊接电弧与焊接接头,熟悉焊条电弧焊的设备、工具及焊条;

(3) 掌握焊条电弧焊的基本操作;

(4) 理解气焊和气割的相关知识,熟悉其基本操作;

(5) 理解埋弧焊、气体保护焊,了解电阻焊、钎焊和等离子弧焊;

(6) 了解焊接的常见缺陷及产生原因。

技能操作

(1) 能正确使用焊条电弧焊、气焊与气割的设备与工具;

(2) 根据零件图,熟练完成焊条电弧焊的基本操作训练;

(3) 演示或参观其他焊接方法(如气体保护焊、电阻焊和激光焊等)。

4.1 概述

焊接是指通过加热或加压,或两者并用,并且用或不用填充材料,使两个分离的表面结合的一种连接方法,是现代工业生产中广泛应用的一种金属连接工艺方法。

4.1.1 焊接的特点及应用

焊接与其他连接方法有着本质的区别,其实质是使两个分离的金属通过原子或分子间的相互扩散与结合而形成一个不可拆卸的整体的过程。焊接成形主要有以下特点。

(1) 能减轻结构的自重,节省金属材料和加工工时。采用焊接方法制造的船舶、车辆、飞机、火箭等运输工具,可以减小自身的质量。采用焊接方法制造的各种机械零件能有效地节省材料和加工工时。

(2) 能“以小拼大、以简拼繁”。如现代汽车工业中的车身生产,先分别制造出车门、地板、顶盖、后围和侧围等部件,再将各部件组装焊接,这样简化了工艺,降低了成本。

(3) 可实现不同材料间的连接。被连接的焊件材料可以是同种或异种金属,也可以是金属与非金属等。如气门杆部为 45 钢,头部为合金钢,通过焊接形成一个零件,优化了设计,节省了贵金属。

(4) 焊接接头的密封性好。如有严格要求无泄漏的压力容器、管道、锅炉等结构件间的连接大多采用焊接。

(5) 焊接接头组织性能不均匀,易产生焊接残余应力和变形。

由于焊接所具有的特点及其飞速发展,在机械制造工业中,广泛应用焊接技术制造各种金属结构件,如厂房屋架、桥梁、船体、机车车辆、飞机、火箭、锅炉、压力容器、管道、起重机等;焊接也常用于制造机器零件(或毛坯),如重型机械和冶金、锻压设备的机架、底座、箱体、轴、齿轮等。此外,焊接还常用于修补铸件、锻件缺陷和局部受损坏的零件等。

4.1.2　焊接的分类

焊接方法的种类很多,按焊接过程的特点不同,可分为熔焊、压焊和钎焊三大类。

(1) 熔焊　在焊接过程中,将焊件连接处局部加热到熔化状态,不加压力,然后冷却凝固成一体完成焊接的方法。工业生产中常用的熔焊方法有气焊、电弧焊(包括焊条电弧焊、埋弧焊、气体保护焊)、电渣焊、等离子弧焊、电子束焊和激光焊等。

(2) 压焊　在焊接过程中,必须对焊件施加压力(加热或不加热)完成焊接的方法,如电阻焊、摩擦焊、扩散焊和超声波焊等。

(3) 钎焊　采用低熔点的填充金属(称为钎料)熔化后,与固态焊件金属相互扩散形成原子间的结合而实现连接的方法。有硬钎焊和软钎焊两种。

4.2　焊条电弧焊

利用电弧热作为焊接热源的熔焊方法称为电弧焊,简称弧焊。用手工操纵焊条进行焊接的电弧焊方法称为焊条电弧焊,其焊接过程如图 4-1 所示。焊接前,将焊钳和焊件分别与弧焊机的两极相连,并用焊钳夹持焊条。焊接时,先在焊条和焊件之间引出电弧,在电弧热的作用下,焊条端部和焊件局部同时熔化,形成金属熔池。随着电弧沿焊接方向移动,新的熔池不断形成,原熔池金属陆续冷却,凝固形成焊缝。

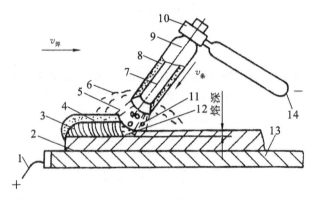

图 4-1　焊条电弧焊过程

1—正极;2—焊件;3—焊缝;4—焊渣;5—电弧;6—保护气体;7—焊芯;
8—药皮;9—焊条;10—焊钳;11—熔滴;12—熔池;13—工作台;14—负极

焊条电弧焊所需的设备简单,操作方便、灵活,适应性强,是工业生产中应用最广泛的一种焊接方法,适用于厚度 2 mm 以上各种金属材料的焊接。

4.2.1 焊接电弧与焊接接头

1. 焊接电弧

焊接电弧是在具有一定电压的焊条与焊件间的气体介质中产生强烈而持久的放电现象。

（1）焊接电弧的形成 如图4-2所示，把焊条与焊件接在弧焊机的两极，焊接时，先将焊条与焊件瞬时接触造成短路而产生高热，接触处温度迅速升高并熔化。随后立即提起焊条距焊件2～4 mm，在电场的作用下，阴极发射电子，电子以高能量撞击中性气体介质分子并使其电离。正离子与电子分别加速向阴极和阳极运动过程中相互碰撞与复合，从而形成电弧并产生大量的热和光。

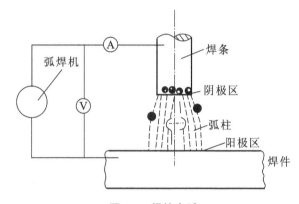

图4-2 焊接电弧

（2）焊接电弧的组成 如图4-2所示，焊接电弧由阴极区、阳极区和弧柱组成。电弧放出的热量与焊接电流和电弧电压成正比。但一般来说，阳极区放出的热量较多，约占总热量的43%，阴极区占36%，弧柱区占21%。电弧中各部分的温度因电极材料的不同有所不同。用钢焊条焊接钢材时，阳极区热力学温度约2600 K，阴极区热力学温度约2400 K，弧柱区热力学温度高达5000～8000 K。

（3）焊接电弧的极性和应用 采用直流弧焊机焊接时，有正接与反接两种连接方式，如图4-3所示。正接法是焊件与直流弧焊机的正极连接，焊条与负极连接，因对焊件加热较多，宜焊接较厚的钢板。反接法是将焊件与直流弧焊机的负极连接，焊条与正极连接，宜焊接较薄的钢板或焊接铸铁、高碳钢及非铁金属等。

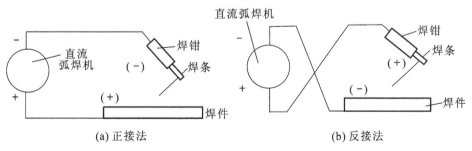

(a) 正接法　　　　　　　　　　(b) 反接法

图4-3 直流弧焊机的两种接线方法

2. 焊接接头

用焊接方法连接的接头称为焊接接头,熔焊的焊接接头如图 4-4 所示,它由焊缝和热影响区组成。被连接的焊件材料称为母材金属(或称为基本金属)。焊接过程中局部受热熔化的金属形成熔池,熔池金属冷却凝固形成焊缝。焊缝两侧的母材受焊接加热的影响(但未熔化),引起金属内部组织和力学性能变化的区域,称为焊接热影响区(简称热影响区)。焊缝和热影响区的分界线称为熔合线。

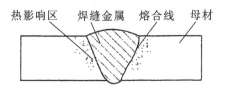

热影响区 焊缝金属 熔合线 母材

图 4-4 熔焊焊接接头

焊缝各部分的名称如图 4-5 所示。焊缝表面上的鱼鳞状波纹称为焊波。焊缝表面与母材的交界处称为焊趾。超出母材表面焊趾连线上面的那部分焊缝金属的高度称为余高。单道焊缝横截面中,两焊趾之间的距离,称为焊缝宽度,又称为熔宽。在焊接接头横截面上,母材熔化的深度称为熔深。

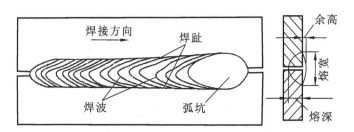

焊接方向 焊趾 余高 熔宽 熔深 焊波 弧坑

图 4-5 焊缝各部分的名称

4.2.2 焊条电弧焊设备及工具

1. 焊条电弧焊设备

焊条电弧焊的主要设备是弧焊机(也称电焊机或焊机),其作用是提供焊接所需要的电源。按照焊接电流性质的不同,可分为交流弧焊机和直流弧焊机两大类。

(1) 交流弧焊机 交流弧焊机实际上是一种具有一定特性的降压变压器,又称弧焊变压器。它把电网电压(220 V 或 380 V)的交流电变成适合于电弧焊的低压交流电。其结构简单、价格便宜、使用方便、维修容易、空载损耗小,但电弧稳定性较差。

图 4-6 所示是目前较常用的交流弧焊机的外形,其型号为 BX1-250。型号中"B"表示弧焊变压器,"X"表示下降外特性(电源输出端电压与输出电流的关系称为电源的外特性),"1"为系列品种序号,"250"表示弧焊机的额定焊接电流为 250 A。

(2) 直流弧焊机 生产中常用的直流弧焊机有整流式直流弧焊机和逆变式直流弧焊机等。

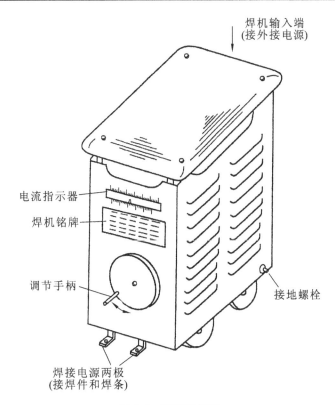

焊机输入端
(接外接电源)

电流指示器

焊机铭牌

调节手柄

接地螺栓

焊接电源两极
(接焊件和焊条)

图 4-6　交流弧焊机

① 整流式直流弧焊机(简称整流弧焊机)。整流弧焊机是电弧焊专用的整流器,又称弧焊整流器。它把电网交流电经降压和整流后变为直流电。整流弧焊机弥补了交流弧焊机电弧稳定性较差的缺点,且焊机结构较简单、制造方便、空载损失小、噪声小,但价格比交流弧焊机高。图 4-7 所示是一种常用的整流弧焊机的外形,其型号为 ZXG-300。型号中"Z"表示弧焊整流器,"X"表示下降外特性,"G"表示该整流弧焊机采用硅整流元件,"300"表示整流弧焊机的额定焊接电流为 300 A。

② 逆变式直流弧焊机(简称逆变弧焊机)。逆变弧焊机又称弧焊逆变器,是一种很有发展前景的新型弧焊电源。它具有高效节能、质量轻、体积小、调节速度快和良好的弧焊工艺性能等优点,近年来发展迅速,预计在未来的弧焊电源中将占据主导地位。

2. 弧焊机的主要技术参数

弧焊机的主要技术参数标明在弧焊机的铭牌上,主要有初级电压、空载电压、工作电压、输入容量、电流调节范围和负载持续率等。

(1)初级电压　指弧焊机接入电网时所要求的外电源电压。一般交流弧焊机的初级电压为单相 380 V,整流弧焊机的初级电压为三相 380 V。

(2)空载电压　指弧焊机在没有负载时(即未焊接时)的输出端电压。一般交流弧焊机的空载电压为 60～80 V,直流弧焊机的空载电压为 50～90 V。

(3)工作电压　指弧焊机在焊接时的输出端电压,也可认为是电弧两端的电压。一般弧焊机的工作电压为 20～40 V。

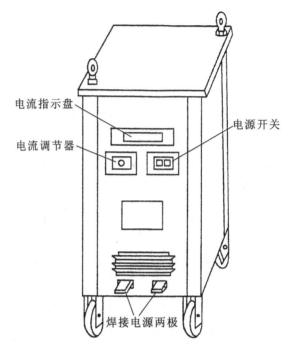

电流指示盘

电源开关

电流调节器

焊接电源两极

图 4-7 整流弧焊机

（4）输入容量　指由电网输入到弧焊机的电流与电压的乘积,它表示弧焊变压器传递电功率的能力,其单位是 kV·A。

（5）电流调节范围　指弧焊机在正常工作时可提供的焊接电流范围。国家标准 GB/T 8118—2010 对弧焊机的电流调节范围做了明确的规定。

（6）负载持续率　指规定工作周期内弧焊机有焊接电流的时间所占的平均百分率。国家标准规定焊条电弧焊电源的工作周期为 5 min,额定的负载持续率一般为 60％,轻型电源可取 35％。

BX1-250 型弧焊机的主要技术参数见表 4-1。

表 4-1 BX1-250 型弧焊机的主要技术参数

初级电压 /V	空载电压 /V	工作电压 /V	额定输入容量 /(kV·A)	电流调节范围 /A	负载持续率 /(％)
380（单相）	70～78	22.5～32	20.5	62～300	60

3. 焊条电弧焊工具

常用的焊条电弧焊工具有焊钳、面罩、清渣锤、钢丝刷等（见图 4-8）,以及连接电缆和各种劳动保护用品。

（1）焊钳是用于夹持焊条和传导电流的工具,常用的有 300 A 和 500 A 两种规格。焊钳外部由绝缘材料制成,具有绝缘和耐高温的作用。

（2）面罩是用于保护操作者的眼睛和面部免受弧光及金属熔滴飞溅伤害的工具,常用的有手持式和头盔式两种。面罩观察窗上装有有色化学玻璃,可过滤紫外线和红外线,在电弧燃烧时,可通过观察窗观察电弧燃烧和熔池情况,以便于进行焊接操作。

（3）清渣锤（尖头锤）是用于焊后清除焊缝表面焊渣、消除焊接应力的工具。

（4）钢丝刷是用来进行焊缝清理工作的工具。焊接前,用来清除焊件接头处的水分、锈迹和油污;焊接后,用来清除焊缝表面的渣壳及飞溅物。

（5）连接电缆用于连接弧焊机与焊钳、焊件,常采用多股细铜线电缆。一般可选用 YHH 型电焊橡皮套电缆或 THHR 型电焊橡皮套特软电缆。在焊机与焊钳之间用一根电缆连接,而在焊机和工件之间用另一根电缆连接。

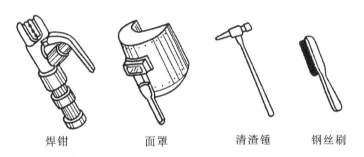

焊钳　　　　　面罩　　　　　清渣锤　　　　钢丝刷

图 4-8　焊条电弧焊工具

4.2.3　焊条电弧焊工艺

焊条电弧焊工艺主要有焊接接头和坡口的形式、焊缝的空间位置和焊接参数等。

1. 焊接接头和坡口的形式

（1）焊件接头形式　常用的焊接接头形式有对接接头、搭接接头、角接接头和 T 形接头等,如图 4-9 所示。其中对接接头是指两焊件表面构成 135°～180°夹角的接头;搭接接头是指两焊件部分重叠构成的接头;角接接头是指两焊件端部构成 30°～135°夹角的接头。T 形接头是指一焊件之端面与另一焊件表面构成直角或近似直角的接头。

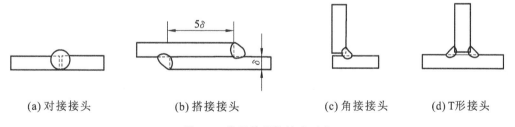

(a) 对接接头　　　　　(b) 搭接接头　　　　　(c) 角接接头　　(d) T形接头

图 4-9　常用的焊接接头形式

（2）坡口形式　焊件较薄时,在焊件接头处只要留出一定的间隙,采用单面焊或双面焊,就可以保证焊透。焊件较厚时,为了保证焊透,焊接前要把焊件的待焊部位加工成所需的几何形状,即需要开坡口。常见的坡口形式有 I 形坡口（不开坡口）、V 形坡口、Y 形坡口、双 Y 形（X 形）坡口和带钝边的 U 形坡口等,如图 4-10 所示。

焊接时,对 I 形坡口、Y 形坡口和 U 形坡口,可以根据实际情况,采用单面焊或双面焊完成（见图 4-11）。一般情况下,若能双面焊时尽量采用双面焊,因为双面焊容易保证焊透。

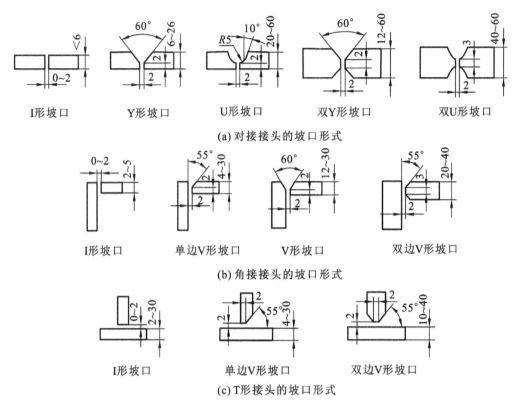

(a) 对接接头的坡口形式

(b) 角接接头的坡口形式

(c) T形接头的坡口形式

图 4-10 不同焊接接头的坡口形式

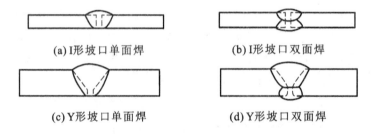

(a) I形坡口单面焊　　　　　　　(b) I形坡口双面焊

(c) Y形坡口单面焊　　　　　　　(d) Y形坡口双面焊

图 4-11 单面焊和双面焊

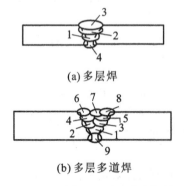

(a) 多层焊

(b) 多层多道焊

图 4-12 对接 Y 形坡口的多层焊

坡口的加工方法有刨削、铣削、气割和铲削等。加工坡口时，通常在焊件厚度方向留有2 mm左右的直边，称为钝边（见图4-10），其作用是为了防止烧穿。焊接接头组装时，往往留有间隙，这是为了保证焊透。

焊件较厚时，为了焊满坡口，要采用多层焊或多层多道焊，如图4-12所示。

焊接接头和坡口形式的选择主要是根据对强度的要求、焊件厚度、结构形式及施工条件等情况决定的。

2. 焊缝的空间位置

由于焊接结构的不同，焊缝在空间的位置有平焊、立焊、横焊和仰焊等四种,如图 4-13 所示。焊缝空间位置对焊接操作的难易程度影响很大,从而影响焊接质量和生产效率。其中,平焊操作方便,熔化金属不会流散,飞溅较少,易于保证焊接质量,是最理想的焊接位置。立焊和横焊位置熔化金属有流散倾向,不易操作。仰焊位置最差,操作难度最大。

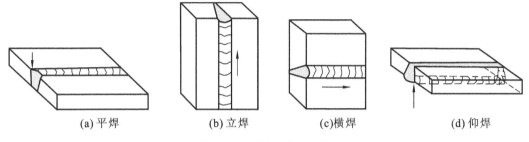

| (a)平焊 | (b)立焊 | (c)横焊 | (d)仰焊 |

图 4-13 焊缝的空间位置

3. 焊接参数

焊条电弧焊的焊接参数包括焊条直径、焊接电流、电弧电压、焊接速度和焊接层次等。焊接参数选择是否正确,直接影响焊接质量和生产率。

(1) 焊条直径 在保证焊接质量的前提下,尽可能选用大直径焊条以提高生产率。焊条直径主要依据焊件厚度选择,同时考虑接头形式、焊接位置、焊接层数等因素。厚焊件可选用大直径焊条,薄焊件应选用小直径焊条。一般情况下,可按表 4-2 选择焊条直径。

表 4-2 焊条直径的选择

焊接厚度/mm	<4	4~7	7~12	>12
焊条直径/mm	不超过焊接厚度	3.2,4.0	4.0,5.0	4.0~5.8

在立焊、横焊和仰焊位置焊接时,由于重力作用,熔化金属容易从接头中流出,应选用较小直径焊条。在实施多层焊时,第一层焊缝应选用较小直径焊条,以便于操作和控制熔透;以后各层可选用较大直径焊条,以加大熔深和提高生产率。

(2) 焊接电流 主要根据焊条直径来选择。对一般钢焊件,可以根据下面的经验公式来确定:

$$I = Kd$$

式中:I——焊接电流,A;

d——焊条直径,mm;

K——经验系数,可按表 4-3 选取。

表 4-3 根据焊条直径选择焊接电流的经验系数

焊条直径/mm	1.6	2.0~2.5	3.2	4.0~5.8
K	20~25	25~30	30~40	40~50

根据以上经验公式计算出的焊接电流,只是一个参考数值,在实际生产中还应根据焊件

厚度、接头形式、焊接位置、焊条种类等具体情况通过试焊来调整和确定焊接电流大小。例如,焊接大厚度焊件或 T 形接头和搭接接头时,焊接电流应大些;立焊、横焊和仰焊时,为了防止熔化金属从熔池中流出,须采用较小的焊接电流,一般比平焊位置时的焊接电流小 $10\%\sim20\%$。

(3) 电弧电压 电弧电压取决于电弧长度。电弧长则电弧电压高,反之则低。焊条电弧焊时,电弧长度是指焊芯熔化端到焊接熔池表面的距离。若电弧过长,电弧飘摆,燃烧不稳定,则熔深减小、熔宽加大,并且容易产生焊接缺陷。若电弧太短,熔滴过渡时可能经常发生短路使操作困难。正常的电弧长度是小于或等于焊条直径,即所谓短弧焊。

(4) 焊接速度 是指单位时间内焊接电弧沿焊件接缝移动的距离。焊条电弧焊时,一般不规定焊接速度,而由焊工凭经验掌握。

(5) 焊接层数 厚板焊接时,常采用多层焊或多层多道焊。相同厚度的焊件,增加焊接层数有利于提高焊缝金属的塑性和韧性,但焊接变形增大,生产效率下降。层数过少,每层焊缝厚度过大,接头性能变差。一般每层焊缝厚度以 4~5 mm 为宜。

焊接参数是否合适,直接影响焊缝成形,其中以焊接电流和焊接速度最为关键。图 4-14 为焊接电流和焊接速度对焊缝形状的影响。

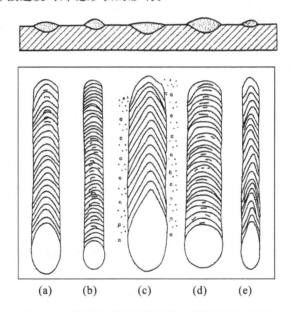

(a)   (b)   (c)   (d)   (e)

图 4-14   焊接电流和焊接速度对焊缝形状的影响

焊接电流和焊接速度配合合适时,焊缝形状规则,焊波均匀并呈椭圆形,焊缝到母材过渡平滑,焊缝外形尺寸符合要求,如图 4-14(a)所示。

焊接电流过小时,电弧燃烧不稳定,电弧吹力小,熔池金属不易流动,焊波变圆,焊缝到母材过渡突然,余高增大,熔宽和熔深均减小,如图 4-14(b)所示。

焊接电流过大时,焊条熔化过快,尾部发红,飞溅增多,焊波变尖,熔宽和熔深都增加,焊缝出现下塌,严重时可能产生烧穿现象,如图 4-14(c)所示。

焊接速度太慢时,焊波变圆,熔宽、熔深和余高均增加,如图 4-14(d)所示。焊接薄焊件时,容易产生烧穿缺陷。

焊接速度太快时,焊波变尖,熔宽、熔深和余高都减小,如图 4-14(e)所示。

4.2.4　焊条

焊条电弧焊时所消耗的焊接材料称为焊条。

1. 焊条的组成及作用

焊条由金属丝制成的焊芯和外表压涂一定厚度的药皮组成,如图 4-15 所示。

（1）焊芯　焊芯是指焊条内的金属丝,是组成焊缝金属的主要材料,它具有一定的直径和长度。焊芯的直径即焊条直径,焊芯的长度即焊条长度。常用焊条的直径和长皮规格见表 4-4。

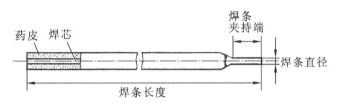

图 4-15　焊条

表 4-4　常用焊条的直径和长度规格

焊条直径/mm	2.0	2.5	3.2	4.0	5.0	5.8
焊条长度/mm	250	250	350	350	400	400
	300	300	400	400	450	450
				450		

焊芯在焊接时的主要作用一是作为电极传导电流,产生电弧;二是熔化后作为填充金属,与熔化的母材一起组成焊缝金属。

为保证焊缝质量,焊芯必须由专门生产的金属丝(焊丝)制成。国家标准将焊丝分为碳素结构钢、低合金结构钢、不锈钢、铝及其合金等几类。常用碳素结构钢焊丝牌号有 H08、H08A 和 H08E 等。牌号中的"H"表示焊条用钢,"A"表示高级优质,"E"表示特级优质。

（2）药皮　药皮是压涂在焊芯外面的涂料层,由多种矿石粉、铁合金粉和黏结剂等原料按一定比例配制而成(见表 4-5),其主要作用如下。

① 稳定电弧作用。使电弧易于引燃,保持电弧稳定燃烧,减少飞溅,有利焊缝成形。

② 机械保护作用。在电弧热量作用下,药皮分解产生大量气体并形成熔渣,使熔池金属和空气隔绝,从而防止熔池金属氧化,保证焊缝质量。

③ 冶金处理作用。去除有害杂质,补充有益合金元素的烧损和脱氧,以保证焊缝达到要求的力学性能。

表 4-5 焊条药皮的原料及作用

种　　类	原料名称	作　　用
稳定剂	K_2CO_3、Na_2CO_3、长石、大理石、钛白粉等	改善引弧性，提高稳弧性
造气剂	大理石、淀粉、纤维素、木屑	形成气体，保护熔池和熔滴
造渣剂	大理石、萤石、菱苦土、长石、钛铁矿、锰矿等	形成熔渣，保护熔池和焊缝
脱氧剂	锰铁、硅铁、钛铁等	使熔化的金属脱氧
合金剂	锰铁、硅铁、钛铁、钼铁、钒铁、钨铁、铬铁等	使焊缝获得必要的合金成分
稀渣剂	萤石、长石、钛白粉、钛铁矿等	降低熔渣黏度，增加流动性
黏结剂	钾水玻璃、钠水玻璃	将药皮牢固地黏结在焊芯上

2. 焊条的种类和型号

(1) 焊条的种类　焊条种类繁多，分类方法也很多，常用的分类方法有按照用途分和按照熔渣化学性质分两种。

① 按照用途分有非合金钢焊条、低合金钢焊条、不锈钢焊条、堆焊焊条、铸铁焊条、镍及其镍合金焊条、铜及其铜合金焊条、铝及其铝合金焊条、特殊用途焊条等。

② 按熔渣化学性质分有酸性焊条和碱性焊条两大类。

药皮熔化后形成的熔渣以酸性氧化物为主的焊条称为酸性焊条，如 E4303、E5003 等。其特点是焊接工艺性好，电弧稳定，对水分、锈迹、油污的敏感性小，易脱渣，形成的焊缝美观，适用交、直流弧焊机，应用广泛，但氧化性强，合金元素易烧损，主要适用于焊接焊缝金属冲击韧度要求不高的一般低碳钢和相应强度合金钢的结构件。

熔渣以碱性氧化物和氟化钙为主的焊条称为碱性焊条，如 E4315、E5015 等。其特点是氧化性弱，脱硫、脱磷能力强，焊缝力学性能和抗裂性能好，但焊接工艺性较差，仅适于直流弧焊机，对水分、锈迹、油污的敏感性大，易飞溅，易产生气孔等缺陷，焊接中产生有毒烟尘，主要适用于焊接较重要的或力学性能要求较高的结构件。

(2) 焊条的型号　焊条型号是国家标准中的焊条代号。GB/T 5117—2012 规定，碳钢焊条型号由字母"E"和四位数字组成。字母"E"表示焊条；前两位数字表示熔敷金属抗拉强度最小值(MPa)；第三位数字表示适用的焊接位置，如"0"和"1"表示适用于全位置焊接；第三和第四位数字组合时表示药皮类型和焊接电源种类，如"03"表示钛钙型药皮，用交流或直流正、反接焊接电源均可；"15"表示低氢钠型药皮，直流反接焊接电源。如 E4303 表示 $\sigma_b \geqslant$ 430 MPa、钛钙型药皮、交直流电源均可的焊条。

焊条牌号是原焊条生产行业统一的焊条代号，已被焊条型号替代。焊条牌号和型号的对应关系可查找有关资料。

3. 焊条选用

焊条的种类和型号很多，各有其适用范围。焊条的选择在保证焊缝质量、提高经济效益的前提下，一般应符合以下原则。

(1) 选择与母材化学成分相同或相近的焊条。例如：焊件为碳素结构钢或低合金钢，应选用结构钢焊条；焊件为不锈钢，则选择不锈钢焊条。

（2）选择与母材强度相等的焊条。如焊接 16Mn 钢时选用 E5003 或 E5015 焊条。

（3）根据结构的使用条件选择焊条药皮类型。对要求塑性好、冲击韧度高、抗裂能力强或低温性能好的结构,应选用碱性焊条;如结构受力不复杂,母材质量较好,应尽量选用较经济的酸性焊条。例如,焊接 Q235 钢和 20 钢时一般选用 E4303 焊条,结构要求高时选用 E4315 焊条。

4.2.5 焊条电弧焊基本操作

焊条电弧焊的基本操作主要有引弧与起头、运条、焊缝连接及灭弧与收尾等。

1. 焊前接头处的清理

焊接前,应将焊件表面接头处的水分、锈迹、油污等清理干净,以便引弧、稳弧和保证焊缝质量。清理可用钢丝刷、砂轮打磨、喷砂及火焰烘干等方式进行。

2. 引弧与起头

（1）引弧 是指使焊条与焊件之间通过短路产生稳定燃烧电弧的操作。根据操作手法不同,可分为直击法和划擦法两种,如图 4-16 所示。

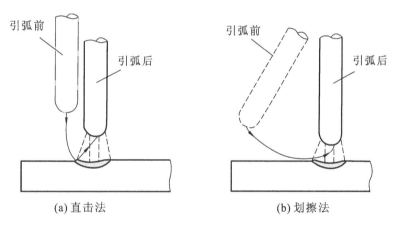

(a) 直击法　　　　　　　　　　　(b) 划擦法

图 4-16　引弧方法

直击法是使焊条与工件表面垂直地接触,当焊条的末端与焊件表面轻轻一碰后,便迅速提起焊条,并保持一定距离,而将电弧引燃的方法,它是最常用的引弧方法。

划擦法与划火柴有些类似,先将焊条末端对准焊件,然后将焊条在焊件表面划擦一下,当电弧引燃后立即将焊条末端与焊件表面距离保持在 2~4 mm,电弧就能稳定地燃烧。

以上两种接触式引弧方法中,划擦法比较容易掌握,但在狭小工作面上或不允许焊件表面有划痕时,应采用直击法。在使用碱性焊条时,为防止引弧处出现气孔,宜采用划擦法。

引弧的位置应选在焊缝起点前约 10 mm 处。重要的结构往往需增加引弧板。

（2）焊缝的起头 是指刚开始焊接时在焊缝起点处的操作。引燃后将电弧适当拉长并迅速移到焊缝的起点,同时逐渐将电弧长度调到正常范围。这样既对焊缝起点处起预热作用,以保证焊缝起点处的熔深正常,并有消除引弧点气孔的作用。

3. 焊接的点固

为了固定两焊件的相对位置,便于操作,对较长的焊缝,在焊接装配时,每隔一定距离焊上 10～15 mm 的短焊缝的操作,称为点固或定位焊。

4. 运条

运条是焊条操作运动的简称。运条实际上是一种合成运动,即在焊接过程中,焊条要同时完成沿焊接方向的移动、向下送进及横向摆动等三个基本方向的运动,如图 4-17 所示。运条的方法应根据接头形式、坡口形式、焊接位置、焊条直径、焊接工艺要求及操作者的技术水平等来确定。

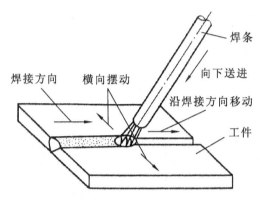

图 4-17 运条的三个基本方向

(1) 焊条的移动 焊条的移动是指焊条沿焊接方向的运动,其运动的速度即为焊接速度,其作用是形成一定长度、一定尺寸的焊缝。操控焊条向前移动时,应掌握好焊条与工件之间的角度。焊接接头在空间的位置不同,焊条角度也有所不同。如图 4-18 所示,平焊时,在纵向平面内,焊条应沿焊接方向与工件保持 70°～80°倾角。同时,在横向平面内,与工件保持 90°倾角。

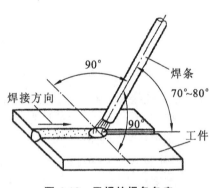

图 4-18 平焊的焊条角度

(2) 焊条的向下送进 焊条的向下送进是指焊条沿其轴线向熔池方向的下移运动,其作用是保证焊条在不断熔化时电弧的长度保持一定,因此送进的速度应该等于焊芯熔化的速度。

(3) 焊条的横向摆动 焊条的横向摆动是指焊条在焊缝宽度方向上的横向往复运动。适当的横向摆动不仅可以保证焊缝的宽度,而且还可根据焊缝的位置及要求,合理控制电弧对各部分的加热程度,从而获得良好的焊缝成形。

根据焊缝空间位置的不同,常用的运条及摆动方法如图4-19所示。

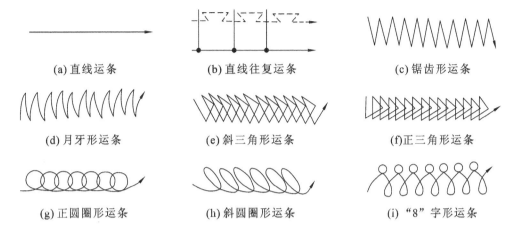

(a)直线运条　　　　　　(b)直线往复运条　　　　　　(c)锯齿形运条

(d)月牙形运条　　　　　　(e)斜三角形运条　　　　　　(f)正三角形运条

(g)正圆圈形运条　　　　　(h)斜圆圈形运条　　　　　(i)"8"字形运条

图 4-19　常用的运条及摆动方法

总之,当电弧引燃后,运条应按照以上三个运动方向正确进行。对于实际生产中应用最广的平焊,其操作要领主要是掌握好"三度",即焊条角度、电弧长度和焊接速度。

(1)焊条角度　焊条应沿焊接方向与工件保持70°~80°倾角。

(2)电弧长度　一般合适的电弧长度约等于焊条直径。

(3)焊接速度　合适的焊接速度应使所得焊缝的熔宽约为焊条直径的两倍,此时,焊缝表面平整,波纹细密。

5.焊缝的连接

焊条电弧焊时,由于受焊条长度的限制,一般不可能用一根焊条完成一条焊缝,因而出现了焊缝连接的问题。后焊焊缝与先焊焊缝之间应均匀连接,以免产生连接处过高、脱节和宽窄不一的缺陷。常见的焊缝连接形式如图4-20所示。

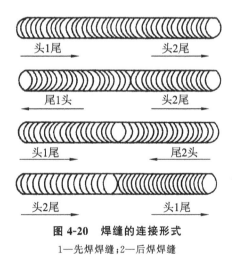

头1尾　　　　　　头2尾

尾1头　　　　　　头2尾

头1尾　　　　　　尾2头

头2尾　　　　　　头1尾

图 4-20　焊缝的连接形式

1—先焊焊缝;2—后焊焊缝

6.灭弧与收尾

灭弧与焊缝的收尾是指焊缝结束时的操作。焊接结束时,如果将电弧突然熄灭,则焊缝表面留有凹陷较深的弧坑,会降低焊缝收尾处的强度,并容易引起弧坑裂纹。过快拉断电弧,液体金属中的气体来不及逸出,还容易产生气孔等缺陷。为克服弧坑缺陷,可采用下述方法收尾。

(1) 划圈收尾法　在焊缝收尾处,使电弧做划圈运动,直至弧坑填满,然后再缓慢提起焊条灭弧,如图 4-21(a)所示。划图收尾法适用于厚板焊接,如果用于薄板件,则易烧穿。

(2) 反复断弧收尾法　在焊缝收尾处,短时间内连续反复地灭弧和引弧数次,直至弧坑填满,然后再缓慢提起焊条灭弧,如图 4-21(b)所示。反复断弧收尾法适用于薄板焊接和多层焊的底层焊,不适用于碱性焊条焊接。

(3) 回焊收尾法　电弧在焊缝收尾处停住,同时改变焊条的方向,由位置 1 移至位置 2,直至弧坑填满,再稍稍后移至位置 3,然后缓慢提起焊条灭弧,如图 4-21(c)所示。回焊收尾法适用于碱性焊条焊接。

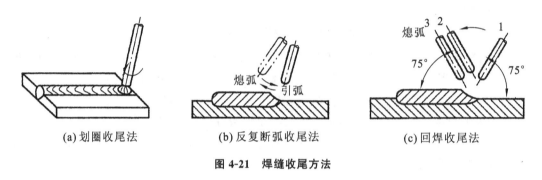

(a) 划圈收尾法　　　(b) 反复断弧收尾法　　　(c) 回焊收尾法

图 4-21　焊缝收尾方法

7. 焊件清理

焊接完成后,用清渣锤、钢丝刷等工具将焊缝表面及周围的渣壳和飞溅物清理干净。

4.3　气焊与气割

气焊与气割是利用气体火焰产生的热量进行金属焊接和切割的方法,在金属结构件的生产中被大量应用。

4.3.1　气焊

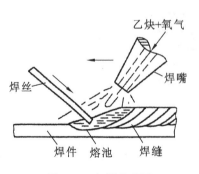

图 4-22　气焊示意图

1. 概述

气焊是指利用气体火焰作为热源的一种熔焊焊接方法。常见的利用氧乙炔火焰作为热源的氧乙炔焊如图 4-22 所示。气焊时,氧气(助燃气体)与乙炔(可燃气体)的混合气体在焊嘴中配成,混合气体点燃后加热焊丝和焊件的接头处并使其熔化,形成熔池,移动焊嘴和焊丝,形成焊缝。

与焊条电弧焊相比,火焰加热容易控制熔池温度,易于实现均匀焊透和单面焊双面成形;气焊设备简单,移动方便,施工场地不受限,适合野外作业。但由于气体火焰温度比电弧低,且热量分散,加热较为缓慢,焊件变形严重;另外,其保护效果较差,焊接接头质量不高。

气焊主要应用于焊接厚度 3 mm 以下的低碳钢薄板和薄壁管子以及铸铁件的焊补,对铝、铜及其合金,当质量要求不高时,也可采用气焊。

2. 气焊火焰

气焊火焰是由可燃气体与助燃气体混合燃烧而形成的。生产中最常用的是乙炔和氧气混合燃烧的氧乙炔焰。改变乙炔和氧气的混合比例,可以获得三种不同性质的火焰,如图 4-23 所示。

(1) 中性焰　中性焰是指氧气和乙炔的混合比例为 1.0～1.2 时燃烧所形成的火焰,如图 4-23(a)所示,由焰心、内焰和外焰三部分组成。焰心成尖锥状,色白明亮,轮廓清楚;内焰颜色发暗,轮廓不清楚,与外焰无明显界限;外焰由里向外逐渐由淡紫色变为橙黄色。中性焰在距离焰心前面 2～4 mm 处温度最高,为 3050～3150 ℃。中性焰的温度分布如图 4-24 所示。

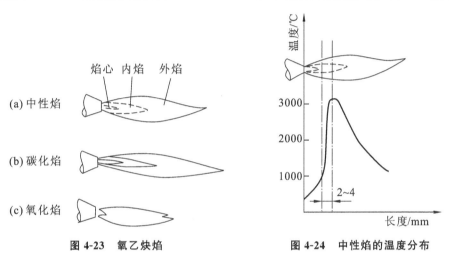

图 4-23　氧乙炔焰　　　　图 4-24　中性焰的温度分布

中性焰适用于焊接低碳钢、中碳钢、低合金钢、不锈钢、紫铜、铝及铝合金、镁合金等材料。

(2) 碳化焰　氧气与乙炔的混合比例小于 1.0 时燃烧所形成的火焰,如图 4-23(b)所示。由于乙炔过剩,火焰中有游离碳和多量的氢,碳会渗到熔池中造成焊缝增碳现象。碳化焰比中性焰长,焰心呈亮白色,内焰呈淡白色,外焰呈橙黄色。乙炔过量时火焰还会冒黑烟。碳化焰的最高温度为 2700～3000 ℃。

碳化焰适用于焊接高碳钢、高速钢、铸铁、硬质合金、碳化钨等材料。

(3) 氧化焰　氧气与乙炔的混合比例大于 1.2 时燃烧所形成的火焰,如图 4-23(c)所示,整个火焰比中性焰短,只能看到焰心和外焰两部分。火焰中有过量的氧,具有氧化作用,使熔池中的合金元素烧损,一般气焊时不宜采用。只有在气焊黄铜、镀锌铁板时才采用轻微氧化焰,以利用其氧化性,在熔池表面形成一层氧化物薄膜,减少低沸点锌的蒸发。氧化焰的最高温度为 3100～3300 ℃。

3. 气焊设备

气焊所用的设备由氧气瓶、乙炔瓶、减压器、回火防止器、焊炬和橡胶管等组成,如图 4-25 所示。

（1）氧气瓶　是储存和运输氧气的高压容器（见图 4-26）；工业用氧气瓶是用优质碳素钢或低合金钢经热挤压、收口而成的无缝容器。为防止腐蚀和产生火花所有与高压氧气接触的零件均由黄铜制成。规定，氧气瓶外表面涂天蓝色漆，并用黑漆标以"氧气"字样。氧气瓶容积一般为 40 L，在 15 MPa 工作压力下，可储存 6 m³ 的氧气。

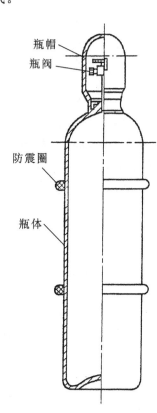

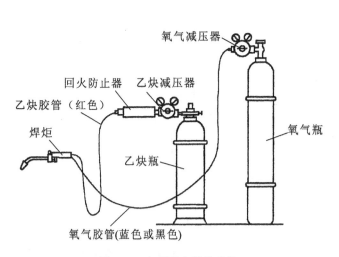

图 4-25　气焊设备及其连接

图 4-26　氧气瓶

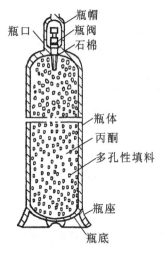

图 4-27　乙炔瓶

使用氧气瓶时必须保证安全，注意防止氧气瓶爆炸。放置氧气瓶要平稳可靠，不应与其他气瓶混放在一起；运输时应避免互相撞击；氧气瓶不得靠近气焊工作场地和其他热源（如火炉、暖气片等）；夏天要防止曝晒，冬季阀门冻结时严禁用火烤，应用热水解冻；氧气瓶上严禁沾染油脂。

（2）乙炔瓶　是储存和运输乙炔的钢制压力容器（见图4-27），其外形与氧气瓶相似，顶部安装有瓶阀，供开、闭气瓶和安装减压阀时使用。外表面漆成白色，并用红漆标上"乙炔"和"火不可近"字样。

乙炔瓶的容积一般为 40 L，工作压力为 1.5 MPa。在乙炔瓶内装有浸满丙酮的多孔性填料，能使乙炔稳定而又安全地储存在瓶内。使用时，溶解在丙酮内的乙炔分解出来，通过乙炔瓶阀放出，而丙酮仍留在瓶内，以便溶解再次压入的乙炔。在瓶阀下面填料中心部分的长孔内放有石棉,其作用是促使乙炔从多孔性填料中分解出来。

使用乙炔瓶时,除应遵守氧气瓶使用要求外,还应注意:瓶体的温度不能超过 30～40 ℃;乙炔瓶只能直立,不能横躺卧放;搬运、装卸、存放和使用时,不得遭受剧烈震动;存放乙炔瓶的场所应注意通风。

(3) 减压阀　减压阀是将高压气体降为低压气体的调节装置。气焊时所需的气体工作压力一般都比较低,如氧气压力通常为 0.2～0.3 MPa,乙炔压力最高不超过 0.15 MPa。因此,必须将气瓶内输出的气体减压后才能使用。减压阀的作用就是降低气瓶输出的气体压力,并能保持降压后的气体压力稳定,而且可以调节减压阀的输出气体压力。

图 4-28 所示为一种常用的氧气减压阀的外形,其内部构造和工作原理如图 4-29 所示。调节螺钉松开时,活门弹簧将活门关闭,减压阀不工作。从氧气瓶来的高压氧气停留在高压室,高压表指示出高压气体压力,即氧气瓶内的气体压力。

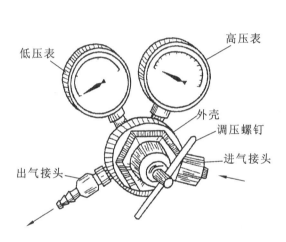

图 4-28　氧气减压阀外形

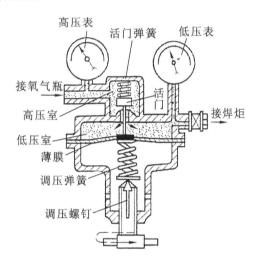

图 4-29　减压阀构造和工作示意图

减压阀工作时,拧紧调压螺钉,使调压弹簧受压,活门被顶开,高压气体进入低压室。由于气体体积膨胀,压力降低,低压表指示出低压气体压力。随着低压室中气体压力增加,压迫薄膜及调压弹簧,使活门的开启度逐渐减小。当低压室内气体压力达到一定数值时,会将活门关闭。控制调压螺钉的拧入程度,可以改变低压室的气体压力,获得所需的工作压力。

焊接时,低压氧气从出气口通往焊炬,低压室内压力降低。这时薄膜上鼓,使活门重新开启,高压气体进入低压室,以补充输出的气体。当输出的气体量增大或减小时,活门的开启度也会相应地增大或减小,以自动维持输出的气体压力稳定。

(4) 回火防止器　回火防止器是装在乙炔瓶和焊炬之间的用来防止乙炔火焰沿橡胶管向乙炔瓶回燃的安全装置。其作用是使回燃火焰在倒燃至乙炔瓶之前被熄灭,防止回火蔓延到可燃气体源,保证安全。

正常气焊时,气体火焰在焊嘴外围燃烧。但当气体压力不足、焊嘴堵塞、焊嘴离工件过近或焊嘴过热时,气体火焰会进入焊嘴内逆向燃烧,这种现象称为回火。发生回火时,焊嘴外面的火焰熄火,同时伴有爆鸣声,随后发山"吱吱"的声音。如果回火火焰蔓延至乙炔瓶,将会发生严重的爆炸事故。因此,在乙炔瓶的输出管道上必须设置回火防止器以确保安全。

回火防止器按使用压力分为低压和中压两种;按阻燃介质分为水封式和干式两种。

(5)焊炬 气焊时用于控制火焰进行焊接的工具称为焊炬,其作用是将乙炔和氧气按一定比例均匀混合,由焊嘴喷出后,点火燃烧,产生气体火焰。按可燃气体与氧气在焊炬中的混合方式分为射吸式和等压式两种,以射吸式焊炬应用最广,其外形如图 4-30 所示。常用的型号有 H01-2 和 H01-6 等,其中"H"表示焊炬,"0"表示手工操作,"1"表示射吸式,"2"和"6"表示可焊接低碳钢的最大厚度分别为 2 mm 和 6 mm。

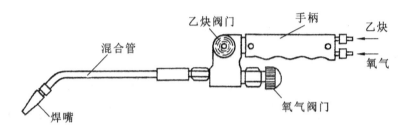

图 4-30 射吸式焊炬

(6)橡胶管 标准规定,氧气管为蓝色或黑色,乙炔管为红色,二者不能混用。氧气管内径为 8 mm,允许工作压力为 1.5 MPa;乙炔管内径为 10 mm,允许工作压力为 0.5～1 MPa。氧气管与乙炔管禁止沾染油污和漏气,并防止烫坏和损伤。实际使用中,橡胶管应足够长,一般为 10～15 m。

4. 焊丝与焊剂

(1)焊丝 气焊的焊丝作为填充金属,与熔化的母材一起形成焊缝。焊丝的化学成分应与母材相匹配。焊接低碳钢时,常用的焊丝牌号有 H08 和 H08A 等。焊丝的直径一般为 2～4 mm,根据焊件厚度来选择。为了保证焊接接头质量,焊丝直径与焊件厚度不宜相差太大。

(2)焊剂 气焊熔剂又称焊粉,其作用是去除焊接过程中形成的氧化物,增加液态金属的流动性,保护熔池金属。

气焊低碳钢时,由于气体火焰能充分保护焊接区,一般不需使用气焊熔剂。但在气焊铸铁、不锈钢、耐热钢和非铁金属时,必须使用气焊熔剂。国内定型的气焊熔剂牌号有 CJ101、CJ201、CJ301 和 CJ401 等四种。其中 CJ101 为不锈钢和耐热钢气焊熔剂,CJ201 为铸铁气焊熔剂,CJ301 为铜及铜合金气焊熔剂,CJ401 为铝及铝合金气焊熔剂。

5. 气焊参数

气焊参数主要包括焊丝直径、焊嘴大小、焊接速度、焊嘴倾角等。

(1)焊丝直径 焊丝直径由焊件厚度、接头形式和坡口形式决定。开坡口、多层焊接时,第一层应选较细的焊丝。气焊焊丝直径的选择见表 4-6。

表 4-6 焊丝直径的选择

焊件厚度/mm	1.0～2.0	2.0～3.0	3.0～5.0	5.0～10	10～15
焊丝直径/mm	1.0～2.0	2.0～3.0	3.0～4.0	3.0～5.0	4.0～6.0

（2）焊嘴大小 焊炬端部的焊嘴是氧乙炔混合气体的出口。各种型号的焊炬均配有一套号数（孔径）不同的焊嘴，供焊接不同厚度的焊件时选用。焊嘴大小及选择见表 4-7。

表 4-7 焊嘴大小的选择

焊嘴号数	1	2	3	4	5
焊接厚度/mm	1.5	1～3	2～4	4～7	7～11

（3）焊接速度 焊接速度过快，易造成焊缝熔合不良、未焊透等缺陷；焊接速度过慢则产生过热、烧穿等问题。因此，焊接速度应与焊件厚度、焊嘴号数配合掌握。在保证焊缝质量的前提下，应尽可能提高焊接速度，以利于提高生产效率。

（4）焊嘴倾角 是指焊嘴中心线与工件表面之间的夹角，其大小将影响到火焰热量的集中程度。焊嘴倾角大小主要根据焊件厚度决定。焊接厚件时，应采用较大的倾角，以利于火焰的热量集中，获得较大的熔深；焊接薄件时，则刚好相反。

6. 气焊的基本操作

气焊时，一般用左手拿焊丝，右手握焊炬，两手动作要协调，沿焊缝向左或向右焊接。其基本操作主要有点火与灭火、调节火焰和焊接操作等。

（1）点火 点火时，先微开氧气阀门，再打开乙炔阀门，然后用明火点燃火焰。有时会出现连续的"放炮"，原因可能是乙炔不纯。此时应先放出不纯的乙炔气体，再重新点火。如果火焰不易点燃，可能是氧气阀门打开过大，这时可微调氧气阀门，再重新点火。

（2）调节火焰 调节火焰包括调节火焰的性质和大小。应根据焊件材料确定火焰的性质。通常点火后得到的是碳化焰。如果要调节成中性焰，应逐渐打开氧气阀门，增大氧气量。调成中性焰后，如果再继续增大氧气量，就可得到氧化焰；反之，如果增加乙炔量或减少氧气量，就可得到碳化焰。

火焰的大小应根据焊件厚度来确定，同时也要兼顾操作者的技术水平。工件厚则火焰大，工件薄则火焰小；操作者技术熟练则火焰可大一点；反之，火焰则小一点。调节火焰大小时，如果要减小火焰，应先减少氧气量，后减少乙炔量；如果要增大火焰，应先增加乙炔量，后增加氧气量。

（3）平焊操作过程 包括焊炬的运走和焊丝的运走。平焊时，焊嘴中心线的投影应与焊缝重合，同时，应控制好焊嘴倾角 α，如图 4-31 所示。开始焊接时，为了快速加热焊件并迅速形成熔池，α 应大一些，接近于垂直焊件。正常焊接时，一般保持在 $40°\sim50°$ 范围内。焊接结束时，α 应适当减小，以便于更好地填满熔池和避免烧穿。焊炬向前移动的速度应能保证焊件熔化并保持熔池具有一定的大小。焊炬除沿焊接方向前进外，还应根据焊缝宽度作一定幅度的横向运动。

气焊时，根据焊接方向的不同有左焊法和右焊法之分，如图 4-32 所示。采用左焊法焊接时，焊接方向是自左向右进行，火焰热量较集中，并对熔池起到保护作用，适用于焊接厚度大、熔点高的焊件，但操作难度较大，应用较少；采用右焊法焊接时，焊接方向是自右向左进行，由于焊接火焰与焊件有一定的倾斜角度，熔池较浅，适用于焊接薄板。右焊法操作简单，应用普遍。

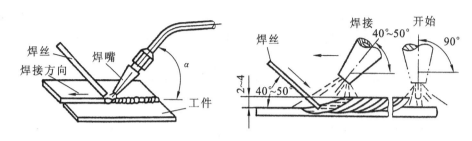

图 4-31 焊炬角度

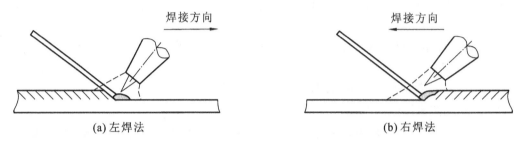

(a) 左焊法　　　　　　　　　　　　(b) 右焊法

图 4-32　左焊法与右焊法

焊丝运走除随焊炬运动外,还有焊丝的送进和摆动,应根据具体情况决定。平焊时,焊丝与焊炬的夹角在 90°左右。

（4）灭火　灭火的步骤与点火相反,应先关闭乙炔阀门,后关闭氧气阀门,使火焰自动熄灭,否则,将会引起回火。

（5）回火的处理　当发生回火时,不要紧张,应迅速在焊炬上关闭乙炔阀门和氧气阀门,同时将乙炔瓶处的乙炔橡胶管折弯,以切断气源,直至回火火焰熄灭。

4.3.2　气割

气割是低碳钢和低合金钢切割中使用最普遍、最简单的一种方法。尽管气割与气焊在原理上是完全不同的,但气割所用设备与气焊基本相同,操作也有近似之处。

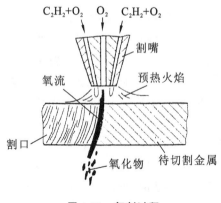

图 4-33　气割过程

1. 概述

氧气切割（简称气割）是利用某些金属在纯氧中燃烧的原理来实现切割金属的方法,其过程如图 4-33 所示。

气割开始时,用气体火焰将割件待割处附近的金属预热到燃点,然后打开切割氧阀门,纯氧射流使高温金属燃烧,生成的金属氧化物被燃烧热熔化,并被氧流吹掉。金属燃烧产生的热量和预热火焰同时又把邻近的金属预热到燃点,沿切割线以一定速度移动割据,即可形成割口。

在整个气割过程中,割件金属没有熔化。所

以,金属气割过程实质是金属在纯氧中的燃烧过程,而不是熔化过程。

与一般机械切割相比,气割设备简单,操作灵活、方便,适应性强,可以在任意位置、任意方向上切割任意形状和任意厚度(50 mm 以上)的工件;成本低,生产效率高;切口质量也相当好。但被切割金属材料的适用范围受到一定的限制,因此,气割主要适用于钢板下料,焊接工件开坡口,以及车辆、船舶、建筑等废旧钢结构的分割拆卸等。

2. 金属切割条件

不是所有的金属材料都能够进行气割,适合气割的金属材料必须满足以下条件。

(1) 金属材料的燃点必须低于其熔点。这是保证切割在固态下进行的基本条件,否则,切割时金属不是燃烧,而是熔化,导致切口过宽且不整齐。低碳钢的燃点大约为 1350 ℃,而熔点高于 1500 ℃,满足气割条件。

(2) 燃烧形成的金属氧化物的熔点必须低于金属材料本身的熔点,同时,流动性要好。这是保证金属氧化物在液态下轻易被吹走的基本条件,否则,会在切口表面形成固态氧化物薄膜,阻碍切割氧气流与下层金属接触,使切割不能正常进行。铝的熔点(660 ℃)低于 Al_2O_3 的熔点(2048 ℃),不具备气割条件。

(3) 金属材料燃烧时能释放出大量的热,而其本身的导热性不能过高。这是保证后面金属能够迅速预热至燃点,使切割连续进行的基本条件。铜、铝及其合金导热都很快,不能气割。

因此,常用金属材料中,低碳钢、中碳钢、低合金结构钢等符合气割条件,而高碳钢、高合金钢、不锈钢以及铜、铝等非铁金属都不能进行气割。

3. 气割设备

气割设备中,除用割炬代替焊炬以外,其他设备(如氧气瓶、乙炔瓶、减压阀、回火防止器等)与气焊时相同。

割炬按乙炔气体和氧气混合的方式不同可分为射吸式和等压式两种,前者主要用于手工切割,后者多用于机械切割。射吸式割炬的外形如图 4-34 所示。常用割炬的型号有 G01-30 和 G01-100 等。型号中"G"表示割炬,"0"表示手工操作,"1"表示射吸式,"30"和"100"表示最大的切割低碳钢厚度为 30 mm 和 100 mm。每种型号的割炬配有几个不同大小的割嘴,用于切割不同厚度的工件。

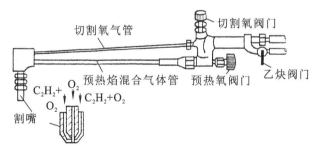

图 4-34　射吸式割炬

4. 气割参数

气割参数主要有割炬的割嘴大小和氧气工作压力等。气割参数的选择主要应根据被切割工件的厚度来确定的。

(1) 割嘴大小　气割不同厚度的工件时,割嘴大小影响切口质量和工作效率。如果使用孔径过小的割嘴来切割厚工件,由于得不到充足的氧气燃烧和喷射能力,切割工作就无法顺利进行,即使一次又一次地勉强切割下来,切口质量不好,工作效率也低。反之,如果使用孔径过大的割嘴来切割薄工件,不但要浪费大量的氧气和乙炔,而且切口质量也不好。因此,必须选择大小适合的割嘴。

(2) 氧气工作压力　气割不同厚度的工件时,切割氧气的工作压力也影响切口质量和工作效率。如果压力不足,不但切割速度缓慢,而且熔渣不易吹掉,切口不平;反之,如果压力过大,除了增加氧气消耗量之外,金属也容易冷却,从而使切割速度降低,切口加宽,表面质量差。

5. 气割基本操作

(1) 气割前的准备　气割前,应根据工件厚度选择合适的割嘴大小和氧气工作压力,将工件割缝处的水分、锈迹和油污清理干净,划好切割线。将工件适当垫高,并水平平稳放置,以便于切割氧气流冲出来时,不会遇到阻碍,同时,有利于将氧化物熔渣吹走。

气割时的点火操作与气焊时一样,即先微开氧气阀门,再开乙炔阀门,用明火点燃火焰后,将火焰调节成中性焰。

(2) 气割操作过程　气割一般从工件的边缘开始。如果要在工件中间或内部进行切割,应先在中间钻出一个直径大于 5 mm 的孔,然后由孔处开始切割。

开始气割时,先用预热火焰加热起始点(此时切割氧气阀门关闭)至接近熔点温度,再逐渐打开切割氧气阀门,开始进行切割。如果预热处切割不掉,说明预热温度过低,应关闭切割氧气阀门继续预热;如果预热的地方被切割掉,则继续增加切割氧气量,使切口深度加大,直至全部割透。

割嘴与工件表面的距离应始终使预热火焰的焰心端部距离工件表面 3～5 mm,同时,还要注意割炬与工件之间应始终保持一定的倾角,如图 4-35 所示。割嘴应与工件表面垂直(见图 4-35(a)),否则会割出斜边,影响工件尺寸精度。当气割厚度小于 5 mm 的工件时,割嘴应向后倾斜 5°～10°(见图 4-35(b))。当气割厚度为 5～30 mm 的工件时,割嘴应垂直于工件(见图 4-35(c))。如果气割工件的厚度大于 30 mm,开始时,割嘴应向前倾斜 5°～10°,待割透后,割嘴应垂直于工件,而在结束时,割嘴应向后倾斜 5°～10°(见图 4-35(d))。

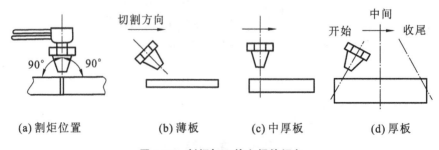

(a) 割炬位置　　　(b) 薄板　　　(c) 中厚板　　　(d) 厚板

图 4-35　割炬与工件之间的倾角

气割结束后,应先关闭切割氧,再关闭乙炔,最后关闭预热氧,将火焰熄灭。

4.4　其他焊接方法

4.4.1　埋弧焊

埋弧焊是利用在焊剂层下燃烧的电弧的热量熔化焊丝、焊剂和母材而形成焊缝的一种电弧焊方法,其全部焊接操作(如引燃电弧、焊丝送进、电弧移动、焊缝收尾等)均由机械自动完成。与焊条电弧焊相比,埋弧焊有三点不同,即用"颗粒状焊剂"代替"焊条药皮"、用"连续自动送进的焊丝"代替"焊条焊芯"、用"焊机自动操作"代替"操作者的手工操作"。

1. 焊接过程

埋弧焊焊缝的形成过程如图 4-36 所示。焊丝末端与焊件之间产生电弧以后,电弧的热量使焊丝、焊件和焊剂熔化,有一部分甚至蒸发。金属与焊剂的蒸发气体形成一个包围电弧和熔池金属的封闭空间,使电弧和熔池与外界空气隔绝。随着电弧向前移动,电弧不断熔化前方的焊件、焊丝和焊剂,而熔池的后部边缘开始冷却凝固形成焊缝。密度较小的熔渣浮在熔池表面,冷却后形成渣壳。

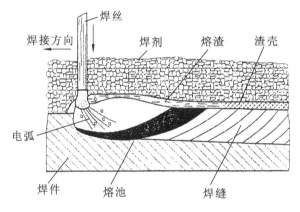

图 4-36　埋弧焊焊缝的形成过程

2. 埋弧自动焊机

埋弧自动焊机由焊接电源、控制箱和焊车三部分组成,如图 4-37 所示。焊接时,先在焊件接头处覆盖一层颗粒状的焊剂(厚度为 30～50 mm),焊丝通过导电嘴并插入焊剂层,引燃电弧,电弧在焊剂层下燃烧。送丝机构不断将焊丝自动送入焊接区,并保持一定的弧长。焊车沿着平行于焊缝的导轨匀速运动(或焊车不动,焊件匀速运动),以实现焊接操作的自动化生产。在焊丝前方,焊剂不断由焊剂漏斗内流出,铺洒于焊接区周围。高温电弧使部分焊剂熔化成为熔渣覆盖于熔池表面,大部分未熔化的焊剂可回收重新使用。

3. 埋弧焊的特点与应用

与焊条电弧焊比较,埋弧焊有以下特点。

(1) 由于焊丝伸出导电嘴的长度短,焊丝导电部分的导电时间短,故可以采用较大的焊接电流,所以熔深大,对较厚的焊件可以不开坡口或坡口开得小些,既提高了生产率,又节省

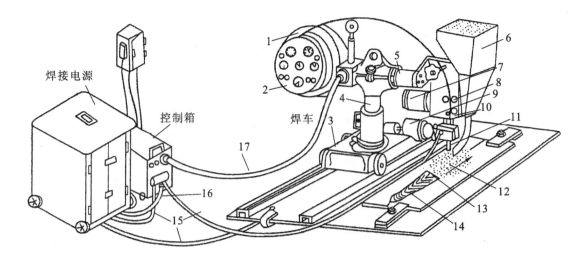

图 4-37 埋弧自动焊工作情况示意图

1—焊丝盘;2—操纵盘;3—小车;4—立柱;5—横梁;6—焊剂漏斗;7—送丝电动机;8—送丝轮;9—小车电动机;
10—机头;11—导电嘴;12—焊剂;13—渣壳;14—焊缝;15—焊接电缆;16—控制线;17—控制电缆

了焊接材料和加工工时。

(2)对熔池保护可靠,焊接质量好且稳定。

(3)由于实现了对焊接过程的自动控制,对焊工操作水平要求不高,同时减轻了劳动强度。

(4)电弧在焊剂层下燃烧,避免了弧光对人体的伤害,改善了劳动条件。

(5)埋弧自动焊适应性差,只宜在水平位置焊接;焊接设备较复杂,维修保养工作量较大。

埋弧焊适用于中厚板焊件的批量生产,焊接水平位置的长直焊缝和较大直径的环焊缝,在船舶、锅炉和桥梁等制造业中得到广泛应用。

4.4.2 气体保护电弧焊

气体保护电弧焊是利用外加气体作为电弧介质,并保护电弧和焊接区的电弧焊方法,简称气体保护焊。常用的气体保护焊有氩弧焊和 CO_2 气体保护焊。

1. 氩弧焊

氩弧焊是以氩气作为保护气体的气体保护焊。按照所用电极的不同,可分为不熔化极(钨极)氩弧焊和熔化极氩弧焊两种,如图 4-38 所示。

(1)不熔化极氩弧焊 不熔化极氩弧焊是以高熔点的金属铈—钨合金棒作为电极的氩弧焊,又称为钨极氩弧焊,如图 4-38(a)所示。按操作方式不同分为手工焊、半自动焊和自动焊三种。手工焊时,填充焊丝的送进和电弧的移动均靠手工操作;半自动焊时,填充焊丝的送进由机械控制,电弧的移动则靠手工操作;自动焊时,填充焊丝的送进和电弧的移动都由机械控制。目前,工业生产中应用最广泛的是手工钨极氩弧焊,其焊接过程如图 4-38(a)所示。焊接时,在钨极与焊件之间产生电弧,焊丝从一侧送入,在电弧热作用下,焊丝端部与焊

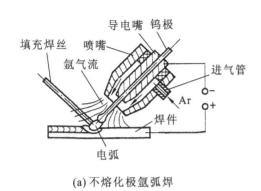

(a) 不熔化极氩弧焊

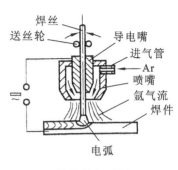

(b) 熔化极氩弧焊

图 4-38 氩弧焊

件熔化形成熔池,随着电弧前移,熔池金属冷却凝固后形成焊缝。氩气从焊枪的喷嘴中连续喷出,在电弧周围形成气体保护层隔绝空气,以防止空气对钨极、电弧、熔池及加热区的有害污染,从而获得优质焊缝。

在整个焊接过程中,钨极不熔化,但有少量损耗。为尽量减少钨极损耗,钨极氩弧焊通常采用直流正接,且所使用的焊接电流不能过大。因此,钨极氩弧焊适用于焊接较薄(小于6 mm)的焊件。焊接铝、镁及其合金时,需采用交流电源。

(2)熔化极氩弧焊 熔化极氩弧焊利用焊丝作电极,在焊丝端部与焊件之间产生电弧,焊丝连续地向焊接熔池送进,其焊接过程如图 4-38(b)所示。氩气从焊枪喷嘴喷出以排除焊接区周围的空气,保护电弧和熔化金属免受大气污染,从而获得优质焊缝。熔化极氩弧焊的操作方式有自动和半自动两种。焊接时可以采用较大的焊接电流,通常适用于焊接中厚板焊件。焊接钢材时,熔化极氩弧焊一般采用直流反接,以保证电弧稳定。

(3)氩弧焊的特点与应用 与其他焊接方法相比,氩弧焊具有以下特点。

① 氩气是惰性气体,它既不会与金属发生化学反应,又不溶解于液态金属中,是一种理想的保护气体,能获得高质量的焊缝。

② 电弧在气流压缩下燃烧,热量集中,焊接速度较快,热影响区小,焊后工件的变形也较小。

③ 氩气的导热系数小,且是单原子气体,高温时不分解吸热,电弧热量损失小,所以电弧一旦引燃就很稳定。

④ 明弧焊接,便于观察熔池,进行控制;可以进行各种空间位置的焊接,易于实现机械化和自动化。

⑤ 焊接过程中没有冶金反应,不能消除进入焊接区的氢和氧等元素的有害作用,抗气孔能力较差,故焊前必须对焊丝和焊件坡口及坡口两侧的油、锈等进行严格清理。

⑥ 氩气价格贵,焊接成本高;氩弧焊设备较为复杂,维修不便。

氩弧焊几乎可以焊接所有的金属材料,目前主要用于焊接易氧化的非铁金属(如铜、铝、镁、钛及其合金)、难熔活性金属(如钼、锆、铌等)、高强度合金钢以及一些特殊性能合金钢(如不锈钢、耐热钢等)。

2. 二氧化碳气体保护焊

二氧化碳气体保护焊是利用 CO_2 作为保护气体的气体保护焊。它利用焊丝作电极并兼作填充金属,其焊接过程和熔化极氩弧焊相似。

CO_2 气体的密度约为空气的 1.5 倍。在受热时 CO_2 气体急剧膨胀,体积增大,可有效地排除空气,避免空气中的 N_2 和 H_2 对焊缝金属的有害污染。

CO_2 气体在高温下分解产生 CO 和 O,故 CO_2 焊的电弧气氛中实际上是 CO_2、CO 和 O 共存。在高温下,CO 气体比较稳定,且不溶于液态金属;而 CO_2 和 O 则具有很强的氧化性,会引起合金元素烧损,使焊缝金属中的含氧量增加,故必须采用含脱氧元素的焊丝。

CO_2 气体保护焊的操作方式分半自动和自动两种,生产中应用较广泛的是半自动焊。其焊接设备主要由焊接电源、焊枪、送丝机构、供气系统和控制系统等部分组成,如图 4-39 所示。焊接电源需采用直流反接。

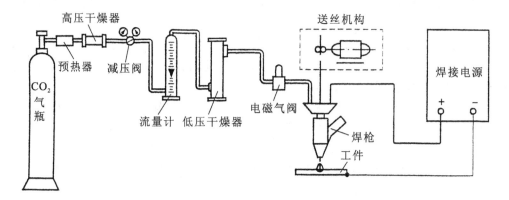

图 4-39　CO_2 气体保护焊

与氩弧焊及其他焊接方法相比,CO_2 气体保护焊具有以下特点。

(1) 由于采用廉价的 CO_2 气体,生产成本低。

(2) 焊接电流密度大,电弧热量集中,焊接速度快,生产率高。

(3) 焊接薄板时,比气焊速度快,变形小。

(4) 明弧焊接,操作灵活,适宜于进行各种位置的焊接。

(5) 合金元素易氧化烧损,飞溅大,焊缝成形较差。

CO_2 气体保护焊主要适用于低碳钢和低合金结构钢的焊接。

4.4.3　电阻焊

电阻焊是利用大电流通过焊件接头的接触面及邻近区域产生的电阻热,将焊件接头处局部加热到熔化或塑性状态,并在压力作用下实现连接的一种压焊方法,又称接触焊。其主要方法有点焊、缝焊和对焊等,如图 4-40 所示。

电阻焊的生产率高,不需要填充金属,焊接变形小,操作简单,劳动条件好,易于实现机械化和自动化。

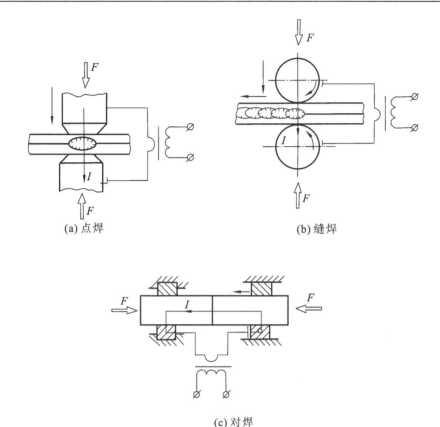

(a) 点焊　　　　　　　　　　　(b) 缝焊

(c) 对焊

图 4-40　电阻焊的主要方法

1. 点焊

如图 4-40(a)所示,点焊焊件只在有限的接触面(即所谓"焊点")上实现连接,并形成扁球形的熔核。点焊的焊接过程如图 4-41 所示。焊接前,将焊件表面清理干净,装配成搭接接头后送入点焊机的上、下电极之间,预加压力使其接触良好(见图 4-41(a))。然后,通电使两焊件接触表面受热,局部熔化,形成熔核(见图 4-41(b));断电后保持或增大压力,使熔核在压力作用下冷却凝固,从而形成焊点(见图 4-41(c))。最后卸去压力,取出焊件(见图 4-41(d))。

点焊的质量主要与焊接电流、通电时间、电极压力和焊件表面的清洁程度等因素有关。

点焊主要适用于不要求密封的薄板搭接结构和金属网等构件的焊接。

2. 缝焊

缝焊又称滚焊,其焊接过程与点焊相似,可以认为是连续的点焊过程,只是用一对旋转的圆盘状电极代替点焊时所用的圆柱形电极(见图 4-40(b))。圆盘状电极压紧焊件并转动,依靠电极和焊件之间的摩擦力带动焊件向前移动,配合断续通电(或连续通电),形成一连串相互重叠的焊点,称为缝焊焊缝。

缝焊主要适用于厚度 3 mm 以下、要求密封的薄板搭接结构的焊接,如汽车油箱等。

3. 对焊

对焊是将两焊件装配成对接接头,使其端面接触,利用电阻热加热至塑性状态,然后迅

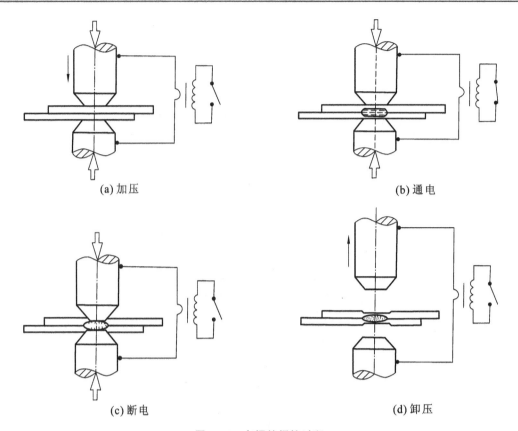

(a) 加压　　　　　　　　　　　　　　　(b) 通电

(c) 断电　　　　　　　　　　　　　　　(d) 卸压

图 4-41　点焊的焊接过程

速施加顶锻力完成焊接的方法,如图 4-40(c)所示。按焊接过程和操作方法不同,对焊可分为电阻对焊和闪光对焊两种。

(1) 电阻对焊　电阻对焊的焊接过程如图 4-42(a)所示。先将两焊件端面对齐并加初压力 F_1,使其处于压紧状态,再通以大电流,使接触面及其附近金属加热到塑性状态,然后断电,同时施加顶锻压力 F_2。最后去除压力,形成焊接接头。

电阻对焊操作的关键是控制加热温度和顶锻速度。若加热温度太低,顶锻不及时或顶锻力不足,焊接接头就不牢固;若加热温度太高,就会产生"过烧"现象,也会影响接头强度;若顶锻力太大,则可能引起接头变形量增大,甚至产生开裂现象。

电阻对焊的优点是焊接操作简单,焊接接头外形光滑匀称。其缺点是焊前对连接表面清理要求高,接头质量难以保证。主要用于小断面金属型材的对接,如直径小于 20 mm 的低碳钢棒料和管子的对接等。

(2) 闪光对焊　闪光对焊的焊接过程如图 4-42(b)所示。与电阻对焊的"先加压、后通电"不同,闪光对焊是"先通电、后加压"。两焊件装配成对接接头后不接触,先接通电源,再逐渐移近焊件使端面局部接触,大电流通过时产生的电阻热使接触点金属迅速熔化、蒸发、爆破,高温金属颗粒向外飞射形成闪光,经多次闪光加热后,焊件端面在一定深度范围内达到预定温度,立即施加压力 F 进行断电顶锻。最后去除压力,形成焊接接头。

闪光对焊的优点是焊接前接头表面不需进行任何加工和特殊的清理,接头强度高,接头

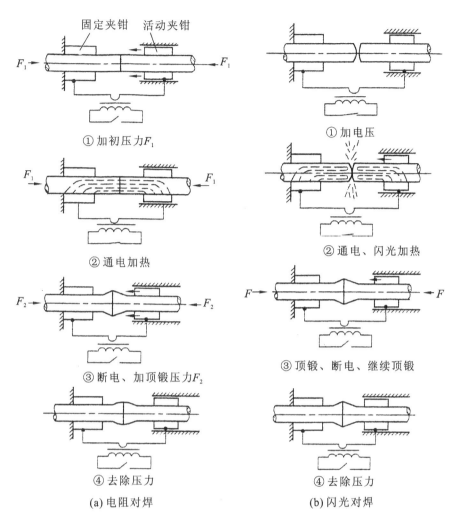

① 加初压力 F_1　　　　　① 加电压

② 通电加热　　　　　② 通电、闪光加热

③ 断电、加顶锻压力 F_2　　　　　③ 顶锻、断电、继续顶锻

④ 去除压力　　　　　④ 去除压力

(a) 电阻对焊　　　　　(b) 闪光对焊

图 4-42　对焊的焊接过程

质量容易保证。其缺点是焊接操作较复杂,接头表面粗糙。它是工业生产中常用的对焊方法,适用于受力要求高的各种重要对焊件。

4.4.4　钎焊

钎焊是采用熔点比母材熔点低的金属材料作为钎料,将焊件和钎料加热到高于钎料熔点、低于母材熔点的温度,利用液态钎料润湿母材,填充接头间隙,并与母材相互扩散实现连接焊件的方法。

1. 钎焊的类型

按钎料熔点不同,钎焊分为硬钎焊和软钎焊两类。钎料熔点高于 450 ℃的钎焊称为硬钎焊,常用的硬钎料有铜基钎料和银基钎料等;钎料熔点低于 450 ℃的钎焊称为软钎焊,常用的软钎料有锡铅钎料和锡锌钎料等。

按钎焊时所采用的热源不同,钎焊方法可分为:烙铁钎焊、火焰钎焊、浸沾钎焊、电阻钎焊、感应钎焊和炉中钎焊等。

2. 钎焊工艺

为保证接头之间有较大的结合面,弥补钎料强度的不足,保证接头有足够的承载能力,钎焊工件的接头形式一般都采用板料搭接和管套件镶接,如图 4-43 所示。钎焊接头之间还应有良好的配合和适当的间隙。间隙过大,不仅浪费钎料,还会降低焊缝的强度;间隙过小,会影响液态钎料的渗入,导致结合面没有全部连接。

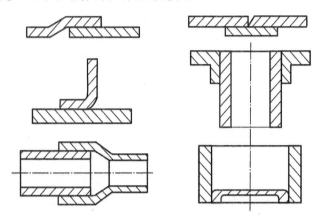

图 4-43 钎焊的接头形式

钎焊前,应将工件表面接头处清理干净。钎焊过程中,一般要用钎剂,以去除钎料和母材表面的氧化物,保护母材连接表面和钎料在钎焊过程中不被氧化,并改善钎料的润湿性(钎焊时液态钎料对母材浸润和附着的能力)。软钎焊常用的钎剂为松香或氯化锌溶液,硬钎焊常用的钎剂有硼砂、硼砂与硼酸的混合物等。

3. 钎焊特点与应用

与熔焊相比,钎焊具有以下特点。

(1)钎焊加热温度低,焊接接头的金属组织和力学性能变化小,焊接变形也小,焊件的尺寸精度易保证。

(2)可以焊接同种或异种金属,也可以焊接金属与非金属。

(3)可以实现其他焊接方法难以实现的复杂结构的焊接,如蜂窝结构、密闭结构等。

(4)钎焊接头强度较低,耐热能力较差,焊前准备工作要求较高。

钎焊广泛用于制造硬质合金刀具、钻探钻头、散热器、自行车架、仪器仪表、电真空器件、导线、电动机、电器部件等。

4.4.5 等离子弧焊

等离子弧焊是利用特殊构造的焊炬所产生的高温、高电离度、高能量密度及高焰流速度的电弧来熔合金属的一种焊接方法,是一种很有发展前途的先进工艺。

1. 等离子弧的产生

在电弧的产生中提到,气体在获得足够的能量后,便会使中性的气体分子或原子电离成带正电的离子和带负电的电子,形成电弧。而此时的电弧,由于未受到外界的约束,没有充分电离,故称为自由电弧。较充分电离的气体就是等离子体,又称等离子弧。

等离子弧是一种压缩电弧,通过焊枪特殊设计将钨电极缩入焊枪喷嘴内部,在喷嘴中通以等离子气体,强迫电弧通过喷嘴的孔道,借助水冷喷嘴的外部拘束条件,利用机械压缩效应、热压缩效应和电磁收缩效应,使电弧的弧柱横截面受到限制,产生温度高达 $24000 \sim 50000$ K、能量密度达 $10^5 \sim 10^6$ W/cm² 的高温、高能量密度的等离子弧,如图 4-44 所示。

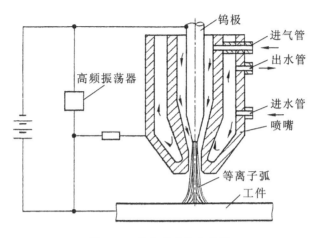

图 4-44　等离子弧发生装置

常用的等离子弧工作气体是氮、氩、氢及其混合气体。

2. 等离子弧焊的特点与应用

(1) 等离子弧的穿透性强,对 8 mm 或更厚的金属焊接可不开坡口,不填充焊丝。

(2) 等离子弧焊因弧柱温度高,能量密度大,故可用比钨极氩弧焊高得多的焊接速度,从而可提高焊接生产率。

(3) 等离子弧的弧态近似圆柱形,挺直度好,焊接时容易获得均匀的焊缝成形。

(4) 由于有保护气体,焊后焊缝质量好,热影响区小,变形小。

(5) 等离子弧焊设备复杂,价格昂贵。

目前,等离子弧焊不仅用于国防工业及尖端技术领域的难熔、易氧化、热敏感性强的合金钢、铜合金、钨、钼、钛、钴等金属的焊接,而且已广泛用于一般机械制造中的低碳钢焊接;可用于从超薄材料到中、厚板材的焊接。

等离子弧也可用于大部分金属和非金属材料的切割,即等离子弧切割。

4.5　焊接常见的缺陷

4.5.1　焊接的质量检验

焊接检验是对焊接生产质量的检验。它是指在工件焊接完成后,根据产品的有关标准和技术要求进行检验。

1. 焊接质量的检验要求

焊接质量一般包括焊缝的外形与尺寸、焊缝的连续性和焊缝的性能三个方面。

（1）焊缝外形与尺寸的要求　焊缝与母材金属之间应平滑过渡，无咬边，以减少应力集中；无烧穿、未焊透等缺陷；焊缝的宽度、余高等尺寸应符合国家标准或图样要求。

（2）焊缝连续性的要求　焊缝中不得有裂纹、气孔、夹渣、未焊透等缺陷。

（3）焊缝接头性能的要求　焊接接头的力学性能及其他性能（如耐蚀性等）应符合图样技术要求。

2. 焊接质量的检验方法

对焊接接头进行必要的检验是保证焊接质量的重要措施，应根据图样技术要求和有关国家标准选择合适的检验方法。焊接质量的检验方法分破坏性检验和非破坏性检验两类。

生产中常用的非破坏性检验方法有外观检测、致密性试验、水压试验和无损探伤等。

（1）外观检测　外观检测是用目测或低倍（小于 10 倍）放大镜观察焊缝的表面有无焊接缺陷，借助标准样板或量具检测焊缝的外形尺寸的方法。外观检测合格以后，才能进行下一步检验。

（2）致密性试验　致密性试验是用来检测有无漏水、漏气和渗油、漏油等现象的试验，主要适用于检测不受压或压力很低的容器、管道的焊缝，常用的方法有气密性试验、氨气试验和煤油试验等。

（3）水压试验　水压试验是用来检测受压容器、管道的强度和焊缝致密性的试验。水压试验一般是超载检测，试验压力为工作压力的 $1.2\sim1.5$ 倍。

（4）无损探伤　无损探伤是利用流动性、渗透性好的着色剂，或利用各种专门仪器来检测焊缝表层或内部有无缺陷的检测方法，包括渗透探伤、磁粉探伤、射线探伤和超声波探伤等。

破坏性检验方法是指根据设计要求从焊接接头处切取试样，进行拉伸、弯曲、冲击等力学性能和其他性能试验，如金相组织分析、断口分析和耐压试验等。

4.5.2　常见的焊接缺陷分析

焊接缺陷是指焊接过程中在焊接接头中产生的金属不连续、不致密或连接不良的现象。常见的焊接缺陷有咬边、未焊透、夹渣、气孔、裂纹和烧穿等，其特征和产生原因见表 4-8。

表 4-8　常见焊接缺陷的特征及产生原因

缺陷名称	图　例	特　征	产生主要原因
咬边		焊缝表面与母材交界处附近产生凹陷或沟槽	（1）焊接电流过大； （2）焊接速度过慢； （3）电弧过长； （4）运条方法或焊条角度不当
未焊透		焊接接头根部或侧面，焊缝金属与母材金属局部未完全熔合好	（1）焊接电流过小； （2）焊接速度过快； （3）坡口钝边过大，装配间隙过小； （4）运条方法或焊条角度不当

续表

缺陷名称	图 例	特 征	产生主要原因
夹渣		焊缝表面及内部残留有非金属夹杂物	(1) 焊接电流过小、焊缝金属冷却凝固过快； (2) 焊缝清理不彻底； (3) 焊接材料成分不当； (4) 运条方法或焊条角度不当
气孔		焊缝表面及内部残留有熔池中的气体未能逸出而形成的孔洞	(1) 焊接材料不干净； (2) 焊接电流过大,焊接速度过快； (3) 电弧过长或过短； (4) 焊条使用前未烘干
裂纹		焊缝及附近区域的表层和内部产生的缝隙	(1) 焊接材料或工件材料成分不当； (2) 焊缝金属冷却凝固过快； (3) 焊接结构设计不合理； (4) 焊接工艺不合理
烧穿		焊接时,熔深超过焊件厚度,金属液自坡口背面流出形成穿孔	(1) 焊接电流过大； (2) 焊接速度过慢； (3) 运条方法或焊条角度不当； (4) 坡口钝边过小,装配间隙过大

4.6 焊条电弧焊基本操作训练

4.6.1 焊接实习安全操作规程

（1）进入车间,穿好电焊工作服和工作鞋,戴好安全帽和护目镜,工作服应当很好地遮蔽身体,以防烫伤。

（2）实习学生必须在指定工位进行操作,未经指导教师同意,不得随意触摸、启动各种电源开关和设备。

（3）操作中集中思想,严禁擅离工位,严禁串岗、打闹、从事与实习内容无关的活动。

（4）工作前应认真检查工具、设备是否完好,焊机的外壳是否可靠接地,焊机、导线、焊钳等接点是否连接牢固。

（5）焊接时要扎好袖口、扣紧衣领,戴好防护眼镜或面罩,戴好专用手套。

（6）在靠近易燃地方焊接,要有严格的防火措施,必要时须经安全员同意方可工作。焊接完毕应认真检查确认无火源,才能离开工作场地。

（7）焊接密封容器、管子应先开好放气孔。修补已装过油的容器,应清洗干净,打开入孔盖或放气孔,才能进行焊接。

(8) 在用过的罐体上进行焊接作业时,必须查明是否有易燃、易爆气体或物料,严禁在未查明之前动火焊接。

(9) 焊钳、电焊线应经常检查、保养,发现有损坏应及时修好或更换,焊接过程发现短路现象应先关焊机,再寻找短路原因,防止焊机烧坏。

(10) 在容器内焊接,应注意通风,把有害烟尘排出,以防止中毒。在狭小容器内焊接应有两人,以防触电等事故。

(11) 除工作现场操作人员,其他观看人员也必须戴好防护眼镜,以防伤眼。

(12) 要经常保持设备及工作地整洁,物件摆放要规范。实习结束时,切断电源,检查现场,灭绝火种,填写设备使用记录。

4.6.2 焊条电弧焊基本操作训练

本节以焊条电弧焊基本操作为例进行训练,其他焊接方法可安排到企业参观见习。先选择长度大于 250 mm 的低碳钢板进行平焊的基本操作训练,重点在引弧与起头、运条、接头、灭弧与收尾,平焊时人的操作姿势如图 4-45 所示。

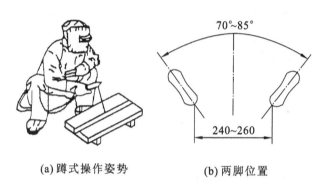

(a) 蹲式操作姿势　　　　　(b) 两脚位置

图 4-45　平焊操作姿势

1. 焊接要求分析

每人分配 2 块尺寸为 300 mm×125 mm×6 mm 的 Q235 钢板,不开坡口,沿长度方向平焊,形成对接接头。

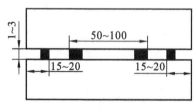

图 4-46　定位焊

2. 焊接工艺分析

对于工件厚度≤6 mm 的对接接头,可以不开坡口,只要在焊接接头处留出 0.5～2 mm 的间隙即可,如图 4-46 所示。选择交流弧焊机、E4303(J422)焊条。先点固定位,再焊接正面焊缝,此时选择 ϕ4 mm 焊条、焊接电流为 175～185 A,然后焊接反面,此时选择 ϕ3.2 mm 焊条、焊接电流为 120～130 A。焊接速度和焊接电流相配合,由操作者控制,保证焊透和焊缝质量。

3.焊接步骤及注意事项

该工件的平焊焊接步骤见表4-9。

表4-9　平焊对接接头的焊接步骤

序号	工序名称	操作步骤及内容	主要设备及工具
1	焊前准备工作	（1）清理焊接接头处	锉刀、钢丝刷
		（2）连接弧焊机、焊条和工件	弧焊机
2	定位焊	按图4-46所示点固定位	弧焊机、压块
3	焊接	（1）正面焊缝焊接	弧焊机、敲渣锤
		（2）反面焊缝焊接	
4	清理及检验	清理焊渣,检查焊缝	敲渣锤

注意事项:

（1）焊接中要穿戴好防护用品。

（2）工件在定位焊时要用压块将两块钢板定位好,并防止在焊接中使位置移动。

（3）焊接中,焊接速度和焊接电流要配合好,保证焊透和焊缝质量。

复习思考题

1. 何谓焊接？试述焊接工艺的特点与应用。

2. 简述焊接工艺的分类。

3. 简述焊条电弧焊的焊接过程及电弧的形成。

4. 弧焊机有哪几种？说明你在实习中使用的弧焊机的型号和主要技术参数。

5. 弧焊机与焊条、焊件有几种接线方法？如何选择？

6. 焊条电弧焊常用的接头形式有哪些？对接接头常见的坡口形式有哪几种？焊接坡口的钝边和间隙各起什么作用？

7. 焊条由哪两部分组成？试述各部分的作用。

8. 焊条电弧焊的焊接参数有哪些？各应怎样选择？

9. 试述焊条型号的组成及其与牌号的关系。

10. 焊条电弧焊的基本操作有哪些？

11. 如何引弧？运条时有哪三个基本动作？

12. 简述收尾的方法及应用。

13. 简述气焊与气割的过程及应用。

14. 焊炬和割炬在构造上有何不同？

15. 金属氧气切割的条件主要有哪些？低碳钢、中碳钢、高碳钢、铸铁、低合金结构钢、不锈钢、铜合金、铝合金等金属材料中,哪些不能采用氧气切割？为什么？

16. 简述气焊设备的组成及各部分的作用。在使用中应注意什么？

17. 简述等离子弧焊的工作原理和应用。

18. 氩弧焊有何特点？其应用范围如何？

19. CO_2气体保护焊有何特点？其应用范围如何？

20. 电阻焊的基本形式有哪几种？试述其各自的特点和应用。

21. 钎焊和熔焊相比,有何特点？

22. 根据焊接实习体会,简述焊接的安全操作规程。

第5章 切削加工基本知识

教 学 要 求

理论知识

（1）了解切削加工的分类和特点，熟悉主运动和进给运动的概念及特点，理解切削用量三要素；

（2）了解零件的加工质量要求，并能在图样上看懂；

（3）了解对刀具材料的性能要求及常用刀具材料，理解外圆车刀的组成、主要角度及作用；

（4）了解常用量具的刻线原理及读数方法，熟悉常用量具的测量精度及应用；

（5）了解常用量具的保养要点。

技能操作

（1）掌握游标卡尺、千分尺、百分表等常用量具的使用方法、读数方法；

（2）能应用所学知识进行工件测量，并根据测量结果判断被测工件是否合格。

5.1 概述

切削加工是利用切削工具与工件的相对运动，将坯料或工件上的多余材料切除，以获得几何形状、尺寸精度、位置精度和表面质量等完全符合图样要求的零件的加工方法。

5.1.1 切削加工的分类

切削加工可分为钳工和机械加工两大类。

（1）钳工　一般是指通过工人手持工具进行切削加工的方法（见第 6 章），其加工方式多种多样，使用工具简单，加工方便灵活，是零件加工、产品装配和修理工作中不可缺少的加工方法。

（2）机械加工　一般是指将工件安装在机床上，通过工人操纵机床来完成切削加工的方法。按照机床的不同，机械加工又可分为车削加工、铣削加工、刨削加工、钻削加工、磨削加工和齿形加工等，如图 5-1 所示。

5.1.2 切削运动

机器零件大部分由一些简单的几何表面组成，如各种平面、回转面、沟槽等。机床对这些表面切削加工时，刀具与工件间必须有特定的相对运动，这种相对运动称为切削运动（即表面成形运动）。按作用不同，切削运动可分为主运动和进给运动。

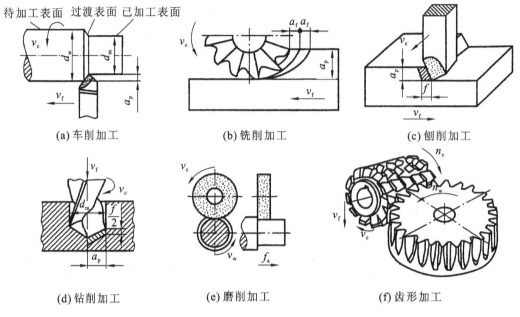

(a) 车削加工　　　　　(b) 铣削加工　　　　　(c) 刨削加工

(d) 钻削加工　　　　　(e) 磨削加工　　　　　(f) 齿形加工

图 5-1　常用机械加工方法

1. 主运动

主运动是切下切屑最基本的运动。它使刀具的前刀面能够接近工件,切除工件上的被切削层,使之转变为切屑,从而完成切屑加工。主运动的特点是速度最高,消耗功率最大。机床通常只有一个主运动。例如,车削加工时,工件的回转运动是主运动,如图 5-1(a)所示;铣削加工时,铣刀的旋转运动是主运动,如图 5-1(b)所示;牛头刨床刨削时,主运动是刀具的往复直线运动,如图 5-1(c)所示;钻削加工时,钻头的旋转运动是主运动,如图 5-1(d)所示。

2. 进给运动

进给运动是配合主运动实现依次连续不断地切除多余金属层的刀具与工件之间的附加相对运动。进给运动与主运动配合即可完成所需表面几何形状的加工,根据工件表面形状成形的需要,进给运动可以是多个,也可以是一个;进给运动可以是连续的,也可以是间歇的。例如,车削加工时车刀的纵向、横向移动,铣削加工和刨削加工时工件的纵向、横向移动,钻削加工时钻头的轴向移动,磨削外圆时工件的旋转和工件的纵向移动或者砂轮的横向移动等都是进给运动。

3. 工件表面

切削加工过程中,在切削运动的作用下,工件表面的金属层不断地被切下来变为切屑,从而加工出所需的新的表面。在新表面形成的过程中,工件上有三个依次变化着的表面,它们分别是待加工表面、过渡表面(又称切削表面)和已加工表面,如图 5-2 所示。

(1) 待加工表面　工件上即将被切除的金属层表面。

(2) 过渡表面　切削刃正在切削而形成的表面。

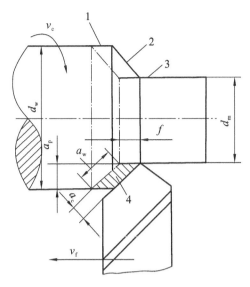

图 5-2　车削时的切削要素

1—待加工表面;2—过渡表面;3—已加工表面;4—切削层

（3）已加工表面　工件上经刀刃切削后形成的新表面。

5.1.3　切削用量

切削用量是切削速度 v_c、进给量 f 和背吃刀量 a_p 的总称,三者称为切削用量三要素。

1. 切削速度 v_c

切削速度 v_c 是刀具切削刃上选定点相对于工件的主运动的瞬时速度。由于切削刃上各点的切削速度可能是不同的,计算时常用最大切削速度代表刀具的切削速度。当主运动为回转运动时,有

$$v_c = \frac{\pi D n}{1000}$$

式中:v_c——切削速度(m/min);

　　D——切削刃上选定点的回转直径(mm);

　　n——主运动的转速(r/min)。

提高切削速度,生产率和加工质量会有所提高,但切削速度的提高受机床功率和刀具耐用度的限制。

2. 进给量 f 和进给速度 v_f

进给量 f 是指在主运动的一个工作循环内,刀具与工件在进给运动方向上的相对位移量,用刀具或工件每转或每行程的位移量来表述,单位 mm/r 或 mm/str。例如:车削时进给量为工件每转一转车刀沿进给方向移动的距离(mm/r);铣削时常用的进给量为工件每分钟沿进给方向移动的距离(mm/min);刨削时进给量为刨刀每往复一次工件或刨刀沿进给方向间歇移动的距离 mm/str。

进给速度 v_f 是切削刃上选定点相对于工件的进给运动的瞬时速度,单位 mm/s 或 mm/min。

进给量越大,生产率一般会提高,但工件表面的加工质量会降低。

3. 背吃刀量 a_p

背吃刀量 a_p(又称切削深度)是工件上已加工表面与待加工表面之间的距离。车削外圆时,有

$$a_p = \frac{D-d}{2}$$

式中:a_p——背吃刀量(mm);

D——工件待加工表面直径(mm);

d——工件已加工表面直径(mm)。

背吃刀量 a_p 增加,生产效率提高,但切削力也随之增加,故容易引起工件振动,降低加工质量。

5.2 零件的加工质量要求

为了保证零件的质量,设计时应对零件提出加工质量的要求。零件的加工质量包括加工精度和表面质量两方面,是零件技术要求的主要组成部分,它们的好坏将直接影响产品的使用性能、使用寿命、外观质量、生产率和经济性。

5.2.1 加工精度

经机械加工后,零件的形状、尺寸、位置等参数的实际数值与设计理想值的符合程度称为机械加工精度,简称加工精度。实际值与理想值相符合的程度越高,即偏差(加工误差)越小,加工精度越高。

加工精度包括尺寸精度、形状精度和位置精度。在零件图上,对被加工件的加工精度要求常用尺寸公差、形状公差和位置公差来表示。

1. 尺寸精度

尺寸精度是指加工表面本身的尺寸(如圆柱面的直径)、表面间尺寸(如孔间距离等)的精确程度。尺寸精度的高低,用尺寸公差的大小来表示。

尺寸公差是尺寸允许的变动量,国家标准 GB/T 1800.2—2009《极限与配合》中规定,尺寸公差分 20 个等级,即 IT01,IT0,IT1,IT2,…,IT18。IT 后面的数字代表公差等级,数字愈大,公差等级越低,公差值越大,尺寸精度越低。不同公差等级的加工方法和应用见表 5-1。

加工过程中影响尺寸精度的因素很多,表 5-1 中表示的某种加工方法所对应的能达到的加工精度,是指在正常生产条件下保证一定生产率所能达到的加工精度,称为经济精度。

表 5-1　各种加工方法所能达到的公差等级和表面粗糙度

表面微观特征		$Ra/\mu m$	公差等级	加工方法	应　用
不加工	清除毛刺	—	IT16～IT14	—	铸件、锻件、焊接件、冲压件
粗加工	明显可见刀痕	≤80	IT13～IT10	粗车、粗刨、粗铣、钻、粗锉、锯削	用于非配合尺寸或不重要的配合
	可见刀痕	≤40	IT10		用于一般要求，主要用于长度尺寸的配合
	微见刀痕	≤20	IT10～IT8		
半精加工	可见加工痕迹	≤10	IT10～IT8	半精车、精车、精刨、精铣、粗磨	用于重要配合
	微见加工痕迹	≤5	IT8～IT7		
	不见加工痕迹	≤2.5	IT8～IT7		
精加工	可辨加工痕迹方向	≤1.25	IT8～IT6	精车、精刨、精磨、铰削	用于精密配合
	微辨加工痕迹方向	≤0.63	IT7～IT6		
	不辨加工痕迹方向	≤0.32	IT7～IT6		
超精加工	暗光泽面	≤0.16	IT6～IT5	精磨、研磨、镜面磨、超精加工	量块、量仪和精密仪表、精密零件的光整加工
	亮光泽面	≤0.08	IT6～IT5		
	镜状光泽面	≤0.04	—		
	雾状光泽	≤0.02	—		
	镜面	≤0.01	—		

2. 形状精度

形状精度是指零件加工后的表面与理想表面在形状上相接近的程度。如直线度、圆度、圆柱度、平面度等。

3. 位置精度

位置精度是指零件加工后的表面、轴线或对称平面之间的实际位置与理想位置接近的程度。如平行度、垂直度、同轴度、对称度等。

国家标准 GB/T 1182—2008《产品几何技术规范(GPS)几何公差　形状、方向、位置和跳动公差标注》中规定的几何公差类型、特征项目和符号见表 5-2。

表 5-2　几何公差特征项目和符号

公差类型	特征项目	符　号	有无基准要求
形状公差	直线度	——	无
	平面度	▱	无
	圆度	○	无

续表

公差类型	特征项目	符号	有无基准要求
形状公差	圆柱度	⌭	无
	线轮廓度	⌒	有或无
	面轮廓度	⌓	有或无
方向公差	平行度	//	有
	垂直度	⊥	有
	倾斜度	∠	有
	线轮廓度	⌒	有
	面轮廓度	⌓	有
位置公差	位置度	⊕	有或无
	同心度(用于中心点)	◎	有
	同轴度(用于轴线)	◎	有
	对称度	⯊	有
	线轮廓度	⌒	有
	面轮廓度	⌓	有
跳动公差	圆跳动	↗	有
	全跳动	⌰	有

在零件图上,通常只规定尺寸公差,对要求较高的零件,除了规定尺寸公差外,还要规定形状和位置公差。有关几何公差在零件图上的标注可参考《机械制图》等教材。

一般,机械加工精度越高,零件加工的成本也越高,所以在设计零件时,应在满足零件使用要求的前提下,选用经济精度。

5.2.2 表面质量

机械零件的表面质量,主要是指零件加工后的表面粗糙度以及表面层材质的变化。

1. 表面粗糙度

在切削加工中,由于刀痕、塑性变形、振动和摩擦等原因,会使加工表面产生微小的峰谷。这些微小峰谷的高低程度和间距状况称为表面粗糙度,它是评定表面质量的主要参数。表面粗糙度对零件的耐磨性、抗腐蚀性和配合性质等有很大影响,它直接影响机器的使用性能和寿命。

国家标准 GB/T 1031—2009 规定了表面粗糙度的评定参数及其数值。常用的评定表面粗糙度参数是轮廓算术平均偏差 Ra 值,常见加工方法一般能达到的表面粗糙度值见表 5-1。

一般来说,零件的表面粗糙度值越小,零件的使用性能越好,寿命也越长,但零件的制造成本也会相应增加。

2. 表面层材质的变化

零件加工后表面层的力学、物理及化学等性能会与基体材料不同,表现为加工硬化、残余应力产生、疲劳强度变化及耐蚀性下降等,这些将直接影响零件的使用性能。

在技术图样中,零件的加工质量要求尺寸公差、形位公差和表面粗糙度的标注示例如图5-3 所示。

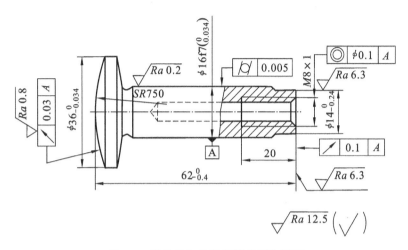

图 5-3 零件的加工质量要求标注示例

5.3 刀具材料及几何角度

在切削过程中,刀具切削部分直接担负切削工作。刀具切削性能的好坏,取决于构成刀具切削部分的材料、切削部分的几何参数及刀具结构的选择和设计是否合理。刀具材料通常是指刀具切削部分的材料。

5.3.1 刀具材料应具备的性能

在切削加工时,刀具切削部分与切屑、工件相互接触的表面上承受着很大的切削力和强烈的摩擦,刀具在高温下进行切削的同时,还承受着切削力的冲击和振动,因此刀具切削部分的材料应具备以下基本性能。

(1)高硬度。刀具材料必须具有高于工件材料的硬度,常温硬度应在 HRC60 以上。

(2)好的耐磨性。耐磨性表示刀具抵抗磨损的能力,通常刀具材料硬度越高,耐磨性越好。材料中硬质点的硬度越高,数量越多,颗粒越小,分布越均匀,则耐磨性越好。

(3)足够的强度和韧度。为了承受切削力、冲击和振动,刀具材料应具有足够的强度和韧度。一般用抗弯强度(σ_b)、冲击韧度(α_k)值表示。

(4)高的热硬性。刀具材料应在高温下保持较高的硬度、耐磨性和强度、韧度,并有良好的抗扩散、抗氧化的能力。这就是刀具材料的热硬性。它是衡量刀具材料综合切削性能的主要指标。

(5) 良好的工艺性。为了便于刀具制造,要求刀具材料应具有较好的加工性能,包括锻造、轧制、焊接、切削加工和热处理等工艺性能。

此外,在选用刀具材料时,还要考虑经济性。经济性差的刀具材料难以得到推广使用。

5.3.2 常用的刀具材料

刀具材料种类很多,常用的有碳素工具钢、合金工具钢、高速钢、硬质合金、陶瓷、金刚石(天然和人造)和立方氮化硼等。

碳素工具钢(如 T10A、T12A)和合金工具钢(如 9SiCr、CrWMn),因其热硬性较差,仅用于制造手工工具。陶瓷、金刚石和立方氮化硼则由于性脆、工艺性差及价格昂贵等原因,只在较小的范围内使用。目前机械加工中除砂轮是由磨料加黏结剂用烧结的方法制成的多孔物体外,其他刀具材料大多由高速钢和硬质合金制成。

1. 高速钢

高速钢是一种加入了钨(W)、钼(Mo)、铬(Cr)、钒(V)等合金元素的高合金工具钢。它的热硬性较碳素工具钢和一般合金工具钢显著提高,允许的切削速度比碳素工具钢和合金工具钢高两倍以上。高速钢具有较高的强度、韧度和耐磨性,热硬性为 540～600 ℃。虽然高速钢的硬度和热硬性不如硬质合金,但由于用这种材料制作的刀具的刃口强度和韧度比硬质合金高,能承受较大的冲击载荷,而且这种刀具材料的工艺性能较好,容易磨出锋利的刃口,因此到目前为止,高速钢仍是应用较广泛的刀具材料,尤其是结构复杂的刀具,如成形车刀、铣刀、钻头、铰刀、拉刀、齿轮刀具、螺纹刀具等。

高速钢按其用途和性能可分为通用高速钢,高性能高速钢两类。

(1) 通用高速钢 通用高速钢是指加工一般金属材料用的高速钢。按其化学成分有钨系高速钢和钼系高速钢。W18Cr4V 属于钨系高速钢,其淬火后的硬度为 63～66 HRC,热硬性可达 620 ℃,抗弯强度 $\sigma_b = 3430$ MPa。磨削性能好,热处理工艺控制方便,是我国高速钢中用得比较多的一个牌号。

W6Mo5Cr4V2 属于钼系高速钢,与 W18Cr4V 相比,它的抗弯强度、冲击韧度和高温塑性较高,故可制造热轧刀具,如麻花钻等。

(2) 高性能高速钢 高性能高速钢是在通用高速钢中再加入一些合金元素,以进一步提高它的热硬性和耐磨性。这种高速钢的切削速度可达 50～100 m/min,具有比通用高速钢更高的生产率与刀具使用寿命,同时还能切削不锈钢、耐热钢、高强度钢等难加工的材料。

高钒高速钢(W12Cr4V4Mo)由于其钒(V)、碳(C)含量的增加,提高了耐磨性,刀具寿命比通用高速钢可提高 2～4 倍,但是,随着钒质量分数的提高,使磨削性能变差,刃磨困难。

高钴高速钢和高铝高速钢是近年来为了加工高温合金、钛合金、难熔合金、超高强度钢、奥氏体不锈钢等难加工材料而发展起来的。它们的常温硬度、高温硬度、热硬性和耐磨性都比通用高速钢 W18Cr4V 高,虽然它的抗弯强度和冲击韧度比较低,但仍是一种综合性能较好的材料,可以制作各种刀具。其牌号有 W2Mo9Cr4VCo8、W6Mo5Cr4V2Al 等。

2. 硬质合金

硬质合金是指用碳化钨(WC)、碳化钛(TiC)和钴(Co)等材料用粉末冶金法制造的合金材料。硬质合金的特点是硬度较高,常温下可达 74～81 HRC,它的耐磨性较好,热硬性较高,能耐 800～1000 ℃的高温,因此能使用比高速钢高几倍甚至十几倍的切削速度;它的不足之处是抗弯强度和冲击韧度较高速钢低,刃口不能磨得像高速钢刀具那样锋利。普通硬质合金按 ISO 标准可分为 P、K、M 三大类,YG(K)类,即 WC-Co 类硬质合金;YT(P)类,即 WC-TiC-Co 类硬质合金;YW(M)类,即 WC-TiC-TaC-Co 类硬质合金,如表 5-3 所示。

表 5-3　常用硬质合金牌号及应用范围

分类	旧标准代号	主要成分	颜色	粗加工选用牌号	半精加工选用牌号	精加工选用牌号	应用范围
P	YT 类	Ti＋WC＋Co	蓝色	P30、P40、P50	P10、P20	P01	主要用于加工碳素钢、合金钢等材料
K	YG 类	WC＋Co	红色	K30、K40	K10、K20	K01	主要用于加工铸铁、非铁金属及非金属材料
M	YW 类	TiC＋WC＋TaC(NbC)＋Co	黄色	M30、M40	M20	M10	主要用于加工钢(特别是难加工钢)、铸铁及非铁金属

5.3.3　刀具几何角度

金属切削刀具切削部分的结构要素、几何角度具有许多共同的特征。各种多齿刀具或复杂刀具,就其一个刀齿而言,都可以看成是车刀切削部分的演变及组合。现以熟悉的外圆车刀为例说明刀具的主要几何角度。

1. 车刀的组成

车刀由刀杆和刀头两部分组成。刀杆是刀具的夹持部分,用来将车刀安装在刀架上。刀头形成切削部分。车刀切削部分由三面、二刃、一尖组成,如图 5-4 所示。

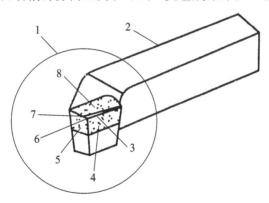

图 5-4　车刀的组成

1—刀头;2—刀杆;3—主切削刃;4—后刀面;5—副后刀面;
6—刀尖;7—副切削刃;8—前刀面

（1）前刀面　刀具上的切屑流出时所经过的表面。

（2）后刀面　刀具上与工件过渡表面相对的表面。

（3）副后刀面　刀具上与工件已加工表面相对的表面。

（4）主切削刃　前刀面与后刀面的交线，它承担着主要的切削任务。

（5）副切削刃　前刀面与副后刀面的交线，它承担着少量的切削任务，以最终形成工件的已加工表面。

（6）刀尖　主切削刃与副切削刃的交接处，通常磨成一小段圆弧或直线，以提高刀尖的强度，改善散热条件。

2. 车刀几何角度

车刀的主要几何角度及辅助平面如图 5-5 所示。

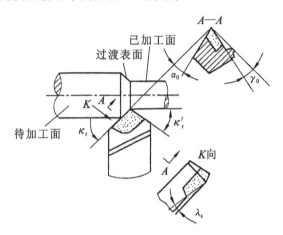

图 5-5　车刀的主要几何角度及辅助平面

（1）前角 γ_0　前刀面与基面之间的夹角。其作用是使切削刃锋利。增大前角能使刀刃变得锋利，使切削更为轻快，并减小切削力和切削热。但前角过大，刀刃和刀尖的强度下降，刀具导热体积减小，影响刀具使用寿命。前角的大小对表面粗糙度、排屑和断屑等也有一定影响。

工件材料的强度、硬度低，前角应选得大些，反之小些；刀具材料韧度高（如高速钢），前角可选得大些，反之应选得小些（如硬质合金）；精加工时，前角可选得大些。粗加工时应选得小些。前角取值范围 $-5°\sim25°$。

（2）主后角 α_0　后刀面与切削平面之间的夹角。主后角的主要作用是减小后刀面与工件间的摩擦和后刀面的磨损，其大小对刀具耐用度和加工表面质量都有很大影响。

一般，切削厚度越大，刀具后角越小；工件材料越软，塑性越大，后角越大。工艺系统刚度较差时，应适当减小主后角，尺寸精度要求较高的刀具，后角宜取小值。后角取值范围 $3°\sim12°$。

（3）主偏角 κ_r　主切削刃与进给运动方向之间的夹角。主偏角的大小影响切削条件和刀具寿命。外圆车刀的主偏角有 $90°$、$75°$、$60°$ 和 $45°$ 等。在工艺系统刚度很好时，减小主偏角可提高刀具耐用度、减小已加工表面粗糙度值，所以 κ_r 宜取小值；在工件刚度较差时，为避免工件的变形和振动，应选用较大的主偏角。

（4）副偏角 κ_r' 副切削刃与进给运动反方向之间的夹角。副偏角的作用是减小副切削刃和副后刀面与工件已加工表面之间的摩擦，防止切削振动。κ_r' 的大小主要根据表面粗糙度的要求选取，一般取 $\kappa_r' = 5° \sim 15°$。

（5）刃倾角 λ_s 主切削刃与基面之间的夹角。刃倾角的大小影响切屑的流向。一般常取 $\lambda_s = -5° \sim 15°$。

5.4 金属切削机床的分类和型号

金属切削机床简称为机床，是利用刀具对金属进行切削加工的机器。机床的技术水平直接影响机械制造业的产品质量和生产效率。

5.4.1 金属切削机床的分类

机床的种类繁多，为了便于设计、制造、使用和管理，国标对机床进行了分类。根据需要，有不同的分类方法。

1. 按照机床的工作原理分类

按照机床的工作原理分类，机床可分为车床、钻床、镗床、磨床、齿轮加工机床、螺纹加工机床、铣床、刨插床、拉床、锯床和其他机床等，共 11 类。必要时，每类可分为若干分类。这是主要的机床分类方法。

2. 按照机床的通用性程度分类

可分为通用机床、专用机床和专门化机床等三类。

（1）通用机床 可以完成多种工件及每种工件多种工序加工，如卧式车床、卧式铣镗床和立式升降台铣床等。通用机床的加工范围较广，结构比较复杂，主要适用于单件小批量生产。

（2）专用机床 根据特定工艺要求而专门设计、制造的，一般来说，生产效率较高，结构比通用机床简单，适用于大批大量生产。

（3）专门化机床 用于完成形状类似而尺寸不同的工件的某一种工序加工，如凸轮轴车床、曲轴连杆颈车床和精密丝杠车床等。专门化机床介于通用机床和专用机床之间，既有加工尺寸的通用性，又有加工工序的专用性，生产效率较高，适用于成批生产。

3. 按照机床的工作精度分类

在同一种机床中，根据加工精度不同，可分为 P 级（普通级，P 一般省略）、M 级（精密级）和 G 级（高精度级）等三类。

5.4.2 金属切削机床型号编制

根据 GB/T 15375—2008《金属切削机床 型号编制方法》，机床型号的编制采用汉语拼音字母和阿拉伯数字按一定规律组合表示，可以扼要地表示机床类型、通用特性和结构特性、主要技术参数等内容，如

CQ6132A

C——类别代号:车床类

Q——通用特性代号:轻型车床

6——组代号:落地及卧式车床

1——系代号:普通卧式车床

32——主参数:车床能加工工件最大直径的 1/10,即最大直径为 320 mm

A——重大改进序号:第一次改进

1. 机床的类别及其代号

机床按照工作原理不同划分为 11 类。机床的类别代号,用大写的汉语拼音字母表示。必要时,每类可分为若干分类。机床的类别代号,按其相对应的汉字字意读音。机床的类别及其代号见表 5-4。

表 5-4 机床的类别及其代号

类别	代号	读音	类别	代号	读音
车床	C	车	螺纹加工机床	S	丝
钻床	Z	钻	铣床	X	铣
镗床	T	镗	刨插床	B	刨
磨床	M	磨	拉床	L	拉
	2M	二磨	锯床	G	割
	3M	三磨	其他车床	Q	其
齿轮加工机床	Y	牙			

2. 机床的通用特性、结构特性代号

(1)通用特性代号 它在各类机床的型号中,表示的意义相同。当某类机床除了有普通特性之外,还有下列某种通用特性时,应在类别代号之后加上通用特性代号予以区分。例如,数控车床,在"C"后面加"K"。机床的通用特性代号见表 5-5。

表 5-5 机床的通用特性代号

通用特性	代号	读音	通用特性	代号	读音
高精度	G	高	仿形	F	仿
精密	M	密	轻型	Q	轻
自动	Z	自	加重型	C	重
半自动	B	半	柔性加工单元	R	柔
数控	K	控	数显	X	显
加工中心(自动换刀)	H	换	高速	S	速

(2)结构特性代号 对于主参数值相同而结构、性能不同的机床,应在型号中加上结构特性代号予以区分。当型号中已有通用特性代号时,结构特性代号应排在通用特性代号之

后。结构特性代号用汉语拼音字母 A、B、C、D、E、L、N、P、T、Y 表示,如 CA6140。

3. 机床的组、系代号

每一类机床按照用途、性能、结构等划分 10 个组,每个组用一位阿拉伯数字表示,位于类别代号或通用特性、结构特性代号之后。每个组又划分为 10 个系(系列),每个系列用一位阿拉伯数字表示,位于组代号之后。

4. 机床的主参数及其表示

机床型号中的主参数代表机床规格的大小,用折算值(一般为机床主参数实际数值或实际数值的 1/10 或 1/100)表示,位于系代号之后。如 C6140 车床,主参数折算值为 40,折算系数为 1/10,即主参数(床身上最大回转直径)为 400 mm。

机床型号中其他字母或数字代表的含义可参考有关教材或手册。

5.5　常用量具

在加工过程中,为了保证零件的加工精度,需要使用量具进行检测。量具的种类和规格很多,在生产中最常用的是以下四种量具:游标卡尺、千分尺、百分表和量规。

5.5.1　游标卡尺

游标卡尺是一种常用的量具,具有结构简单、使用方便、精度中等和测量的尺寸范围大等特点,可以用它来测量零件的外径、内径、长度、宽度、厚度、深度和孔距等,应用范围很广,如图 5-6 所示。游标卡尺有 0.1 mm、0.05 mm 和 0.02 mm 三种测量精度,其测量范围有 0～125 mm、0～200 mm 和 0～300 mm 等多种规格。

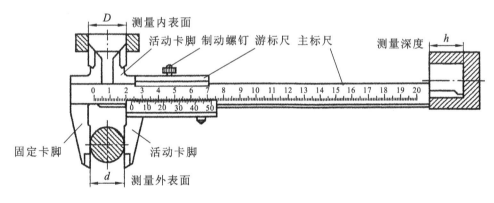

图 5-6　游标卡尺

1. 游标卡尺的刻线原理及读数方法

游标卡尺利用主标尺与游标尺刻度之间的差值来读小数。主标尺的格距为 1 mm,游标尺的格距按照测量精度的不同,常用的有 0.98 mm 和 0.95 mm 两种规格,即主标尺与游标尺每格之差是 0.02 mm 和 0.05 mm,因此,其测量精度分别为 0.02 mm 和 0.05 mm。两种游标卡尺的刻线原理和读数方法见表 5-6。

表 5-6 游标卡尺的刻线原理及读数方法

精 度 值	刻 线 原 理	读数方法及示例
0.02	主标尺 1 格＝1 mm 游标尺 1 格＝0.98 mm，共 50 格 主标尺、游标尺每格之差＝(1－0.98)mm＝0.02 mm	读数＝游标尺 0 位置指示的主标尺整数 ＋游标尺与主标尺重合线数×精度值 示例： 读数＝(32＋9×0.02)mm＝32.18 mm
0.05	主标尺 1 格＝1 mm 游标尺 1 格＝0.95 mm，共 20 格 主标尺、游标尺每格之差＝(1－0.95)mm＝0.05 mm	读数＝游标尺 0 位置指示的主标尺整数 ＋游标尺与主标尺重合线数×精度值 读数＝(30＋11×0.05)mm＝30.55 mm

2. 游标卡尺的使用方法

游标卡尺的使用方法如图 5-7 所示。其中图(a)为测量工件外径的方法，图(b)为测量工件内径的方法，图(c)为测量工件宽度的方法，图(d)为测量工件深度的方法。

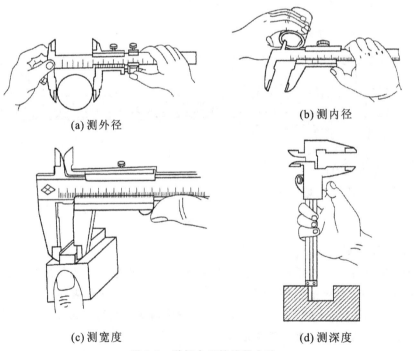

(a) 测外径　　　　　　　　　　　　　　(b) 测内径

(c) 测宽度　　　　　　　　　　　　　　(d) 测深度

图 5-7 游标卡尺的使用方法

3. 深度游标卡尺与高度游标卡尺

如图 5-8 所示是专用于测量深度和高度的深度游标卡尺和高度游标卡尺。

深度游标卡尺如图 5-8(a)所示,主要用于测量阶梯孔、盲孔和凹槽的深度。高度游标卡尺如图 5-8(b)所示,除用于测量高度外,还可用于精密划线,但测量或划线都必须在平板上进行。

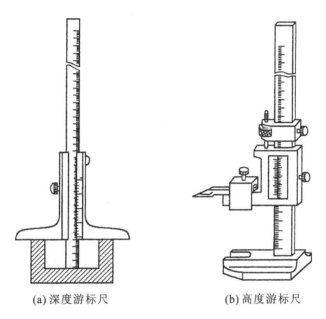

(a) 深度游标尺　　　　　　　　(b) 高度游标尺

图 5-8　深度、高度游标尺

4. 使用游标卡尺时的注意事项

量具使用是否合理,不但影响量具本身的精度,且直接影响零件尺寸的测量精度。

(1) 测量前应将卡尺测量面擦拭干净,检查卡尺的两个测量面和测量刃口是否平直无损,两个测量面紧密贴合时,应无明显的间隙,同时主标尺与游标尺的零位刻线要对齐。这个过程称为校对游标卡尺的零位。

(2) 移动游标尺时,活动要自如,不应有过松或过紧,更不能有晃动现象。用制动螺钉固定游标尺时,卡尺的读数不应有改变。

(3) 用游标卡尺测量零件时,不允许过分地施加压力,所用压力应使两个量爪刚好接触零件表面。

(4) 测量时,游标卡尺必须放正,切忌歪斜,以免影响精度测量。

(5) 为了获得正确的测量结果,可以多测量几次。即在零件的同一截面上的不同方向进行测量。对于较长零件,则应当在全长的各个部位进行测量。

5.5.2　千分尺

千分尺又称分厘卡,测量精度比游标卡尺高,并且测量比较灵活。按照用途可分为外径千分尺、内径千分尺和深度千分尺等。千分尺按照测量精度可分为 0.01 mm、0.002 mm、

0.001 mm 等量级。其工作原理是根据螺旋运动原理,当微分筒(又称活动套筒)旋转一周时,测微螺杆前进或后退一个螺距。量程是每 25 mm 一挡,有 0～25 mm、25～50 mm、50～75 mm 等多种规格。

图 5-9 所示是测量范围为 0～25 mm、测量精度为 0.01 mm 的外径千分尺的外形,其测微螺杆与微分筒连在一起,当转动微分筒时,螺杆与微分筒一起向左或向右移动。

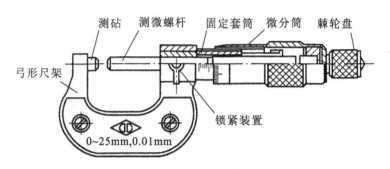

测砧　测微螺杆　固定套筒　微分筒　棘轮盘

弓形尺架

锁紧装置

0～25mm,0.01mm

图 5-9　外径千分尺

1. 外径千分尺刻线原理和读数方法

读数时,外径千分尺的固定套筒和微分筒对应于游标卡尺的主标尺和游标尺,其刻线原理和读数方法如图 5-10 所示。固定套筒在轴线方向上刻有一条中线,中线的上、下方各刻一排刻线,刻线每小格为 1 mm,上、下两排刻线相互错开 0.5 mm;在微分筒的左端圆周上有 50 等分的刻度线。因为测微螺杆的螺距为 0.5 mm,即螺杆每转一周,轴向移动 0.5 mm,故微分筒上每一格的读数值为 0.5 mm/50＝0.01 mm。当千分尺的螺杆左端与测砧表面接触时,微分筒左端的边线与轴向刻度线的零线重合,同时圆周上的零线应与中线对齐。

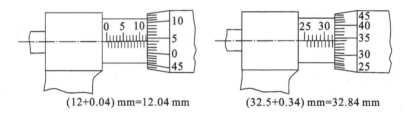

(12+0.04) mm=12.04 mm　　　　(32.5+0.34) mm=32.84 mm

图 5-10　外径千分尺刻线原理和读数方法

千分尺的具体读数方法可分为三步。

(1) 读出固定套筒上露出的刻线尺寸,一定要注意不能遗漏应读出的 0.5 mm 的刻线值。

(2) 读出微分筒上的尺寸,要看清微分筒圆周上哪一格与固定套筒的中线基准对齐,将格数乘以 0.01 mm 即得微分筒上的尺寸。

(3) 将上面两个数相加,即千分尺上测得的尺寸。

2. 外径千分尺的使用方法

外径千分尺的使用方法如图 5-11 所示。其中图(a)是测量小零件外径的方法,图(b)是在机床上测量工件的方法。

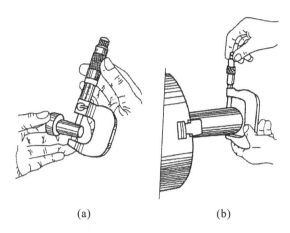

$$(a) \qquad\qquad (b)$$

图 5-11　外径千分尺的使用方法

3. 使用千分尺时的注意事项

(1) 根据测量要求,选择合适量程和测量精度的千分尺。

(2) 使用千分尺时先要校准。外径千分尺量程一般以 25 mm 为一挡,若以 125～150 mm 外径千分尺为例,内有一标准杆(125 mm)。首先清除油污,特别是千分尺和标准杆的测量接触面,将标准杆的一端与测砧接触,旋转微分筒,当螺杆要接近标准杆的另一端时,旋转棘轮,当螺杆刚好与标准杆的另一端接触时会听到喀喀声,这时停止转动。检查微分筒左端的边线与轴向刻度的零线,以及圆周上的零线应与中线重合的情况。两零线重合说明该千分尺正常。

(3) 被测工件表面必须擦拭干净,并正确放置于千分尺的两测量面之间,不得偏斜。

(4) 当测微螺杆要接近工件时,必须旋拧端部的棘轮,同时上下、左右轻轻摆动千分尺,直至听到喀喀声。

(5) 读数时要注意,提防少读 0.5 mm。

(6) 外径千分尺使用完毕后,应清洁干净。存放时,应在测砧与测微螺杆的端面、锁紧装置处涂上防锈油,放在干燥处存放。

5.5.3　百分表

百分表是一种精度较高的比较量具,它只能测出相对数值,不能测出绝对数值。主要用于找正零件的安装位置,检验零件的形状精度和相互位置精度,以及在内径量表中测量零件的内径等。

百分表的外形如图 5-12(a)所示。百分表测量精度为 0.01 mm,量程为 10 mm。刻度盘在圆周上有 100 个等分格,每格的读数值为 1 mm/100＝0.01 mm,小指针每格读数 1 mm。测量时,大、小指针所示读数之和即尺寸变化量。小指针处的刻度范围为百分表的量程。刻度盘可以转动,供测量时大指针对零用。

百分表由一组精密传动机构组成,其工作原理如图 5-12(b)所示。

使用百分表和千分表时,必须注意以下几点。

(1) 使用前,应检查测量杆活动的灵活性。即轻轻推动测量杆时,测量杆在套筒内的移

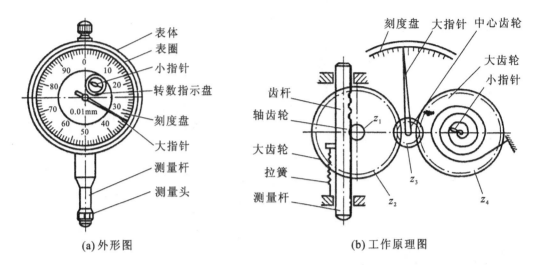

(a) 外形图   (b) 工作原理图

图 5-12　百分表

动要灵活,没有任何卡死现象,且每次放松后,指针能回复到原来的刻度位置。

　　(2) 使用百分表或千分表时,必须把它固定在可靠的夹持架上(如固定在万能表架或磁性表座上,如图 5-13 所示),夹持架要安放平稳,以免使测量结果不准确或摔坏百分表。

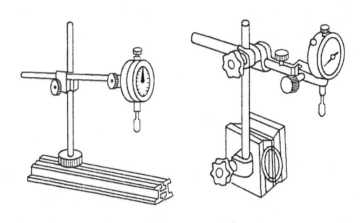

图 5-13　百分表架

　　(3) 百分表使用中或使用后应及时放置在安全的位置,以防止碰伤或摔坏。

5.5.4　量规

　　在机械制造中,检验尺寸一般使用通用计量器具,直接测取工件的实际尺寸,以判定其是否合格,但对成批大量生产的工件,为提高检测效率,则常常使用光滑极限量规来检验。光滑极限量规是用来检验某一孔或轴专用的量具,简称量规。量规是一种无刻度的专用检验工具,用它来检验工件时,只能判断工件是否合格,而不能测量出工件的实际尺寸。检验工件孔径或槽宽等内尺寸的量规一般称为塞规,如图 5-14(a)所示;检验工件轴径或厚度等外尺寸的量规一般称为卡规,如图 5-14(b)所示。

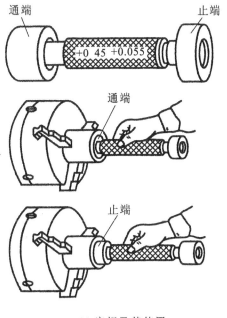

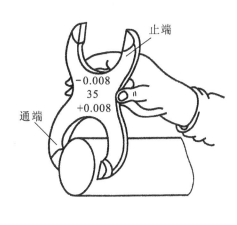

(a) 塞规及其使用　　　　　　　　(b) 卡规及其使用

图 5-14　量规

1. 塞规

塞规有通端和止端两部分,应成对使用,通端比止端长。尺寸较小的塞规,其通端和止端直接配制在一个塞规体上;尺寸较大的塞规,可做成片状或棒状。

塞规的通端按被测工件孔的下极限尺寸制造,止端按被测孔的上极限尺寸制造。使用时,塞规的通端若能通过被测工件孔,表示被测孔径大于其下极限尺寸;止端若塞不进工件孔,表示孔径小于其上极限尺寸,因此可知被测孔的实际尺寸在规定的极限尺寸范围内为合格。否则,若通端塞不进工件孔,或者止端能通过被测工件孔,则此孔为不合格。

2. 卡规

卡规也有通端和止端两部分,且通端按被测轴的上极限尺寸制造,止端按被测轴的下极限尺寸制造。使用时,通端若能通过被测工件轴,而止规不能被通过,则表示被测轴的实际尺寸在规定的极限尺寸范围内,是合格的。否则,就是不合格的。

5.6　常用量具使用操作训练

5.6.1　量具使用保养规则

(1) 使用量具前、后须将其擦干净,并校正零位。

(2) 量具的测量精度,应与工件的加工精度相适应,量程要适当,不应选择测量精度和范围过大或过小的量具。

（3）不准使用精密量具测量毛坯或温度较高的工件。

（4）不准测量运动着的工件。

（5）不准对量具施加过大的力。

（6）不准乱扔、乱放量具，更不准当工具使用。

（7）不准长时间用手拿着精密量具。

（8）不准用脏油清洗量具或润滑量具。

（9）使用后，量具要擦干净，必要时涂油装进盒内，并存放在干燥、无腐蚀的地方。

5.6.2 量具操作训练

在进入切削加工实习前，必须对常用量具的使用技能进行训练，以确保加工的零件符合图样的要求。

1. 游标卡尺的操作训练

（1）用游标卡尺测量 T 形槽的宽度 如图 5-15 所示，测量时将量爪外缘端面的小平面，贴在零件凹槽的平面上，用固定螺钉把微动装置固定，转动调节螺母，使量爪的外测量面轻轻地与 T 形槽表面接触，并放正两量爪的位置（可以轻轻地摆动一个量爪，找到槽宽的垂直位置），读出游标卡尺的读数 A。但由于它是用量爪的外测量面测量内尺寸的，卡尺上所读出的读数 A 是量爪内测量面之间的距离，因此必须加上两个量爪的厚度 b，才是 T 形槽的宽度。所以，T 形槽的宽度 $L=A+b$。

（2）用游标卡尺测量孔中心线与侧平面之间的距离 用游标卡尺测量孔中心线与侧平面之间的距离 L 时，先要用游标卡尺测量出孔的直径 D，再用刃口形量爪测量孔的壁面与零件侧面之间的最短距离 A，如图 5-16 所示。

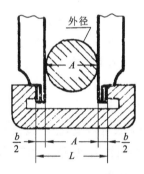

图 5-15 测量 T 形槽的宽度

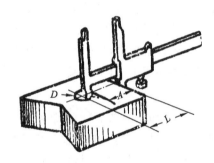

图 5-16 测量孔与测面距离

此时，卡尺应垂直于侧平面，且要找到它的最小尺寸，读出卡尺的读数 A，则孔中心线与侧平面之间的距离为

$$L=A+\frac{D}{2}$$

（3）用游标卡尺测量两孔的中心距 可先用游标卡尺分别量出两孔的内径 D_1 和 D_2，再量出两孔内表面之间的最大距离 A，如图 5-17 所示，则两孔的中心距为

$$L=A-\frac{1}{2}(D_1+D_2)$$

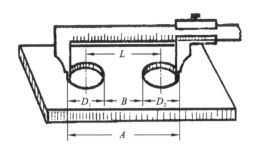

图 5-17　测量两孔的中心距

2. 千分尺的使用训练

若要检验图 5-18 所示夹具的三个孔($\phi14$、$\phi15$、$\phi16$)在 $\phi150$ 圆周上的等分精度。检验前,先在孔 $\phi14$、$\phi15$、$\phi16$ 和 $\phi20$ 内配入圆柱销(圆柱销应与孔间隙配合)。

等分精度的测量,可分三步做。

(1) 用 $0\sim25$ mm 的外径千分尺,分别量出四个圆柱销的外径 D、D_1、D_2 和 D_3。

(2) 用 $75\sim100$ mm 的外径千分尺,分别量出 D 与 D_1、D 与 D_2、D 与 D_3 两圆柱销外表面的最大距离 A_1、A_2 和 A_3,则三孔与中心孔的中心距分别为

$$L_1 = A_1 - \frac{1}{2}(D + D_1)$$

$$L_2 = A_2 - \frac{1}{2}(D + D_2)$$

$$L_3 = A_3 - \frac{1}{2}(D + D_3)$$

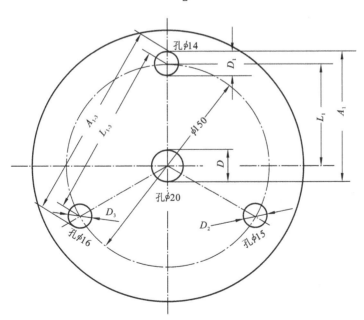

图 5-18　测量三孔的等分精度

中心距的公称尺寸为 150 mm/2＝75 mm。如果 L_1、L_2 和 L_3 都等于 75 mm，就说明了三个孔的中心线是在 $\phi150$ 的同一圆周上。

（3）用 125～150 mm 的百分尺，分别量出 D_1 与 D_2、D_2 与 D_3、D_1 与 D_3 两圆柱销外表面的最大距离 $A_{1\text{-}2}$、$A_{2\text{-}3}$ 和 $A_{1\text{-}3}$，则它们之间的中心距为

$$L_{1\text{-}2}=A_{1\text{-}2}-\frac{1}{2}(D_1+D_2)$$

$$L_{2\text{-}3}=A_{2\text{-}3}-\frac{1}{2}(D_2+D_3)$$

$$L_{1\text{-}3}=A_{1\text{-}3}-\frac{1}{2}(D_1+D_3)$$

比较三个中心距的差值，就得到三个孔的等分精度。如果三个中心距是相等的，即 $L_{1\text{-}2}=L_{2\text{-}3}=L_{1\text{-}3}$，这就说明三个孔的中心线在圆周上是等分的。

3. 量具综合应用训练

（1）阅读分析图样　图 5-19 所示为机器中经常遇到的典型零件之一——转轴。该零件主要由同轴的外圆柱面、圆锥面、螺纹和键槽及相应的端面所组成，主要外圆面和键槽有较高的尺寸精度要求，主要外圆面之间有同轴度要求，重要端面有圆跳动要求，键槽中心线和所在外圆轴线之间有对称度要求。

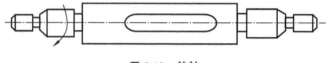

图 5-19　转轴

（2）工件测量方法分析　转轴长度的测量用钢直尺或游标卡尺，主要外圆的测量用千分尺，一般外圆用游标卡尺，键槽用游标卡尺及千分尺测量，主要外圆的同轴度和端面的圆跳动在转轴用两顶尖安装后用百分表测量。

（3）工件的测量步骤　转轴的测量方法与要领见表 5-7。

表 5-7　测量转轴的方法与要领

序号	测量内容	简图	量具	测量要领
1	测长度		金属直尺，游标卡尺	（1）尺身与工作轴线平行 （2）读数时眼睛不可斜视
2	测直径		游标卡尺，千分尺	（1）尺身垂直于工件轴线 （2）两端用千分尺测量，其余用游标卡尺测量
3	测键槽		千分尺，游标卡尺或量块	（1）测槽深用千分尺 （2）测槽宽用游标卡尺或量块

续表

序号	测量内容	简图	量具	测量要领
4	测同轴度误差		百分表	(1) 转轴夹在偏摆检查仪上 (2) 测量杆垂直于转轴轴线

复习思考题

1. 切削加工由哪些运动组成? 它们各有什么作用? 请举例说明。

2. 切削用量三要素是什么? 它们的单位是什么?

3. 常用刀具的材料有哪几类? 各适用于制造哪类刀具?

4. 车外圆时工件加工前直径为 62 mm,加工后直径为 56 mm,工件转速为 4 r/s,刀具每秒钟沿工件轴向移动 2 mm,求 v、f、a_p。

5. 常用的形状公差和位置公差分别有哪些?

6. 硬质合金按化学成分和使用特性分为哪几类? 各适宜加工哪些材料?

7. 简述前角和后角的大小对切削过程的影响。

8. 试述游标卡尺、千分尺、百分表和量规的用途。

9. 试选择测量以下尺寸的量具:$\phi 30 \pm 0.2$ mm,$\phi 15 \pm 0.02$ mm,$\phi 30$ mm,未加工 $\phi 30$ mm。

10. 根据实习体会,简述如何正确使用和保养量具。

第6章 钳 工

教学要求

理论知识

（1）了解钳工的基本操作、特点、应用范围和常用设备；

（2）熟悉钳工常用基本操作所用的工具、刀具和量具；

（3）熟悉钳工常用基本操作的步骤及要点；

（4）了解机器装配的基础知识，熟悉装配常用工具；

（5）理解装配的工艺过程、拆卸基本要点。

技能操作

（1）能正确使用钳工基本操作常用的工具、刀具和量具；

（2）基本掌握麻花钻的刃磨与安装；

（3）重点掌握划线、锯削、锉削、钻孔和攻螺纹的基本操作，一般掌握其他基本操作；

（4）能完成中等复杂零件钳工加工，示范刮削的应用。

6.1 概述

钳工是手持工具对工件或部件进行加工的方法，其基本操作有划线、錾削、锯削、锉削、钻孔、扩孔、铰孔、攻螺纹、套螺纹、刮削及研磨等。这些操作大多在台虎钳上进行。钳工工作还包括对机器的装配和修理。

6.1.1 钳工的应用范围及工艺特点

钳工的种类繁多，应用范围很广。目前，某些机械设备不能加工或不适于机械加工的零件均可由钳工加工完成。

1. 钳工的应用范围

随着生产的发展，钳工已经有了明显的专业分工，如普通钳工、划线钳工、模具钳工、装配钳工和修理钳工等。钳工的主要应用范围如下。

（1）机械加工前的准备工作，如清理毛坯、在工件上划线等。

（2）在单件小批生产中，完成一般零件的某些加工工序，如钻孔、攻螺纹及去毛刺等。

（3）某些精密零件的加工，如样板、模具的精加工，刮削或研磨机器及量具的配合表面等。

（4）装配、调整和修理机器等。

2. 钳工的工艺特点

钳工是机械制造和修配中不可缺少的重要工种。与机械加工相比，钳工具有以下特点。

（1）所用的设备、工具简单，制造刃磨方便。

（2）操作灵活，可以完成机械加工不方便完成或难以完成的工作。

（3）劳动强度大，生产效率低，对工人技术水平要求高。

6.1.2 钳工的常用设备

钳工的常用设备主要有钳工工作台、台虎钳、砂轮机、钻床等。

1. 钳工工作台

钳工工作台如图 6-1 所示，用于安装台虎钳，以便于进行钳工操作。钳台一般由硬质木材或钢材制成，有单人用和多人用两种。工作台要求坚实、平稳，台面高度为 800～900 mm。根据需要，台面前方装有防护网。

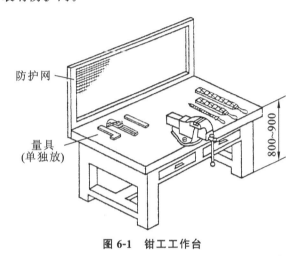

图 6-1 钳工工作台

2. 台虎钳

台虎钳是夹持工件的主要工具，其大小用钳口的宽度表示，常用的钳口宽度为 100～150 mm。台虎钳有固定式和回转式（见图 6-2）两种。松开回转式虎钳的夹紧手柄，台虎钳便可在底盘上转动，以改变钳口方向，使之便于操作。

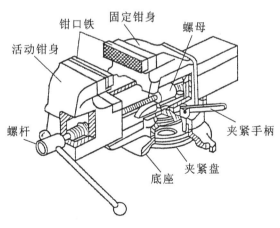

图 6-2 回转式台虎钳

使用台虎钳应注意下列事项。

(1) 工件应夹在台虎钳钳口中部,使钳口受力均匀。

(2) 当转动手柄夹紧工件时,手柄上不准套增力套管或用锤子敲击,以免损坏台虎钳螺母。

(3) 夹持工件的已加工表面时,应垫铜皮或铝皮加以保护。

3. 砂轮机

砂轮机用于刃磨錾子、钻头和刮刀等刀具或其他工具,也可用于去除工件或材料上的毛刺、锐边和氧化皮等。砂轮机主要由砂轮、电动机和机体等组成,如图 6-3 所示。砂轮的质地硬而脆,工作转速较高,因此,使用砂轮机时,应遵守安全操作规程,严防发生砂轮碎裂,造成安全事故。

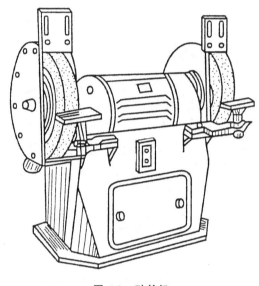

图 6-3　砂轮机

4. 钻床

钻床是用于孔加工的机械设备,常用的钻床有台式钻床、立式钻床、摇臂钻床。手电钻用于不方便使用钻床的场合。

(1) 台式钻床　台式钻床是放在工作台上使用的钻床,如图 6-4 所示,钻孔直径一般不大于 13 mm。台式钻床主轴下端安装有钻夹头,用来安装钻头。主轴转速通过变换 V 带在带轮上的位置来调节,进给运动通过手动方式可使钻头上下做直线运动。

(2) 立式钻床　立式钻床的主轴为竖直布局,如图 6-5 所示,其规格以加工孔的最大直径表示。立式钻床电动机的运动通过主轴箱和进给箱,得到主轴所需的转速和多种进给运动速度。进给运动可以手动也可以自动。工作台用于安装工件,可做手动升降调整。由于主轴相对工作台的位置是固定的,加工多孔工件时需要移动工件来完成。

(3) 摇臂钻床　如图 6-6 所示,摇臂钻床的主轴箱能沿着摇臂导轨做水平移动和绕水平轴做一定角度的旋转,而摇臂又能绕立柱旋转 360° 和沿立柱上下移动,工件固定在工作台或机座上。摇臂钻床适用于大型、复杂及多孔工件上各孔的加工,可以方便地将刀具调整到所需的位置加工孔。

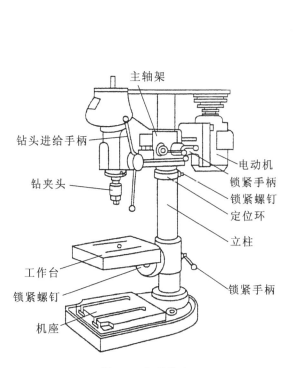

图 6-4 台式钻床

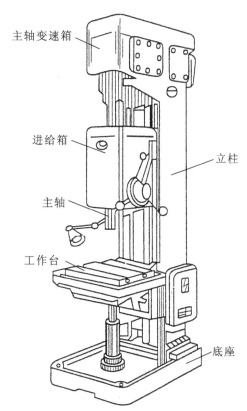

图 6-5 立式钻床

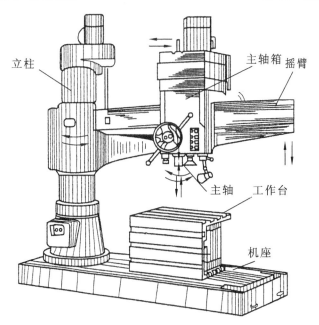

图 6-6 摇臂钻床

（4）手电钻 一般用于不方便使用钻床的场合，钻孔直径在 10 mm 以下。手电钻的电源有 220 V 和 380 V 两种，其携带方便、操作简单、使用灵活、应用广泛。

6.2 钳工的基本操作

钳工常用的基本操作主要有划线、锯削、锉削、钻孔、扩孔、铰孔、攻螺纹、套螺纹和刮削等。

6.2.1 划线

划线是在某些工件的毛坯或半成品上按零件图样要求的尺寸划出加工界线或找正线的一种操作。划线精度较低，主要适用于单件小批量的生产场合。

1. 划线的作用

（1）借助划线来检查毛坯的形状和尺寸，及时发现和剔除不合格的毛坯，避免浪费加工工时。

（2）表示出工件找正、定位和加工的依据。

（3）合理分配各加工表面的余量，尽量减少废品或不出现废品。

2. 划线的种类

划线分为平面划线和立体划线两种。平面划线是在工件的一个平面或几个互相平行的平面上划线（见图 6-7(a)）。立体划线是在工件的几个表面上划线，即在长、宽、高三个方向上划线（见图 6-7(b)）。

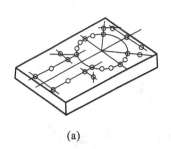 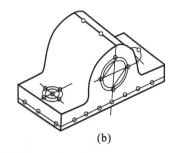

(a)　　　　　　　　　　　　　　　(b)

图 6-7 划线种类

3. 划线工具

划线工具包括基准工具、支承工具、划线工具和量具等。

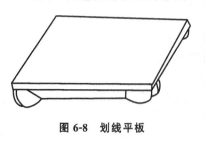

图 6-8 划线平板

（1）基准工具 划线的基准工具是划线平板（又称划线平台），如图 6-8 所示。根据需要，平板有多种大小规格。划线平板由铸铁制成，并经时效处理，其上平面是划线的基准平面，经过精密加工，平整而光洁。

使用划线平板时，应注意保持上平面水平，各处均匀使用，防止碰撞及锤击，并保持清洁。如果长期不用，应涂防锈油并用木板护盖。

（2）支承工具 常用的支承工具有方箱、V 形铁和千斤顶等。

① 方箱。方箱为空心长方体或立方体，由铸铁经过精密加工而成，其相对平面相互平行，相邻平面相互垂直，有 V 形槽和压紧装置，如图 6-9 所示。方箱用于夹持尺寸较小而加工面较多的工件，通过翻转方箱可在工件表面上划出相互垂直的线。V 形槽用于夹持轴类、套类和盘类工件，以便于找正中心或划中心线。

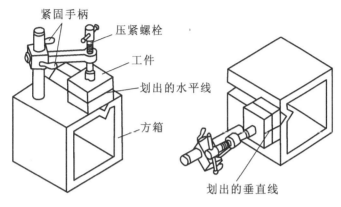

图 6-9 方箱及其应用

② V 形铁。V 形铁由碳钢经淬火后磨削加工制成（大型 V 形铁由铸铁制成），相邻平面相互垂直，V 形槽的夹角为 90°或 120°，如图 6-10 所示。V 形铁主要用于夹持轴类等工件，使工件轴线与划线平板平行。

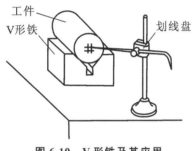

图 6-10 V 形铁及其应用

③ 千斤顶。用于在平板上支承较大的或形状不规则的工件，其高度可以调整，以便于找正工件。通常用三个千斤顶来支承工件，如图 6-11 所示。

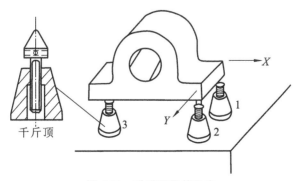

图 6-11 千斤顶及其用途

（3）划线工具　常用的划线工具有划针、划卡、划规、划线盘、量高尺、高度游标卡尺、直角尺和样冲等。

① 划针。用于在工件上直接划线的工具，有直头划针和弯头划针两种，如图 6-12 所示。划针由工具钢或高速钢淬硬后将尖头磨锐或在普通碳钢上焊上硬质合金尖头。

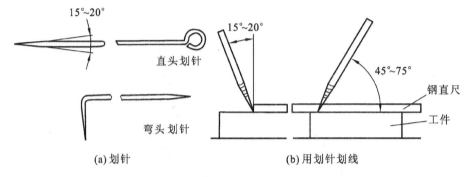

图 6-12　划针及其应用

② 划卡。划卡又称为单脚规，主要用于确定轴和孔的中心位置，也可用于划平行线，如图 6-13 所示。

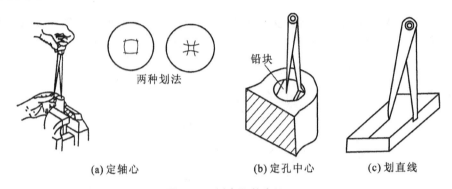

图 6-13　划卡及其应用

③ 划规。类似于绘图用的圆规，主要用于划圆周或圆弧、量取尺寸及等分线段，如图 6-14 所示。

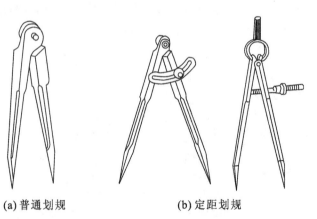

图 6-14　划规

④ 划线盘。划线盘是立体划线和找正工件时的常用工具。将划针调节至一定高度并在划线平板上移动划线盘,即可在工件上划出与平板平行的线,如图 6-15 所示。

⑤ 量高尺和高度游标卡尺。量高尺是用来校核划线盘划针高度的量具,尺座上装夹钢直尺,钢直尺零线紧贴划线平板,如图 6-15 所示。高度游标卡尺是量高尺与划线盘的组合,其划线脚前端镶有硬质合金。高度游标卡尺一般用于已加工表面的划线。

⑥ 直角尺(90°角尺)。直角尺既是划线工具,又是精密量具,其两个工作面经精密磨削或研磨后呈精确的直角。有扁直角尺和宽座直角尺两种类型,其应用如图 6-16 所示。

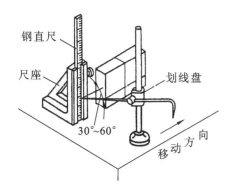

图 6-15 划线盘及其应用

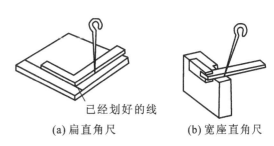

(a) 扁直角尺　(b) 宽座直角尺

图 6-16 直角尺及其应用

⑦ 样冲。样冲是在所划的线上打出样冲眼的工具,以便于在所划线模糊后仍能找到原线位置。钻孔前,应在孔的中心打样冲眼,以便钻孔时钻头定心。打样冲眼时,开始样冲向外倾斜,使样冲尖头与线对准,然后摆正样冲,用小锤轻击样冲顶部即可,如图 6-17 所示。

样冲由工具钢制成,并经淬火处理,尖端磨成 $45°\sim60°$。

(4) 量具 划线时,常用的量具有钢直尺、直角尺、游标卡尺和高度游标卡尺等。

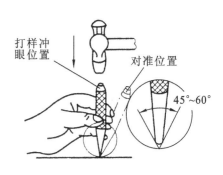

图 6-17 样冲及其应用

4. 划线基准及其选择

(1) 划线基准 划线时,往往在工件上选定一个或几个点、线、面作为划线依据,以确定工件各部分的尺寸、几何形状和相对位置,这些作为依据的点、线、面称为划线基准。正确地选择划线基准是划线的关键。

(2) 划线基准的选择 通常应选择图样上的设计基准作为划线基准。但实际遇到的工件复杂多变,具体问题需具体分析,一般按照以下顺序考虑。

① 如果工件上有已加工表面,应尽量以已加工表面为划线基准。

② 如果工件为毛坯,则应选择重要孔的中心线为划线基准。

③ 如果毛坯上没有重要孔,则应选较大的平面为划线基准。

总之,每一个方向上的尺寸都应确定一个划线基准,如图 6-18 所示。

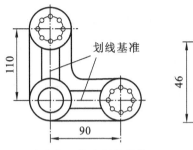
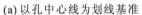
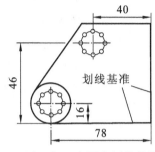
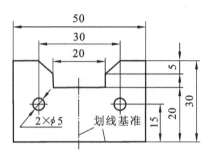

(a) 以孔中心线为划线基准　　(b) 以已加工表面为划线基准　　(c) 以已加工表面和中心线为划线基准

图 6-18　划线基准的选择

5. 立体划线操作

平面划线与几何作图相同,本节以轴承座为例,说明立体划线的操作步骤。

(1) 阅读分析图样,检查毛坯是否合格,确定划线基准。轴承座孔为重要孔,应以此孔中心线为划线基准,以保证加工孔的孔壁均匀,如图 6-19(a) 所示。

(2) 清除毛坯上的氧化皮和毛刺,在划线表面涂上一层薄而均匀的涂料。毛坯用石灰水为涂料,已加工表面用紫色涂料(龙胆紫加虫胶和酒精)或绿色涂料(孔雀油加虫胶和酒精)。

(3) 支承、找正工件。用三个千斤顶支承工件底面,并依孔中心线及上表面调节千斤顶,使工件水平,如图 6-19(b) 所示。

(4) 划出各水平线。划出轴承孔水平中心线及轴承座底面的加工线(Ⅰ线),如图 6-19(c) 所示。

(5) 将工件翻转 90°,并用 90°角尺找正后,划轴承孔垂直中心线(Ⅱ线)和螺钉孔中心线,如图 6-19(d) 所示。

(6) 将工件翻转 90°,并用 90°角尺在两个方向上找正后,划螺钉孔线及两大端面的加工线,如图 6-19(e) 所示。

(7) 检查划线是否正确后,打样冲眼,如图 6-19(f) 所示。

划线时,同一面上的线应在一次支承中划出,避免补划时应再次调节支承而产生误差。

6.2.2　锯削

利用锯切割材料或在工件上切槽的加工方法称为锯削。通常锯削所用工具是手锯,即手工锯削,是钳工最基本的操作技能。锯削具有方便、简单和灵活的特点,但锯削精度低,常常需要进一步加工。

1. 锯削工具

手工锯削的基本工具是手锯,包括锯弓和锯条两部分。

(1) 锯弓　锯弓是用来安装和张紧锯条的,有固定式和可调式两种,可调式锯弓最为常用,如图 6-20 所示。

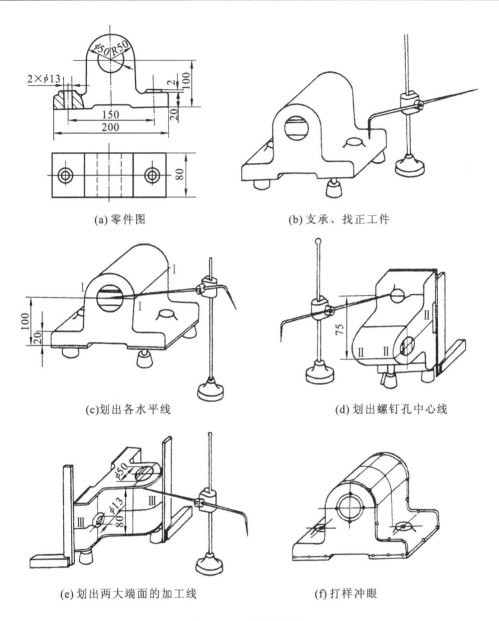

(a) 零件图	(b) 支承、找正工件
(c)划出各水平线	(d)划出螺钉孔中心线
(e)划出两大端面的加工线	(f)打样冲眼

图 6-19　立体划线示例

（2）锯条　锯条由碳素工具钢或合金工具钢制成。常用的锯条约长 300 mm，宽 12 mm，厚 0.8 mm。

锯齿的形状如图 6-21 所示，每个锯齿相当于一把刀具，起切削作用。锯齿按齿距的大小可分为粗齿（1.6 mm）、中齿（1.2 mm）及细齿（0.8 mm）三种。选用时应根据工件的材料、厚度等考虑。粗齿锯条适宜锯削铜、铝等软金属及厚的工件；细齿锯条适宜锯削钢材、板料及薄壁管子等；加工低碳钢、铸铁及中等厚度的工件多用中齿锯条。

锯齿的排列为波形，以减少锯口两侧与锯条间的摩擦，如图 6-22 所示。

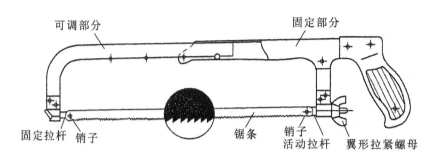

图 6-20　手锯

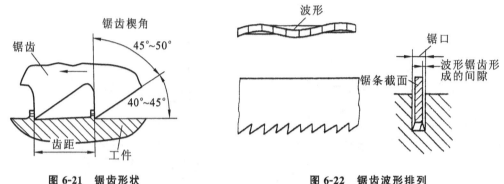

图 6-21　锯齿形状

图 6-22　锯齿波形排列

2. 锯削操作

（1）选择锯条　根据工件材料及厚度选择合适齿距的锯条。

（2）安装锯条　将锯条安装在锯弓上,锯齿应向前(见图 6-20)。锯条松紧要合适,否则锯削时易折断。

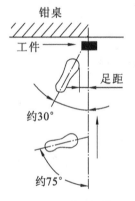

图 6-23　站立位置

（3）装夹工件　工件应尽可能装夹在台虎钳的左边,以免操作时碰伤左手。工件伸出要短,否则锯削时会颤动。

（4）站立位置　锯削时的站立位置很重要。如站立位置不适当,操作时既别扭,用不出力,又容易疲劳。正确的站立位置如图 6-23 所示。人应稳定地站立在台虎钳左侧近旁,双足叉开,左脚向前半步,身体稍向前倾约 10°左右。这种站立位置对錾削、锉削也基本适用。

（5）起锯　起锯时以左手拇指靠住锯条,右手稳推手柄,起锯角度稍小于 15°,如图 6-24 所示。锯弓往复行程要短,压力要轻,锯条要与工件表面垂直。锯成锯口后,逐渐将锯弓改至水平方向。

（6）锯削　锯削时手锯的握法如图 6-25 所示,右手握稳锯柄,左手轻扶锯弓前端。锯削时推力和压力由右手控制,左手压力不要过大,主要应配合右手扶正手锯。前推时加压,右手可稍微向下摆动,用力均匀;返回时从工件上应轻轻滑过,不要加压用力。

锯削速度不宜过快,通常每分钟往复 30～60 次,锯削时用锯条全长工作,以免锯条中间

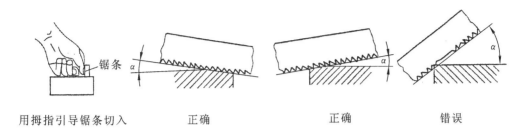

用拇指引导锯条切入　　　　　正确　　　　　正确　　　　　错误

图 6-24　起锯

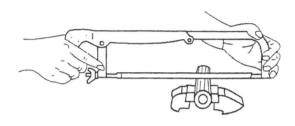

图 6-25　手锯的握法

部分迅速磨钝。工件快锯断时,用力要轻,以免弄伤手臂。

锯削圆钢时,为了得到整齐的锯缝,应从起锯开始以一个方向锯到结束(见图 6-26(a));锯削圆管时,不可从上到下一次锯断,应只锯到管子的内壁处,然后工件向推锯方向转一定角度,再继续锯削(见图 6-26(b));锯削薄板时,为防止工件产生振动和变形,可用木板夹住薄板两侧进行锯削(见图 6-26(c))。

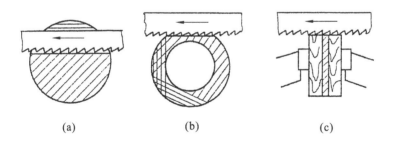

(a)　　　　　(b)　　　　　(c)

图 6-26　锯削圆钢、圆管和薄板的方法

6.2.3　锉削

利用锉刀对工件表面进行切削加工的操作称为锉削,是钳工最基本的操作技能之一。锉削加工简单,应用范围广,可以加工平面、曲面、内孔、沟槽及其他各种形状复杂的表面。锉削加工的尺寸精度可达 IT8～IT7,表面粗糙度 Ra 值可达 3.2～0.8 μm。

1. 锉刀

锉刀是锉削加工的基本工具,由碳素工具钢经淬火和低温回火处理制成,硬度可达 62～67 HRC。

锉刀由锉面、锉边和锉柄等组成(见图 6-27(a))。锉刀齿纹多制成交错排列的双纹,便于断屑和排屑,也有单纹锉刀,一般用于锉削软材料。

根据截面形状不同,锉刀可分扁锉(亦称板锉)、半圆锉、方锉、三角锉及圆锉等(见图 6-27(b)),其中以扁锉使用最多。

锉刀的大小以工作部分的长度来表示,有 100 mm、150 mm、200 mm、250 mm、300 mm 等多种规格。

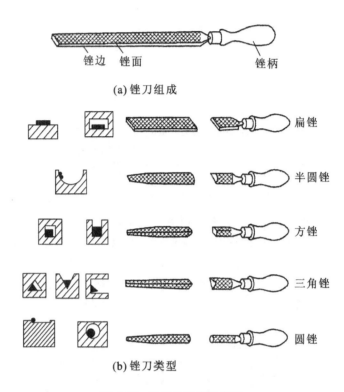

(a) 锉刀组成

锉边　锉面　　　　　　　　锉柄

扁锉

半圆锉

方锉

三角锉

圆锉

(b) 锉刀类型

图 6-27　锉刀的组成及类型

锉刀齿纹的粗细根据每 10 mm 长的锉面上锉齿的齿数分粗齿、中齿、细齿和油光锉等四种。粗齿锉刀(4~12 齿),齿间大,不易堵塞,适宜粗加工或锉铜和铝等软金属;细齿锉刀(30~40 齿),适宜锉钢和铸铁等;油光锉(>50 齿),只用于最后表面修光。锉刀越细,锉出工件的表面越光洁,但生产率也越低。

2. 锉削操作

(1) 选择锉刀　锉刀的规格根据加工表面的大小选择,锉刀截面形状根据加工表面的形状选择,锉刀齿纹的粗细根据工件材料、加工余量、精度和表面粗糙度等选择。加工余量小于 0.2 mm 时,宜选用细齿锉刀。

(2) 装夹工件　工件必须牢固地夹在台虎钳钳口的中部,并略高于钳口。夹持已加工表面时,应在钳口与工件间垫以铜片或铝片。夹持刚度较差工件时,应采取措施防止变形。

(3) 锉刀握法　锉刀的种类较多,规格、大小不一,使用场合也不同,故锉刀握法应随之而改变,如图 6-28 所示。

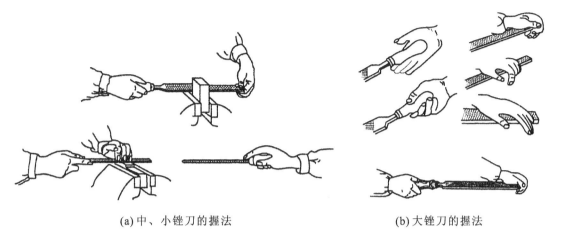

(a) 中、小锉刀的握法　　　　　　　(b) 大锉刀的握法

图 6-28　锉刀握法

（4）锉削姿势　锉削时人的站立位置与锯削相似,仅是两脚距离稍远些(见图 6-23)。锉削操作姿势如图 6-29 所示,身体重心放在左脚,右膝要伸直,双脚始终站稳不移动,靠左膝的屈伸而做往复运动。开始时,身体向前倾斜 10°左右,右肘尽可能向后收缩,如图 6-29(a)所示。在最初的 1/3 行程时,身体逐渐前倾至 15°左右,左膝稍弯曲,如图 6-29(b)所示。在其次的 1/3 行程,右肘向前推进,同时身体逐渐前倾到 18°左右,如图 6-29(c)所示。在最后的 1/3 行程,用右手腕将锉刀推进,身体随锉刀向前推的同时自然后退到 15°左右的位置上,如图 6-29(d)所示。锉削行程结束后,把锉刀略提起一些或贴紧工件表面不加压,身体姿势恢复到起始位置。

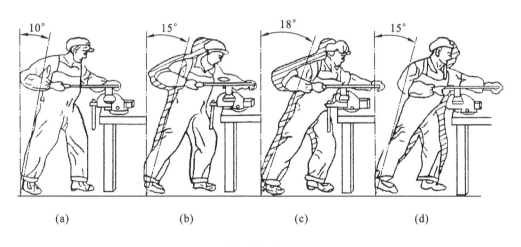

(a)　　　　　　(b)　　　　　　(c)　　　　　　(d)

图 6-29　锉削姿势

锉削过程中,推力由右手控制,压力则由双手控制,两手用力也时刻在变化。开始时,左手压力大推力小,右手压力小推力大。随着推锉的进行,左手压力逐渐减小,右手压力逐渐增大,以使锉刀力矩保持平衡,如图 6-30 所示。否则,锉削表面将形成两边低而中间凸起的鼓形表面。回程时不加压力,以减少锉齿的磨损。锉削往复运动的速度一般为每分钟 30～

40 次,推出时慢,回程时可快些。

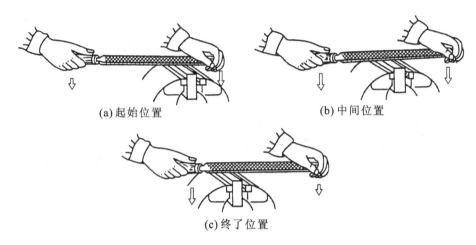

(a) 起始位置   (b) 中间位置

(c) 终了位置

图 6-30 锉削时的施力变化

(5) 锉削方法 常用的锉削方法有顺向锉法、交叉锉法、推锉法和滚锉法等。其中前三种适用于锉削平面,后一种适用于锉削圆弧面。

① 顺向锉法(见图 6-31(a))。锉削时,锉刀沿着工件表面横向或纵向移动,是最基本的锉法,适用于较小平面的锉削,可得到正直的锉纹,使锉削的平面较为美观。

② 交叉锉法(见图 6-31(b))。以交叉的两个方向顺序对工件进行锉削,适用于粗锉较大的平面。由于锉刀与工件的接触面增大,锉刀易掌握平稳,因而易锉出较平整的平面。

③ 推锉法(见图 6-31(c))。仅用于锉削后期的修正,尤其适用于窄长平面或用顺向锉法受阻的情况。两手横握锉刀,沿工件表面平稳地推拉锉刀,可减少加工表面粗糙度值。

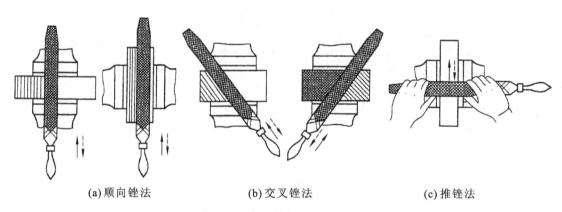

(a) 顺向锉法   (b) 交叉锉法   (c) 推锉法

图 6-31 锉削平面的方法

④ 滚锉法(见图 6-32)。锉削外圆弧面时,锉刀除向前运动外,同时还要沿被加工圆弧面摆动;锉削内圆弧面时,锉刀除向前运动外,锉刀本身同时还要做一定的旋转和向左或向右的移动。

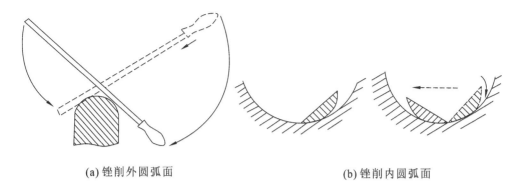

(a) 锉削外圆弧面   (b) 锉削内圆弧面

图 6-32　圆弧面锉削的方法(滚锉法)

（6）检验　锉削时,工件的尺寸可用游标卡尺或千分尺检验,工件的平面度和垂直度可用 90°角尺根据透光或加塞尺来检验,如图 6-33 所示。圆弧可用半径样板透光检验。

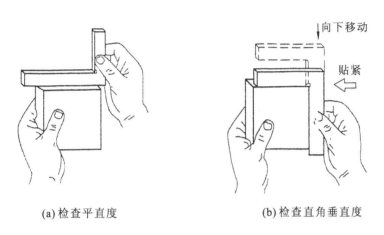

(a) 检查平直度   (b) 检查直角垂直度

图 6-33　检验工件的平面度和垂直度

3. 锉削操作时应注意的事项

（1）锉刀必须装柄使用,以免刺伤手心。

（2）铸件、锻件、热轧件等毛坯上的氧化皮或黏砂,以及经机械加工的表面,应先用锉刀头铲去或砂轮磨去,方可锉削。

（3）锉削时不要用手摸工件表面,锉刀不得沾油,以免再锉时打滑。

（4）锉刀堵塞后,应用铜丝刷顺着齿纹方向刷去切屑。

（5）锉下来的屑末应用刷子清除,不得用嘴吹,以免切屑进入眼内。

（6）锉刀放置时,不应伸出工作台面以外,以免碰落摔断或砸伤人脚。

6.2.4　钻孔、扩孔与铰孔

工件上孔的加工,除去一部分由车削、铣削和磨削等加工方法完成之外,大部分由钳工利用各种钻床和钻孔工具完成。钳工加工孔的方法一般指钻孔、扩孔和铰孔等,属钻削加工的范畴。

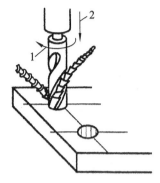

图 6-34　孔加工切削运动

1—主运动；2—进给运动

一般情况下，孔加工刀具应同时完成两个切削运动，如图 6-34 所示。主运动，即刀具的旋转运动；进给运动，即刀具沿轴线方向对着工件的直线运动。

1. 钻孔

在工件实体上用麻花钻加工出孔称为钻孔。在钻床上钻孔时，工件固定不动，钻头旋转（主运动）并做轴向移动（进给运动）。钻孔的尺寸公差等级低，一般为 IT12 左右，表面粗糙度 Ra 值为 $25\sim12.5\ \mu m$。

（1）麻花钻　钻孔用的刀具主要是麻花钻，其组成如图 6-35 所示。麻花钻的前端为切削部分（见图 6-35(b)），有 2 个对称的主切削刃，两刃之间的夹角通常为 $2\phi=116°\sim118°$，称为顶角。钻头顶部有横刃，即两主后面的交线，它的存在使钻削时的轴向力增加，所以常采取修磨横刃的办法，缩短横刃。导向部分上有两条棱边和螺旋槽，棱边的作用是引导钻头和减少其与孔壁的摩擦，螺旋槽的作用是向孔外排屑和向孔内输送切削液。

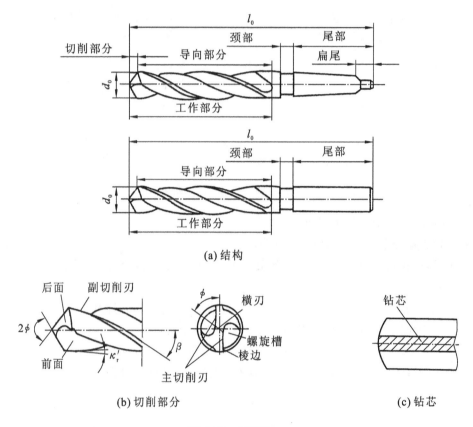

(a) 结构

(b) 切削部分　　　　　　　　　(c) 钻芯

图 6-35　麻花钻

尾部为钻柄部分，供装夹和传递动力用。钻柄形状有直柄和锥柄两种。直柄传递扭矩较小，用于直径 13 mm 以下的钻头；锥柄对中性好，传递扭矩较大，用于直径大于 13 mm 的钻头。

颈部是工作部分和柄部磨削时的退刀槽,钻头的规格、商标等刻印在此。

（2）钻头的装夹 麻花钻头按柄部形状的不同,有不同的安装方法。锥柄钻头可以直接装入钻床主轴的锥孔内。当钻头的锥柄小于机床主轴锥孔时,则需用图 6-36 所示的莫氏变锥套。由于变锥套要用于各种规格麻花钻的安装,所以变锥套一般需要数只。直柄钻头通常要用图 6-37 所示的钻夹头进行安装。

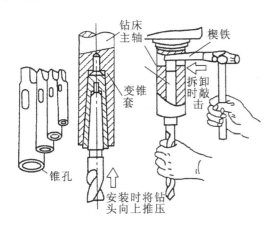

图 6-36　用变锥套安装与拆卸钻头　　　　　图 6-37　钻夹头

（3）工件的安装 在立钻或台钻上钻孔时,工件通常用平口钳（见图 6-38（a））安装。有时用压板、螺栓把工件直接安装在工件台上（见图 6-38（b））,夹紧前要先按划线标志的孔位进行找正。

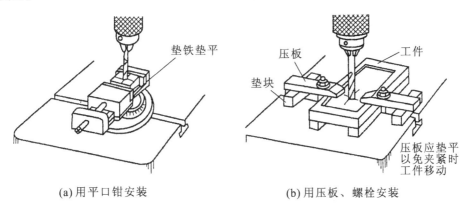

(a)用平口钳安装　　　　　(b)用压板、螺栓安装

图 6-38　钻孔时工件的安装

（4）钻削用量 钻孔的钻削用量包括钻头的转速和进给量。钻削用量应根据工件材料的硬度、孔径大小及精度要求选择,可以用查表法,也可以凭经验选定切削用量。

（5）钻孔方法 按划线钻孔时,钻孔前应在孔中心处打好样冲眼,划出检查圆,以便找正中心,便于引钻,然后钻一浅坑,检查判断是否对中。若偏离较多,可用样冲在应钻掉的位置錾出几条槽,以便把钻偏的中心纠正过来,如图 6-39 所示。

用麻花钻钻较深的孔时,要经常退出钻头以排出切屑和进行冷却,否则切屑可能会堵塞在孔内致使钻头卡断或由于过热而加剧钻头磨损。孔即将钻穿时进给要慢,以防钻头折断。为降低切削温度、提高钻头的耐用度,钻孔时一般要加切削液。

对于直径较大的孔(一般直径不小于 12 mm),为提高钻孔精度、减小轴向抗力,往往分两次或多次钻削。可先钻出一个直径较小的孔定位,然后逐次用钻头将孔扩大到所要求的直径。

2. 扩孔

用扩孔钻或钻头扩大工件上已有孔(锻出、铸出或钻出的孔)的加工方法称为扩孔。其切削运动与钻孔相同,如图 6-40 所示。它可以在一定程度上校正原孔轴线的偏斜,并使其获得较正确的几何形状与较低的表面粗糙度值。扩孔属于半精加工,其尺寸公差等级可达 IT10~IT9,表面粗糙度 Ra 值可达 6.3~3.2 μm。扩孔既可作为孔加工的最后工序,也可作为铰孔前的预备工序。扩孔加工余量一般为 0.5~4 mm。

扩孔钻的形状与麻花钻相似,如图 6-41 所示。不同的是扩孔钻有 3~4 个切削刃,且没有横刃。扩孔钻的钻芯大,刚度较高,导向性好,切削平稳。

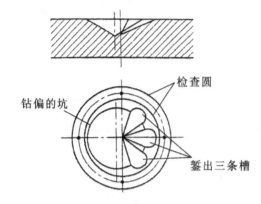

图 6-39　钻偏时的纠正方法

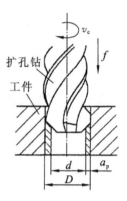

图 6-40　扩孔及其运动

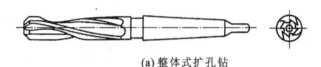

(a)整体式扩孔钻

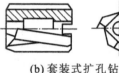

(b)套装式扩孔钻

图 6-41　扩孔钻

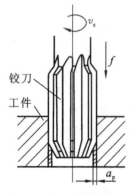

图 6-42　铰孔及其运动

3. 铰孔

铰孔是用铰刀对孔进行最后精加工的方法,其切削运动如图 6-42 所示。铰孔的尺寸公差等级可达 IT7~IT6,表面粗糙度 Ra 值可达 1.6~0.8 μm。铰孔的加工余量很小,粗铰为 0.15~0.25 mm,精铰为 0.05~0.15 mm。

(1)铰刀　铰刀的形状如图 6-43 所示,外形类似扩孔钻,但有更多的切削刃(6~12 个)和较小的顶角,铰刀每个切削刃上的负荷明显小于扩孔钻,这些因素既提高了铰孔尺寸公差等级,又降低了铰孔的表面粗糙度值。铰刀的刀刃多做成偶数,并成对地位于通过直径的平面内,目的是便于测量铰刀的直径尺寸。

铰刀分为机铰刀和手铰刀。机铰刀(见图 6-43(a))多为锥柄,装在钻床或车床上进行铰孔,铰孔时选较低的切削速度,并选用合适的切削液,以降低加工孔的表面粗糙度值。手铰刀(见图 6-43(b))切削部分较长,导向作用好,易于铰削时的导向和切入。

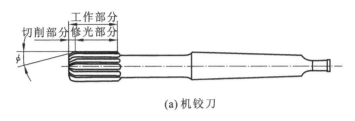

(a) 机铰刀

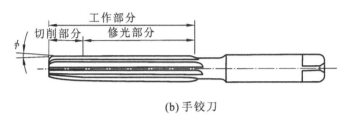

(b) 手铰刀

图 6-43 铰刀(圆柱铰刀)

(2) 铰孔方法 用铰刀可以铰圆柱孔,也可铰圆锥孔。

① 铰圆柱孔。铰孔前要用千分尺检查铰刀直径,有条件时,在相同材料上试铰。铰孔时,铰刀应垂直放入孔中,然后用铰杠(图 6-44 所示为常用的可调式铰杠,转动调节手柄,即可调节方孔大小)转动铰刀,并轻压进给即可进行铰孔。铰孔过程中,铰刀绝不可反转,以免崩刃。铰削钢件时应加机油润滑,铰削带槽孔时应选螺旋刃铰刀。

方孔   调节手柄

图 6-44 铰杠

② 铰圆锥孔。图 6-45 为圆锥铰刀,专门用于铰削圆锥孔,其切削部分的锥度是 1/50,与圆锥销的锥度相符。尺寸较小的圆锥孔,可先按小头直径钻出圆柱孔,然后用圆锥铰刀铰削即可。对于尺寸和深度较大的孔,铰孔前应先钻出阶梯孔,然后再用铰刀铰削。铰削过程中,要经常用相配的圆锥销来检查尺寸,如图 6-46 所示。

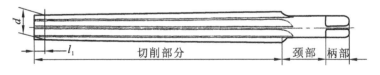

切削部分   颈部 柄部

图 6-45 圆锥铰刀

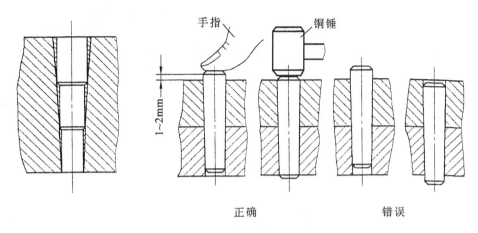

图 6-46 铰削圆锥孔及其检查

6.2.5 攻螺纹与套螺纹

螺纹加工方法很多,钳工加工螺纹的方法主要有攻螺纹和套螺纹两种。

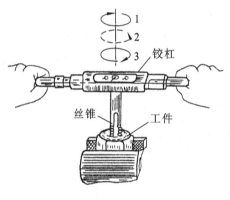

图 6-47 攻螺纹

1. 攻螺纹

用丝锥加工内螺纹的方法称为攻螺纹,如图 6-47 所示。

丝锥是专门用于攻螺纹的刀具,其构造如图 6-48 所示。M6~M24 手用丝锥多为二支一组,称头锥、二锥。内螺纹由各丝锥依次攻出。

每个丝锥的工作部分由切削部分和校准部分组成。切削部分磨出锥角,牙齿不完整,以便导向和将切削负荷分配在几个牙齿上,是切削螺纹的主要部分。头锥有 5~7 个不完整的牙齿,二锥有 1~2 个不完整的牙齿;校准部分的作用是校准、修光螺纹和引导丝锥。

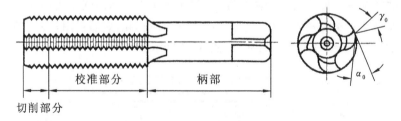

图 6-48 丝锥的构造

攻螺纹操作包括确定螺纹底孔直径和深度、钻底孔并倒角、攻螺纹等。

(1) 确定螺纹底孔直径和深度。攻螺纹前钻出的孔称为螺纹底孔。底孔的直径可查机械制造工艺手册或按如下经验公式计算。

钻脆性材料(铸铁、青铜等):

$$D_1 = D - (1.05 \sim 1.10)P$$

钻塑性材料(钢料、紫铜等):

$$D_1 = D - P$$

式中:D_1——钻孔直径(即底孔直径)(mm);

D——螺纹大径(mm);

P——螺纹螺距(mm)。

钻孔深度取螺纹长度加上 $0.7D$。按经验公式计算出的钻孔直径,应圆整成标准的钻头直径。

(2) 钻底孔并倒角。钻底孔后要对孔口倒角。倒角有利于引入丝锥,便于丝锥切入,并可避免孔口处螺纹受损。倒角尺寸一般为 $(1 \sim 1.5)P \times 45°$。

(3) 攻螺纹。将丝锥装入铰杠。将丝锥垂直放入工件的螺纹底孔内,双手转动铰杠,并轴向施加压力,使头锥轻压旋入 $1 \sim 2$ 周,如图 6-49(a)所示。用目测或 90°角尺在两个互相垂直的方向上检查,并及时纠正丝锥,使其与端面保持垂直,如图 6-49(b)所示。当丝锥切入 $3 \sim 4$ 周后,可以只转动,不加压,每转 $1 \sim 2$ 周应反转 1/4 周,以使切屑断落。图 6-49(c)中的虚线,表示要反转。攻钢件螺纹时应加机油润滑,攻铸铁件时可加煤油。

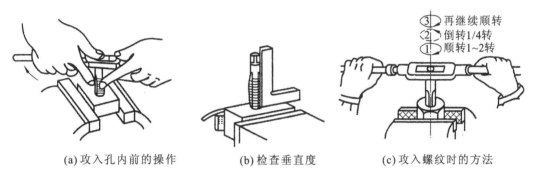

(a) 攻入孔内前的操作　　(b) 检查垂直度　　(c) 攻入螺纹时的方法

图 6-49　手工攻螺纹的方法

攻通孔螺纹,只用头锥攻穿即可。攻盲孔螺纹时,应注意排屑,必要时,还应退出丝锥排屑,同时需依次使用头锥、二锥才能攻到所需的深度。

攻螺纹时,两手的用力力求相等,以保持力矩平衡,防止丝锥折断。

2. 套螺纹

用板牙加工外螺纹的方法称为套螺纹,如图 6-50 所示。

(1) 板牙和板牙架　板牙是加工外螺纹的标准刀具,有固定式和可调式(开缝式)两种。图 6-51(a)为常用的固定式板牙。板牙螺孔的两端有 40°的锥度部分,是板牙的切削部分。套螺纹用的板牙架如图 6-51(b)所示,用来安装并带动板牙旋转。

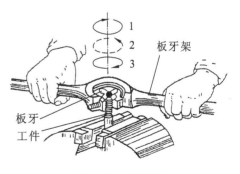

图 6-50　套螺纹

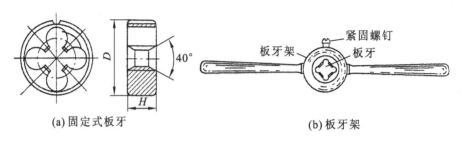

图 6-51　板牙及板牙架

(2) 套螺纹操作　包括确定圆杆直径、圆杆倒角和套螺纹等。

图 6-52　套螺纹圆杆的倒角

① 确定圆杆直径。套螺纹前应检查圆杆直径,其大小可查机械制造工艺手册或按如下经验公式计算。

$$d_0 = d - 0.13P$$

式中：d_0——圆杆直径(mm)；

　　　d——螺纹大径(mm)；

　　　P——螺距(mm)。

② 圆杆倒角。套螺纹的圆杆必须先做出合适的倒角,如图 6-52 所示。

③ 套螺纹。套螺纹时板牙端面应与圆杆严格保持垂直。开始转动板牙架时,要稍加压力。套入几周后,即可只转动,不加压。要时常反转,以便断屑。套螺纹时应加机油润滑。

6.2.6　刮削

用刮刀从工件表面切除很薄一层金属的操作称为刮削。刮削是钳工中的精密加工方法。

刮削一般均在机械加工后进行。刮削时,刮刀对工件有切削和挤压作用。刮削后的表面具有较高的平面度和表面质量,表面粗糙度 Ra 值可达 $0.8 \sim 0.4\ \mu m$。

零件上相互配合的滑动表面,如机床导轨、滑动轴承和检验平板等,为了达到配合精度,增加接触面积,改善润滑性能,减少摩擦磨损,提高使用寿命,一般需经过刮削加工。

1. 刮削工具

(1) 刮刀　刮刀是刮削的主要工具,一般由碳素工具钢或轴承钢制成。刮削硬材料时,也可焊上硬质合金刀片。

刮刀有平面刮刀和曲面刮刀。平面刮刀如图 6-53 所示,适用于平面刮削和外曲面刮削,在不同精度等级(粗刮、细刮和精刮)的刮削加工中,分别有对应的平面刮刀。平面刮刀的切削部分在砂轮上磨出刃面后须用油石磨光。曲面刮刀如图 6-54 所示,适用于刮削内曲面,其中以三角刮刀最为常见。

(2) 校准工具　校准工具有两个作用：一是用来与刮削表面磨合,以接触点的多少和分布的疏密程度来显示刮削表面的平整程度,提供刮削依据；二是用来检验刮削表面的精度。常用的校准工具有检验平板、校准直尺和角度直尺等。刮削内圆弧面时,常采用与之配合的

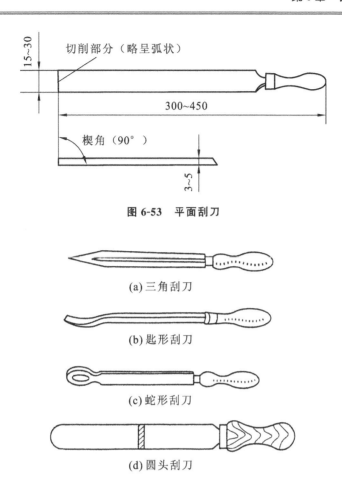

图 6-53 平面刮刀

图 6-54 曲面刮刀

轴作为校准工具。

2. 刮削质量的检验

刮削表面质量一般以 25 mm×25 mm 面积内均匀分布的研点数来表示,并用研点法检验。一般研点数越多,研点越小,则刮削质量越好。

用研点法检验时,首先应将检验平板及工件擦拭干净,并在刮削表面均匀涂上一层很薄的红丹油(红丹粉与机油的混合物)或蓝油,然后与校准平板配研,如图 6-55 所示。其中,红丹油用于铸铁和钢材的刮削检验,蓝油用于铜、铝等非铁金属材料的刮削检验。配研后,工件刮削表面上的高点(即与检验平板的贴合点)因被磨去红丹油而显出亮点,即研点。

3. 刮削操作

以平面刮削为例,曲面刮削可参考有关书籍。

(1)平面刮削方式 有挺刮式和手刮式两种。

挺刮式,如图 6-56(a)所示,是将刮刀柄放在小腹右下侧,距切削刃 80~100 mm 处双手握住刀身,用腿部和臀部的力量使刮刀向前挤刮。当刮刀向前挤时,双手加压,在推挤的瞬

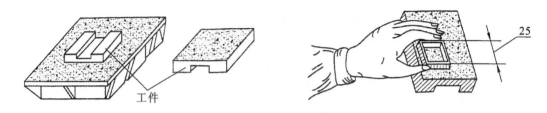

图 6-55 刮削质量的检验

间,右手引导刮刀方向,左手控制刮削,到需要长度时将刮刀提起。

手刮式,如图 6-56(b)所示,右手握刀柄,左手握住刮刀距头部约 50 mm 处,刮刀与刮削平面成 25°～30°角,刮削时右臂前推,左手向下压并引导刮削方向,双手动作与挺刮式的相似。

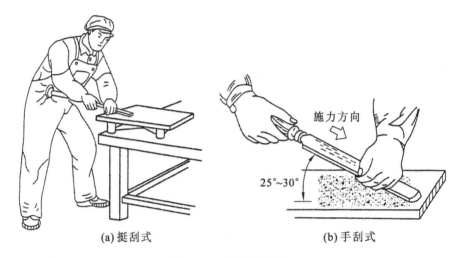

(a)挺刮式   (b)手刮式

图 6-56 平面刮削方式

(2) 平面刮削方法 根据刮削表面的质量要求可分为粗刮、细刮、精刮和刮花等。

① 粗刮。工件表面粗糙或加工余量较大时(0.1～0.05 mm),应先粗刮。采用长柄刮刀,用较大的推力和压力,以刮去大部分余量。刮削方向应与切削加工刀痕方向成 45°,以后各次刮削方向交叉进行。当 25 mm×25 mm 面积内达到 3～4 个研点,且研点的分布均匀时,可转入细刮。

② 细刮。采用短柄刮刀轻刮法。每一遍的刮削方向应相同,并与前一遍刮削方向交叉;在 25 mm×25 mm 面积内应达到 12～15 个研点,研点的分布应均匀。

③ 精刮。采用短而窄的精刮刀点刮法,每个研点只刮一刀且不重复;大的研点全部刮去,中等研点刮去一部分,小而虚的研点不刮;在 25 mm×25 mm 面积内研点数达到刮削要求即可。

④ 刮花。精刮后的刮花是为了使刮削表面美观,保证良好的润滑,并可借刀花在使用过程中的消失来判断平面的磨损程度。常见的刮花花纹如图 6-57 所示。

 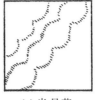 

(a) 斜纹花　　　　(b) 鱼鳞花　　　　(c) 半月花　　　　(d) 燕尾花

图 6-57　常见的刮花花纹

6.3　机器的装配与拆卸

任何机器都是由若干零件组成的。将合格的零件按照规定的技术要求及装配工艺组装起来，并经调整和试验，使之成为合格产品的工艺过程称为装配。

装配是产品制造过程的最后一个环节。产品质量的好坏，不仅取决于零件的加工质量，而且取决于装配质量。

6.3.1　装配概述

1．装配的类型

根据装配在产品制造过程中所处的阶段不同，装配可分为组件装配、部件装配和总装配。

（1）组件装配　将若干个零件安装于一个基础零件上组合成为组件的装配，如主轴箱内各轴系的装配。

（2）部件装配　将若干个零件、组件安装于另一个基础零件上构成部件的装配，如车床床头箱、进给箱等的装配。

（3）总装配　将部件、组件和零件连接组合成为整台机器的装配。

2．装配方法

装配方法有完全互换法、选配法、修配法和调整法等四种。应根据产品的结构、批量及零件精度等情况选择装配方法。

（1）完全互换法　装配时，在同类零件中任取一件，无须加工和修配，即可装配成符合规定技术要求的产品，装配精度由零件的加工精度保证。完全互换法操作简单，生产效率高，但对零件的加工质量要求较高，适用于大批大量生产，如自行车、汽车的装配等。

（2）选配法（不完全互换法）　将零件的制造公差适当放大，装配时，按照公差范围将零件分成若干组，再将对应各组进行装配，以达到规定的配合要求。选配法降低了零件的制造成本，适用于装配精度高、配合件组数少的成批生产，如车床尾座与套筒的装配。

（3）修配法　装配时，根据实际情况修去某配合件上的预留量，消除积累误差，以达到规定的配合要求。修配法可使零件加工精度降低，降低制造成本，但装配的难度增加，适用于单件小批量生产，如车床前后顶尖不等高时，可以通过修刮尾座配合面达到装配要求。

（4）调整法　装配中还经常用调整一个或几个零件的位置，以消除相关零件的积累误差来达到装配要求，如用镶条调整机床导轨间隙。调整法比修配法方便，也能达到很高的装配精度,适用于小批量或单件生产。

3. 零件装配的配合种类

零件装配的配合种类有间隙配合、过渡配合和过盈配合等三种。

（1）间隙配合　配合面间有一定的间隙,以保证配合零件符合相对运动的要求,如滑动轴承与轴之间的配合。

（2）过渡配合　配合面间有较小的间隙或过盈,以保证配合零件有较高的同轴度,且装拆容易,如齿轮、带轮与轴之间的配合。

（3）过盈配合　装配后,轴和孔的过盈量使零件配合面产生弹性压力,形成紧固连接,如滚动轴承内孔与轴之间的配合。

4. 零件装配的连接方式

组成机器的零部件的连接形式很多,基本上可归纳成固定连接和活动连接两种。固定连接后,连接零件间没有相对运动。活动连接后,连接零件之间能按规定的要求做相对运动。表 6-1 所列为零部件连接形式。

按照零件连接后能否拆卸,连接可分为可拆连接和不可拆连接两种。

表 6-1　零部件连接形式

固 定 连 接		活 动 连 接	
可拆	不可拆	可拆	不可拆
螺纹连接、销连接、键连接	铆接、焊接、黏结	轴与轴承、丝杠螺母副	活动连接的铆合头

5. 常用装配工具

常用的装配工具有旋具、卡环钳、扳手、拔销器、拉出器、铜棒和木锤等。

（1）旋具　有一字或十字旋具、快速旋具和电动旋具等。

（2）卡环钳　有孔用卡环钳和轴用卡环钳(见图 6-58)两种,用于装卸弹性挡圈。

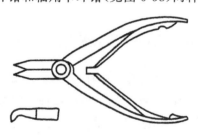

图 6-58　轴用卡环钳

（3）拔销器　用于拉出带有螺纹的圆锥销,如图 6-59 所示。使用时,将拔销器头部的拔头螺纹旋入圆锥销的螺纹孔,利用快速滑动的重锤的惯性将圆锥销拔出。

拔头

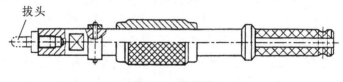

图 6-59　拔销器

（4）拉出器　用于拉出具有过盈配合或过渡配合的轴承、齿轮和带轮等，如图 6-60 所示。

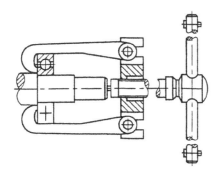

图 6-60　拉出器

（5）扳手　有活动扳手、呆扳手、内六角扳手、套筒扳手、整体扳手、梅花扳手、钩形扳手、钳形扳手和力矩扳手等，如图 6-61 所示。

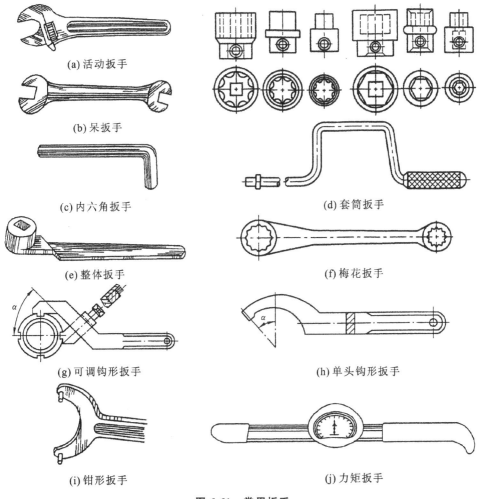

(a) 活动扳手

(b) 呆扳手

(c) 内六角扳手

(d) 套筒扳手

(e) 整体扳手

(f) 梅花扳手

(g) 可调钩形扳手

(h) 单头钩形扳手

(i) 钳形扳手

(j) 力矩扳手

图 6-61　常用扳手

6.3.2 装配工艺过程

装配工艺过程主要包括装配前准备、装配和装配后期工作等工序。

1. 装配前准备

(1) 研究和熟悉产品装配图及技术要求,了解产品的结构和零件的作用,以及相互连接的关系。

(2) 确定装配的方法、程序和所需的工具。

(3) 领取和清洗零件。清洗时,可用柴油、煤油去掉零件上的锈蚀、油污、切屑及其他脏物,然后涂上一层润滑油。有毛刺的应及时修去。

2. 装配

装配按组件装配→部件装配→总装配的次序进行。

3. 调整、检验和试车

产品装配完成后,首先应对零件之间的相互位置、配合间隙等进行调整,然后进行全面的精度检验,最后进行试车,检查各运动件的灵活性、密封性及工作时的转速、温升和功率等性能。

4. 刷油漆、涂油、装箱和入库

为了防止锈蚀,产品装配完成后,应在外露的非加工表面上刷油漆,在外露的加工表面上涂防锈油,然后进行装箱和入库。

5. 装配操作注意事项

(1) 装配前,应检查零件装配尺寸和形状是否正确,有无变形和损坏,并注意零件上的各种标记,防止装错。

(2) 装配顺序一般为从里到外、由下至上。先装配保证产品精度的部分,后装配一般部分。

(3) 装配高速旋转零件必须进行平衡试验,以免因高速旋转后的离心作用而产生振动。螺纹、销等不得凸出在旋转体的外表面。

(4) 固定连接的零部件连接可靠,不得有间隙。活动连接的零件在正常间隙下能够按照规定的要求做相对运动。

(5) 各类运动零部件接触表面必须保证有足够的润滑。各种密封件、管道和接口处不渗油、不漏气。

(6) 试车时,应先低速、后高速,并根据试车情况逐步调整,使其达到正常的运动要求。

6.3.3 典型连接件的装配方法

1. 键连接的装配

传动轮(如齿轮、带轮和蜗轮等)与轴一般采用键连接来传递运动及扭矩,其中,以普通平键连接最为常见,如图6-62所示。键连接大多采用过渡配合,键两侧为工作面。

装配时,取键的长度比轴上键槽略短,使键底面与轴上键槽底面接触。装配传动轮时,键顶面与轮毂槽之间应留有一定间隙,但键两侧配合不允许松动。

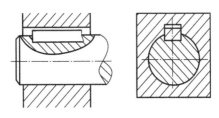

图 6-62　普通平键连接

2. 螺纹连接的装配

螺纹连接具有装配简单、调整及更换方便、连接可靠等优点,在机械装配中最为常见。常见的螺纹连接形式如图 6-63 所示。

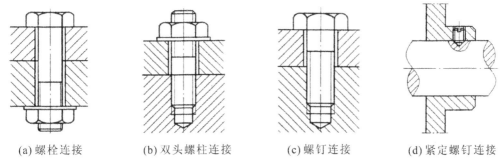

(a) 螺栓连接　　　　(b) 双头螺柱连接　　　　(c) 螺钉连接　　　　(d) 紧定螺钉连接

图 6-63　常见的螺纹连接形式

螺纹连接装配时,应注意以下要点。

(1) 连接件的贴合面应平整、光洁,与螺母、螺钉应接触良好。为了提高贴合质量,可加垫圈。

(2) 连接件应受力均匀、贴合紧密、连接牢固。旋紧时,应注意松紧程度。对于特别重要的螺纹连接件,可以用力矩扳手旋紧。

(3) 装配成组螺钉螺母时,为了保证连接件贴合面受力均匀,应根据连接件的形状及螺钉螺母分布情况,按照一定顺序分 2~3 次,依次旋紧,如图 6-64 所示。

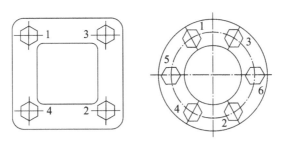

图 6-64　成组螺钉旋紧顺序

(4) 在有振动或冲击的场合,为了防止螺栓或螺母松动,必须有可靠的防松装置,常用的螺纹连接防松装置如图 6-65 所示。

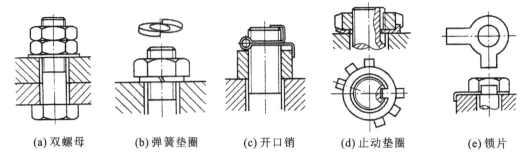

(a) 双螺母　　(b) 弹簧垫圈　　(c) 开口销　　(d) 止动垫圈　　(e) 锁片

图 6-65　常见的螺纹连接防松装置

3. 滚动轴承的装配

滚动轴承工作时,多数情况是轴承内圈随轴转动,外圈在机座孔内固定不动。因此,轴承内圈与轴的配合要紧一些。

滚动轴承装配大多采用过盈量较小的过渡配合,装配时应注意以下要点。

(1) 装配前将轴颈和轴承孔涂机油,将标有轴承代号的端面朝外,以便更换时识别。

(2) 轴承常采用压入法装配。为使轴承内外圈受力均匀,可采用轴套或垫套加压,如图 6-66 所示。

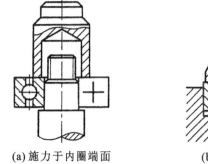

(a) 施力于内圈端面　　　　(b) 施力于外圈端面　　　　(c) 同时施力于内外圈端面

图 6-66　滚动轴承的装配

(3) 若轴承与轴的配合过盈量较大,应采用加热装配。若轴承与孔的配合过盈量较大,则需将轴承冷却后装入。

(4) 轴承装配后,应检查滚动体是否被咬住,间隙是否合理,转动是否灵活。

6.3.4　机器的拆卸

机器经过长期使用,某些零件会产生磨损和变形,导致机器的精度降低,甚至不能正常工作,此时,需要对机器进行检查和修理。修理时要对机器进行拆卸。拆卸工作的一般要点如下。

(1) 熟悉图纸,分析故障及部位　拆卸前,首先应熟悉图纸,了解机器零部件的结构原理、装配连接关系,弄清需排除的故障及部位,确定拆卸方法。防止盲目拆卸,猛敲乱拆,造成零件变形或损坏。

（2）按顺序拆卸零部件　拆卸是正确解除零件之间的相互连接。拆卸的顺序应与装配的顺序相反，即先装的后拆，后装的先拆。可以按照先上后下、先外后里的顺序依次进行。

（3）合理放置零部件并做好标记　拆卸时，应记住每个零件原来的位置，重要零部件（如配合件、不能互换的零件等）拆卸时应作好标记。零件拆卸后，应摆放整齐，尽量按照原来结构套装在一起。拆卸销、紧定螺钉和键等小件后，应立即拧上或插入孔内。丝杠、细长零件等应包好，并应吊起放置，以免产生弯曲变形。

（4）正确使用拆卸工具　对不同的连接方式和配合性质（种类），采用不同的拆卸方法：击卸、拉卸或压卸，并且要使用与之配套的专用工具，以免损伤零部件。

（5）更换零部件和防松装置　严重磨损或损坏的零部件必须进行更换，紧固件的防松装置在拆卸后一般应更换，以免再使用时折断而造成事故。

6.4　钳工基本操作训练

6.4.1　钳工实习安全操作规程

（1）进入车间，穿好工作服、工作鞋，扎好袖口。操作钻床时，严禁戴手套，女同学要戴工作帽。

（2）实习学生必须在指定工位进行操作，未经指导教师同意，不得随意触摸、启动各种电源开关和设备。

（3）在车间内禁止大声喧哗、嬉戏追逐，严禁用锉刀等工具打闹。

（4）使用虎钳装夹工件时，注意夹紧、夹牢，但应防止用力过猛而使虎钳断裂，必要时在工件下放置垫块，或根据工件表面质量要求加放钳口垫。

（5）不使用无柄、松柄或裂柄的工具（如锉刀、锤子、螺钉旋具等），如发现手柄松动应及时予以紧固。

（6）錾削工件时要注意周围环境，根据工作场所情况安装安全网。锤击时应尽量将锤子和锤柄上的油擦净，不得戴手套操作。

（7）使用砂轮机刃磨钻头等刀具时，要听从指导，并按操作规程进行刃磨。

（8）钻削操作时应将工件及钻头夹紧装牢，运动中严禁变速，孔将钻穿时要减少进给量。

（9）刮刀应有专人保管，使用登记，用后及时收回。

（10）工作完毕后，清洁并收放好工具、量具，清理设备、工作台及工作场所，精密量具应仔细擦净后放在盒子里。

6.4.2　钳工基本操作训练

钳工的基本操作技能训练在单项分解练习的基础上，可在规定时间内完成一定复杂程度零件的加工。

1. 阅读分析图样

图 6-67 所示为钳工常见的錾口榔头，材料为 45 钢，毛坯尺寸为 19 mm×19 mm×115 mm，毛坯类型为热轧方钢（经刨削加工）。该零件主要组成表面为平面，同时有 M12 的

螺纹孔和各棱边的倒角，加工完成后局部位置（两端）淬火。六面体各面的平面度公差为 0.04 mm，相对面之间的尺寸为 $18_{-0.10}^{0}$ mm、尺寸公差为 0.1 mm、平行度公差为 0.08 mm，相邻面之间的垂直度公差为 0.08 mm，主要的表面粗糙度 Ra 值为 3.2 μm。

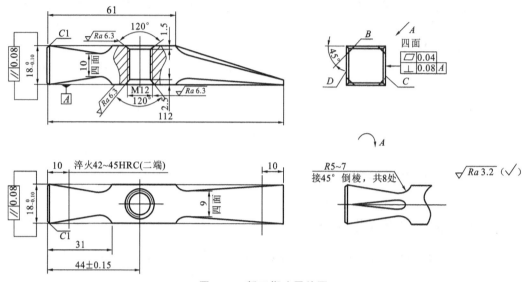

图 6-67　錾口榔头零件图

2. 零件加工工艺分析

该零件为典型的钳工综合实习工件，集锉削、划线、锯削、钻孔、攻螺纹和热处理等基本操作为一体。按照基准先行的原则，先锉削基准面 A，然后以 A 面为基准面锉削其他三面及两端面。斜面可以在完成六面体锉削后锯削，也可以在 A 面锉削后立即锯削。划线时工件表面涂龙胆紫，钻孔中心处打样冲眼。钻孔时可先用中心钻定位，然后钻螺纹底孔和孔口倒角，选择合适的钻削用量，最后用氧乙炔火焰对工件局部淬火。加工工艺路线为锉六面体→划线→锯、锉斜面→钻孔及倒角→攻螺纹→划线→倒角及倒棱→打光→热处理。

锉削、锯削和攻螺纹时用台虎钳装夹工件，必要时加钳口垫；钻孔时用平口钳装夹，工件下加垫铁。

3. 零件加工步骤及注意事项

錾口榔头的加工步骤见表 6-2。

表 6-2　錾口榔头的加工步骤

序号	工序内容	加工步骤及内容	刀具和量具
1	锉六面体	（1）锉削基准面 A，至平面度 0.04	锉刀、游标卡尺、千分尺、平板和塞尺
		（2）锉削 B 面，至尺寸、平面度和平行度达到要求	
		（3）锉削 C 面，保证平面度和垂直度	
		（4）锉削 D 面，保证平面度以及和 C 面的尺寸、平行度	
		（5）锉两端面，保证总长	

续表

序号	工序内容	加工步骤及内容	刀具和量具
2	划线	划斜面线和螺纹孔中心线,打样冲眼	平板、高度游标卡尺
3	锯、锉斜面	(1) 锯削斜面,留 0.2~0.4 mm 锉削余量	手锯
		(2) 锉削斜面至图样要求	锉刀、游标卡尺
4	钻孔及倒角	(1) 钻螺纹底孔。先用 B3 中心钻定位,然后用 $\phi10.2$ 钻头钻底孔	B3 中心钻、$\phi10.2$ 钻头
		(2) 孔口倒角	钻头
5	攻螺纹	攻 M12 螺纹	M12 丝锥
6	划线	划倒棱、倒角线	平板、高度游标卡尺
7	倒棱、倒角	倒棱、倒角	锉刀
8	修毛刺、打光	修毛刺、打光	锉刀,砂皮
9	热处理	用氧乙炔火焰对工件两端局部淬火至 42~45HRC	

注意事项:

(1) 锉削中基准面不能随意改变,以免形成累积误差;

(2) 平行度用千分尺检验时至少测量 5 点,即 4 个角和中间点;

(3) 用中心钻钻孔时,平口钳可以不固定,但钻螺纹底孔特别是倒角时,平口钳一定要固定。

(4) 工件热处理时注意安全。

复习思考题

1. 简述钳工的基本操作及应用范围。

2. 划线的作用是什么? 如何划出工件上的水平线和垂直线?

3. 方箱、V 形铁、千斤顶各有何用途?

4. 用 V 形铁支撑圆柱形工件有何优点?

5. 何谓划线基准? 生产中如何选择划线基准?

6. 怎样选择锯条? 起锯和锯削时的操作要领是什么?

7. 简述锯削时锯齿崩落和锯条折断的原因。

8. 当锯条折断后,换上新锯条,能不能在原锯缝中继续锯削? 为什么?

9. 怎样选择粗、细齿锉刀? 平面锉削方法有哪几种? 各适用于何种场合?

10. 锉削后怎样检验工件的平面度? 锉削后的平面中凹的可能原因是什么?

11. 圆弧面锉削的操作要领是什么?

12. 台钻、立钻和摇臂钻床的结构和用途有何不同?

13. 麻花钻的切削部分和导向部分各有什么作用?

14. 试分析在钻削时经常出现颤动或孔径扩大的原因。

15. 用小钻头和大钻头钻孔时,钻头转速和进给量有何不同? 为什么大孔多采用先钻小孔后扩成大孔的方法?

16. 扩孔的精度为什么比钻孔的精度高? 铰孔的精度为什么又比扩孔的精度高?

17. 简述铰孔操作的注意事项。

18. 如何确定攻螺纹前底孔的直径和深度?

19. 刚开始攻螺纹时,为什么要轻压旋转? 而丝锥攻入后,为什么可不加压,且应时常反转?

20. 试述刮削质量的检验方法。

21. 简述装配的工艺过程及注意事项。

22. 试述如何装配滚动轴承,应注意哪些要领?

23. 装配成组螺钉螺母时应注意什么?

24. 根据实习体会,简述钳工实习的安全操作规程。

第7章 车　　削

教　学　要　求

理论知识

(1) 了解车削的定义、特点、加工范围和典型车床的结构;

(2) 熟悉车削运动和车削用量;

(3) 了解车刀种类与结构,理解常用车刀的几何角度;

(4) 了解车床附件的结构与用途,熟悉工件的安装方法;

(5) 熟悉车削加工操作过程,了解车削加工阶段的划分;

(6) 熟悉车削加工基本操作的步骤和注意事项。

技能操作

(1) 能正确使用车床的各操作手柄和刻度盘;

(2) 基本掌握常用车刀的刃磨与安装;

(3) 重点掌握外圆、端面、内孔和螺纹的车削方法,一般掌握其他基本操作;

(4) 能完成中等复杂零件车削加工,熟悉四爪卡盘和中心架的应用。

7.1　概述

车削是指在车床上利用工件的旋转与刀具的连续移动,从工件表面切除多余材料,使其成为符合一定形状、尺寸和表面质量要求的零件的一种切削加工方法。车削是最基本、最常见的切削加工方法,在机械加工中有近 20%～50% 的零件表面是经过切削加工而成形的。

车削主要用于加工回转表面和回转体的端面,如内、外圆柱面,内、外圆锥面,端面,沟槽,内、外螺纹和回转成形面等,所用刀具主要是车刀。车削的典型加工范围如图 7-1 所示。

7.1.1　车削运动与车削用量

1. 车削运动

车削加工时,工件的旋转运动为主运动,刀具相对于工件的移动为进给运动。

2. 车削用量

车削加工的切削用量包括切削速度 v_c、进给量 f 和背吃刀量 a_p,有关内容见本书5.1节。

7.1.2　车削加工的特点

与其他切削加工方法相比,车削加工具有以下特点。

(1) 加工精度较高。在一次装夹中,可以加工同一工件的内、外圆柱面,内、外圆锥面,

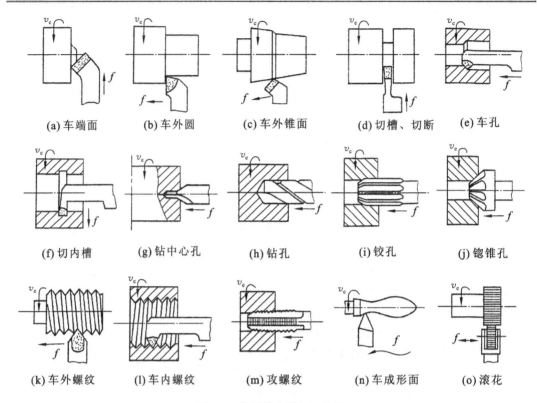

(a) 车端面　　(b) 车外圆　　(c) 车外锥面　　(d) 切槽、切断　　(e) 车孔

(f) 切内槽　　(g) 钻中心孔　　(h) 钻孔　　(i) 铰孔　　(j) 锪锥孔

(k) 车外螺纹　　(l) 车内螺纹　　(m) 攻螺纹　　(n) 车成形面　　(o) 滚花

图 7-1　车削的典型加工范围

端面及沟槽等表面,工件各回转表面之间的位置精度易于保证;车削过程连续平稳,工件表面质量较高。一般车削的加工精度可达 IT8~IT7,表面粗糙度可达 Ra 1.6 μm。

(2) 生产效率较高。车削加工过程是连续的,加工余量是对称余量,且可以采用较大的切削用量,如高速切削和强力切削,因此,具有较高的生产效率。

(3) 生产成本较低。车刀是最简单的金属切削刀具之一,制造、刃磨和安装方便,刀具成本低。同时,车床附件较多,工件一般用通用夹具装夹,装夹和调整时间短,因此,生产成本较低。

(4) 适合于车削加工的材料范围广。除了难以切削的高硬度淬火钢以外,车削还可以加工钢铁、非铁金属合金及非金属材料,尤其适用于非铁金属合金件的精加工。

7.1.3　车床

在各类金属切削机床中,车床应用最广,约占机床总数的 50%。车床的种类很多,按照工艺特点、布局形式和结构特性等的不同,主要有卧式车床、立式车床、落地车床、转塔车床以及仿形车床等类型,其中以卧式车床居多。

卧式车床的型号很多,下面以 C6132 车床和 CA6140A 车床为例进行介绍。

1. C6132 卧式车床

1) C6132 卧式车床的组成

C6132 卧式车床主要由床身、变速箱、主轴箱、进给箱、丝杠和光杠、溜板箱、刀架、尾座、床腿等部分组成,其外形如图 7-2 所示。

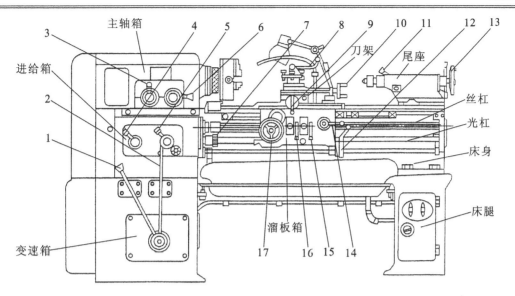

图 7-2　C6132 卧式车床

1—主轴变速短手柄；2—主轴变速长手柄；3—换向手柄；4、5—进给量调整手柄；6—主轴变速手柄；7—离合手柄；

8—方刀架锁紧手柄；9—手动横向手柄；10—小滑板手柄；11—尾座套筒锁紧手柄；12—主轴正反转及停止手柄；

13—尾座手轮；14—对开螺母手柄；15—横向自动手柄；16—纵向自动手柄；17—纵向手动手轮

（1）床身　床身是车床的基础件，用于支承和连接各主要部件，并保证各部件之间有相对正确的位置。床身上有内、外两组平行的导轨，外侧导轨用于床鞍（溜板箱与床鞍固定连接在一起）的运动导向和定位。内侧导轨用于尾座的移动定位和导向。床身由床腿支承，床腿固定于地基上。变速箱和电气箱分别安装于左、右床腿内。

（2）变速箱　电动机的运动通过变速箱内的变速齿轮，使变速箱输出轴Ⅲ获得 6 级不同的转速，并通过 V 带传动装置传至主轴箱。车床主轴的变速主要在其内部进行。变速箱远离车床主轴，可以减小机械传动中产生的振动和热量对主轴的影响。

（3）主轴箱　空心主轴及部分变速机构安装于主轴箱内。变速箱传来的转速通过主轴箱内的变速机构，可使主轴获得 12 级不同的转速。主轴右端外锥面用于装夹卡盘等附件，内锥面用于装夹前顶尖或心轴。主轴的通孔中可以放入长的棒料。

（4）进给箱　内装用于实现进给运动的变速机构，可按所需要的进给量或螺距调整其挡位，改变进给速度。其运动与动力由主轴箱通过挂轮箱内齿轮传动输入，由丝杠和光杠输出。

（5）丝杠与光杠　丝杠和光杠可将进给箱的运动传至溜板箱。车螺纹时，用丝杠传动；自动进给车削时，用光杠传动。丝杠的传动精度比光杠的高。

（6）溜板箱　溜板箱与床鞍固定连接在一起，如图 7-3 所示，可将光杠传来的旋转运动变为车刀需要的纵向或横向的直线运动，也可通过对开螺母由丝杠带动刀架车削螺纹。

（7）刀架　用于装夹车刀，并带动车刀做纵向、横向或斜向的进给运动。刀架结构如图7-3 所示，它由床鞍、中滑板、转盘、小滑板和方刀架等组成。床鞍可以带动车刀沿床身导轨做纵向移动。中滑板可以带动车刀沿床鞍导轨（与床身导轨垂直）做横向运动。转盘与中滑板用螺栓连接，松开紧固螺母，转盘可以在水平面内转动任意角度。小滑板可以沿转盘上的导轨短距离移动。当转盘转过一个角度时，其上导轨也转过相同角度，此时，小滑板可以带动车刀沿相应的方向做斜向进给运动。方刀架用于夹持车刀,最多可装夹 4 把车刀。

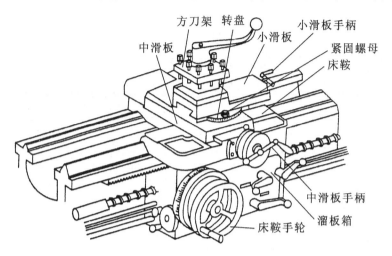

图 7-3 C6132 车床刀架结构

(8)尾座 安装在床身内侧导轨上,可以沿导轨移动至所需位置,后再锁紧固定。在尾座套筒前端有莫氏锥孔,用于安装顶尖、钻头、铰刀或钻夹头等。

2)C6132 卧式车床的传动系统

机床的运动是通过传动系统实现的。C6132 卧式车床的传动系统如图 7-4 所示,由主运动传动系统和进给运动传动系统组成。其传动路线可用图 7-5 所示的框图表示。

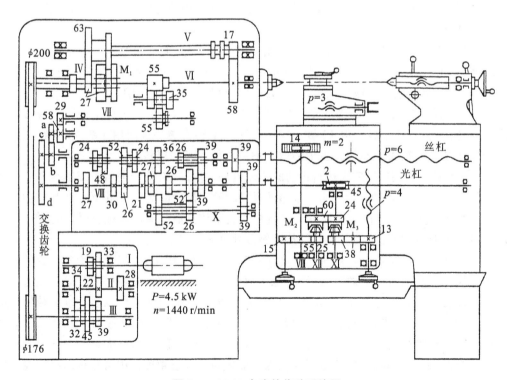

图 7-4 C6132 车床的传动系统图

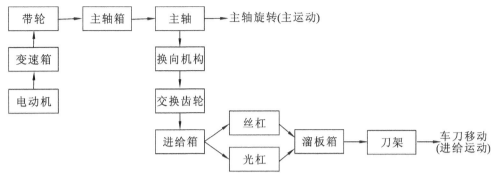

图 7-5　C6132 车床传动框图

3) C6132 卧式车床的手柄使用

C6132 卧式车床的调整主要是通过改变各操作手柄(见图 7-2)的位置来实现的。

(1) 主轴变速　通过改变手柄 1、2、6 的位置来实现。按照标牌指示,将手柄扳转至所需位置。其中,手柄 1、2 分别改变变速箱内Ⅰ轴上的双联滑移齿轮和Ⅲ轴上的三联滑移齿轮的位置,手柄 6 改变离合器 M_1 的位置,它们配合使用可使主轴获得在 45～1980 r/min 之间的 12 种不同转速。

(2) 进给换向　通过改变换向手柄 3 的位置来实现。按照标牌指示,将手柄扳转至所需位置。

(3) 进给量(或螺距)的调整　通过改变手柄 4、5 的位置,改变变速箱内各滑移齿轮的位置来实现。按照标牌指示,将手柄扳转至所需位置。手柄 4 可处于 5 个不同位置,手柄 5 可处于 4 个不同位置,两手柄配合使用可获得 20 种进给量。变换挂轮箱内的交换齿轮(如果需要)还可以获得更多种进给量。

(4) 丝杠、光杠传动变换　通过改变手柄 7 的位置实现。将手柄 7 向右拉,使其处于右边位置即为光杠传动;将手柄 7 向左推,使其处于左边位置即为丝杠传动。

(5) 对开螺母手柄　当对开螺母手柄 14 处于闭合状态时,通过丝杠传动的运动才能带动刀架移动以车削螺纹。向上扳转手柄即打开,向下扳转手柄即闭合。

(6) 主轴正反转及停止手柄　主轴正反转及停止手柄 12 向上扳转则主轴正转,向下扳转则主轴反转,处于中间位置则主轴停止转动。

(7) 自动手柄　刀架纵向自动手柄 16、横向自动手柄 15,向上扳转为自动进给,向下扳转为停止。

(8) 手动手柄(轮)　转动手轮 17 和手柄 9 分别可以实现手动纵向进给和手动横向进给。转动手柄 10 可以实现短距离手动纵向进给。

2. CA6140A 卧式车床

CA6140A 卧式车床是当前企业生产和学校教学中使用的主流车床,其因加工精度高、结构设计合理、使用操作方便、性价比高而得到了广泛应用。

1) CA6140A 卧式车床的组成

CA6140A 卧式车床主要由主轴箱、床鞍和刀架部件、尾座、进给箱、溜板箱和床身等部分组成,如图 7-6 所示。

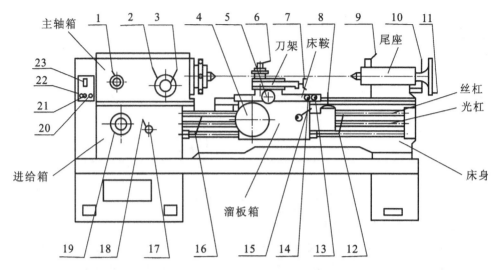

图 7-6 CA6140A 卧式车床

1—加大螺距及左右螺纹变换手柄;2,3—主轴变速手柄;4—床鞍纵向移动手轮;5—中滑板横向移动手轮;
6—刀架转位及固定手柄;7—小滑板移动手柄;8—刀架纵、横向自动进给手柄;9—尾座顶尖套筒固定手柄;
10—尾座快速紧固手柄;11—尾座顶尖套筒移动手柄;12、16—主轴正反转操作手柄;13—主电动机控制按钮;
14—急停按钮;15—开合螺母操纵手柄;17、19—螺距及进给量调整手轮;18—螺纹种类及丝杠、光杠变换手柄;
20—冷却泵总开关;21—照明灯开关;22—电源开关锁;23—电源总开关

（1）主轴箱　固定在机床床身的左端。装在主轴箱中的主轴,通过夹盘等夹具装夹工件。主轴箱的功用是支承并传动主轴,使主轴带动工件按照规定的转速旋转。

（2）床鞍和刀架部件　它位于床身的中部,并可沿床身上的导轨做纵向移动。刀架部件位于床鞍上,其功能是装夹车刀,并使车刀做纵向、横向或斜向运动。机床主轴中心线至刀具支承面距离 26 mm,因此要求刀架上安装的各类车刀,其刀杆截面尺寸不大于 25 mm×25 mm。

（3）尾座　它位于床身的尾座轨道上,并可沿导轨纵向调整位置。尾座上的后顶尖用来支撑工件。在尾座上还可以安装钻头等加工刀具,以进行孔加工。

（4）进给箱　它固定在床身的左前侧、主轴箱的底部。其功能是改变被加工螺纹的螺距或自动进给的进给量。

（5）溜板箱　它固定在刀架部件的底部,可带动刀架做纵向、横向进给,快速移动或螺纹加工。在溜板箱上装有各种操作手柄及按钮,工作时可以方便地操作机床。

（6）床身　床身固定在左床腿和右床腿上。床身是机床的基本支承件。床身上安装着机床的各个主要部件,工作时床身使它们保持准确的相对位置。

2）CA6140A 卧式车床的传动系统

图 7-7 为机床的传动系统图,电动机的动力由 V 带传到主轴箱Ⅰ轴,再经齿轮传到主轴和进给箱,实现主运动和进给运动。图 7-8 为 CA6140A 卧式车床的传动系统框图。

（1）主传动系统　用手柄 1 及 2（见图 7-6）使齿轮 1（见图 7-7,其余齿轮序号同）与齿轮 5、齿轮 2 与齿轮 6、齿轮 7 与齿轮 10、齿轮 8 与齿轮 11、齿轮 9 与齿轮 12 分别啮合可改变主轴转数。经齿轮 26、27 啮合,主轴可得高速组。经齿轮 14 与齿轮 23、齿轮 24 与齿轮 25、齿轮 28 与齿轮 29、齿轮 30 与齿轮 31、齿轮 32 与齿轮 33 啮合,主轴可得低速组。

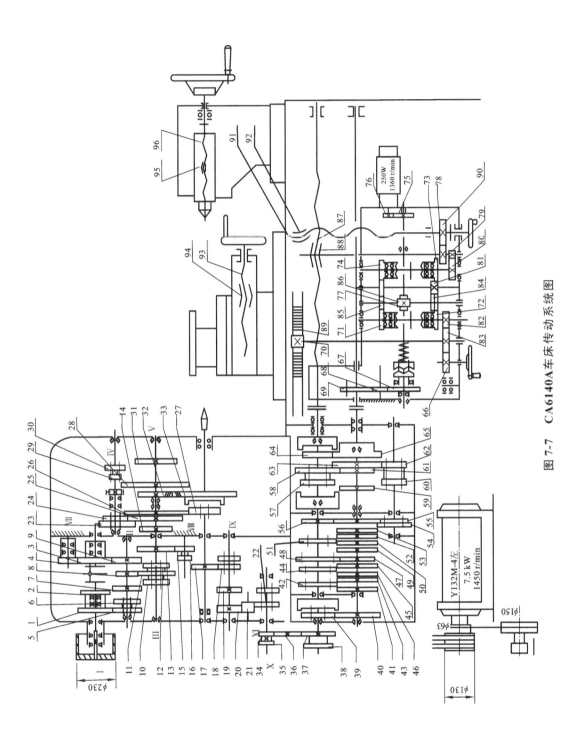

图 7-7 CA6140A车床传动系统图

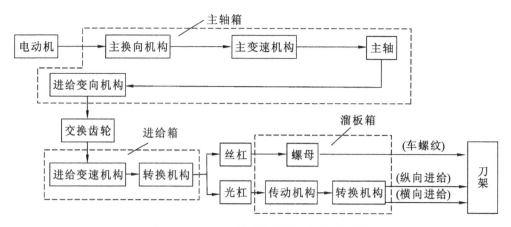

图 7-8 CA6140A 卧式车床的传动系统框图

通过上述变速，主轴可获得 24 级正反转速，分别是 10 r/min、12.5 r/min、16 r/min、20 r/min、25 r/min、32 r/min、40 r/min、50 r/min、63 r/min、80 r/min、100 r/min、125 r/min、160 r/min、200 r/min、250 r/min、320 r/min、400 r/min、450 r/min、500 r/min、560 r/min、710 r/min、900 r/min、1120 r/min、1400 r/min，具体可参照机床标牌指示。

（2）**进给系统** 使刀架做纵向移动的方法有三种：一是经过进给箱、光杠和溜板箱等机构使与齿条啮合的小齿轮旋转，从而使刀架移动；二是经进给箱、丝杠和开合螺母移动床鞍，从而使刀架移动；三是用手轮经溜板箱齿轮使小齿轮与齿条相啮合而移动床鞍，从而使刀架移动。

进给箱内轮系的转动是由床头箱内 X 轴经挂轮而实现的。

刀架横进给量为纵进给量的 1/2 倍。所有的进给量和螺距在机床标牌中都已列出，需要时可查阅。

扳动床头手柄 17，移动齿轮 22，改变丝杠的旋转方向，即可车削左螺纹。在车削本机床没有的螺纹时，可配制挂轮，将手柄 17 扳到 V 位置，手柄 18 扳到 D 位置。

3）CA6140A 卧式车床的使用操作

各操作手柄见图 7-6。

（1）利用主轴箱上的手柄 2、3 和转速标牌选择合适的转速。在变速过程中如发生齿轮顶住的情况，可用手扳动主轴转动，从而实现变速。

（2）车削螺纹时，扳动进给箱上的手柄 17、18、19，按螺纹和进给量图表，可选择合适的进给量。

（3）刀架纵、横向自动进给手柄 8 扳动手柄 8 即可实现纵横向的正、反向自动进给。将手柄 8 扳到十字开口槽中间时，进给停止。当操纵过程中需要刀架快速移动时，可按手柄 8 顶部的按钮，松开按钮，刀架快速移动停止。

（4）开合螺母操纵手柄 15 将手柄 15 扳到和丝杠结合位置，利用主轴的正、反转可加工螺纹。

7.2 车刀及其安装

车削加工所用的刀具为车刀,车刀是最典型、最常用的切削刀具,其他刀具可以说是车刀的演变。

7.2.1 车刀的种类与结构

车刀的种类很多,按用途可分为外圆车刀、内圆车刀、螺纹车刀、切断车刀和成形车刀等,如图 7-9 所示。应根据工件的材料、形状、尺寸精度、表面质量和生产类型合理选择车刀的种类。

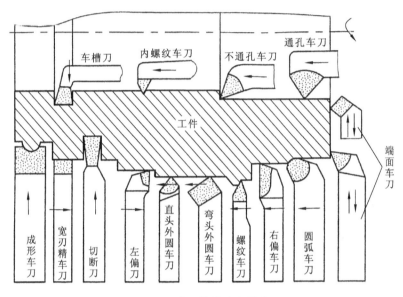

图 7-9 车刀的种类和用途

按照结构形式的不同,车刀有整体式、焊接式和机夹式之分,其结构如图 7-10 所示。车刀的结构形式对其切削性能、生产效率和经济性等有着重要的影响。

(1) 整体式车刀 整体式车刀的切削部分与刀杆材料相同,多由高速钢制成,刀体的切削部分靠刃磨磨出,切削刃可以磨得较锋利。一般适用于低速车削、加工非铁金属或非金属。

(2) 焊接式车刀 焊接式车刀的切削部分和刀体材料不同,刀体和刀杆一般由碳素结构钢铸造而成,在刀体部分按照刀具角度的要求开出刀槽,用硬钎料将刀片(主要是硬质合金刀片)焊接到刀槽内,并刃磨出所需要的刀具几何角度。由于其结构简单、紧凑、刚度高、适应性强,而被广泛用于各类车刀。

(3) 机夹式车刀 机夹式车刀是用机械夹固方法将刀片装夹于刀体上而构成的,刀片和刀杆型号已经标准化,可根据需要选用。机夹式车刀的刀片多制成多边形(或圆形),当某一刀刃磨钝后,只需将刀片转位换成新的切削刃即可继续使用,不必重新刃磨,从而可以减少刀具刃磨和装卸时间,提高生产效率;同时,采用机械夹固方法,避免了因焊接而引起的缺陷,刀具切削性能得到提高。机夹式车刀在批量车削、数控车床和自动生产线上应用广泛。

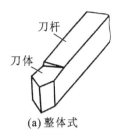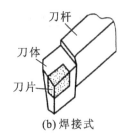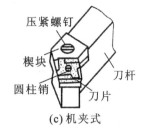

图 7-10　车刀的结构

7.2.2　车刀的刃磨

新刀或用钝后的整体式和焊接式车刀,必须进行刃磨,以形成或恢复车刀切削部分需要的形状和角度,保持刃口锋利。车刀刃磨分为机械刃磨和手工刃磨两种。机械刃磨在工具磨床上进行,刃磨效率高;手工刃磨一般在砂轮机上进行,对设备要求低。手工是车工必备的基本技能。

1. 车刀刃磨的基本操作

车刀刃磨前要选择合适的砂轮种类和粒度号。刃磨高速钢车刀应选用氧化铝砂轮(白色),刃磨硬质合金车刀应选用碳化硅砂轮(绿色)。刃磨外圆车刀的一般操作过程如图 7-11 所示。

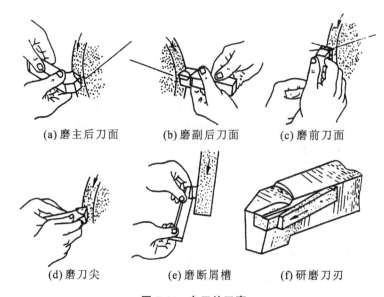

图 7-11　车刀的刃磨

（1）磨主后刀面　目的是磨出车刀的主偏角 κ_r 和后角 α_o,如图 7-11(a)所示。

（2）磨副后刀面　目的是磨出车刀的副偏角 κ_r' 和副后角 α_o',如图 7-11(b)所示。

（3）磨前刀面　目的是磨出车刀的前角 γ_o 和刃倾角 λ_s，如图 7-11(c)所示。

（4）磨刀尖　目的是修磨车刀的主、副切削刃交点成需要的形状，如图 7-11(d)所示。

（5）精磨　在磨料粒度号较大、硬度较硬的砂轮上精磨车刀切削部分各面，使形状和刀具角度符合要求，并减小车刀的表面粗糙度。

（6）磨断屑槽　在车刀的前刀面上磨出断屑槽，如图 7-11(e)所示。

（7）细磨切削刃和刀尖　车刀精磨后，还要用油石对各切削刃和刀尖进行修磨，以进一步减小各切削刃及各面的表面粗糙度，如图 7-11(f)所示。

（8）检查　车刀刃磨好后，需用肉眼观察切削刃是否锋利、表面是否存在裂纹等缺陷。

2. 车刀刃磨中注意事项

在车刀刃磨中既要保证车刀刃磨质量，又要确保安全生产。

（1）启动砂轮机或刃磨车刀时，操作者应站立于砂轮的侧面，并戴好防护眼镜。

（2）两手握住车刀，一般右前左后，用力要均匀，将车刀在略高于砂轮中心线处轻轻接触砂轮，调整倾斜角度。

（3）刃磨时，车刀应在砂轮圆周上左右移动，使砂轮磨损均匀。应避免在砂轮侧面刃磨车刀。

（4）砂轮必须有防护罩，砂轮转动未平稳时不得进行刃磨。根据需要使用托架，托架与砂轮之间的间隙应小于 3 mm，以防车刀嵌入空隙。

（5）刃磨高速钢车刀时，应经常蘸水冷却，以防退火。刃磨硬质合金车刀时，则不得蘸水冷却。

7.2.3　车刀的安装

车刀安装在刀架上，刀杆与工件轴线垂直，刀尖一般应与车床主轴中心等高，车刀在刀架上伸出的长度要合适，垫刀片要放得平整，数量 1～3 片，车刀与刀架均要锁紧。

7.3　工件的安装及所用附件

车削加工时，为使车削表面的回转中心与车床主轴的轴线重合，以保证工件位置准确，同时，为把工件夹紧，以承受切削力，保证工作安全，必须使用车床附件对工件进行定位和夹紧。常用的车床附件有三爪自定心卡盘、四爪单动卡盘、顶尖、心轴、花盘、中心架和跟刀架等。

7.3.1　三爪自定心卡盘安装

三爪自定心卡盘是车床上最常用的附件，其结构如图 7-12 所示。用卡盘扳手转动小锥齿轮时，可使与其相啮合的大锥齿轮随之转动，大锥齿轮背面的平面螺纹使三个卡爪同时向中心收拢或张开，以夹紧或松开工件。由于三个卡爪同时移动，因此，三爪自定心卡盘具有自动定心的功能，定心精度为 0.05～0.15 mm。三爪自定心卡盘还附带三个"反爪"，换到卡盘体上即可用来夹持直径较大的工件（见图 7-13(c)）。

三爪自定心卡盘安装工件能自动定心，装夹迅速、方便，但定心精度和重复定位精度较

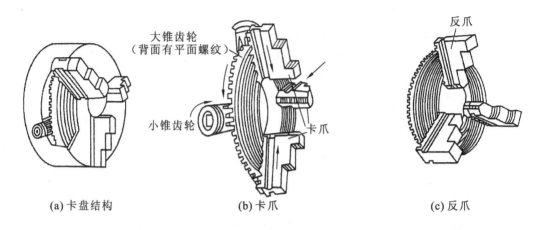

(a) 卡盘结构　　　　　　　(b) 卡爪　　　　　　　(c) 反爪

图 7-12　三爪自定心卡盘

低,适合大批量的中小型工件如轴套类和盘盖类零件的安装。其典型安装方法如图 7-13 所示,工件必须装正夹紧,夹持长度和伸出长度应合适。

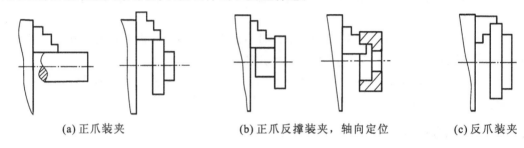

(a) 正爪装夹　　　(b) 正爪反撑装夹,轴向定位　　　(c) 反爪装夹

图 7-13　三爪自定心卡盘安装工件

7.3.2　四爪单动卡盘安装

四爪单动卡盘的结构如图 7-14(a) 所示。其四个卡爪通过四个调整螺杆单独移动,因此,它不但可以安装截面是圆形的工件,还可以安装截面为方形、长方形、椭圆或其他不规则形状的工件。四爪单动卡盘的夹紧力比三爪自定心卡盘的大。如果把四个卡爪各自调头安装在卡盘体上,即成为"反爪",可安装尺寸较大的工件。

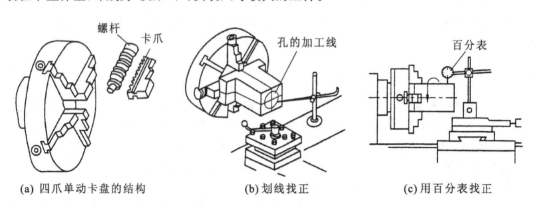

(a) 四爪单动卡盘的结构　　　(b) 划线找正　　　(c) 用百分表找正

图 7-14　四爪单动卡盘安装工件

用四爪卡盘安装工件时,四个卡爪需要分别进行调整,以找正加工位置,安装调整相对困难,但调整好时精度高于三爪自定心卡盘安装。常用的找正方法有划线找正和用百分表找正两种(见图 7-14(b)、(c))。用百分表找正时,定位精度可达 0.01 mm。

用四爪卡盘安装较大工件时,由于存在偏心,必须进行配重平衡,以减少旋转时的振动。

7.3.3 顶尖安装

对于较长或必须经过多次装夹才能完成加工的工件,为提高同轴度,一般采用双顶尖或一夹一顶安装。

1. 双顶尖安装

如图 7-15 所示,把工件装夹于前、后两个顶尖之间,前顶尖装在主轴锥孔内,并和主轴一起旋转,后顶尖装在尾座套筒内,前、后顶尖就确定了工件的位置。将卡箍(鸡心夹头)紧固在轴的一端,卡箍的尾部插入拨盘的槽内,拨盘安装在主轴上(安装方式与三爪自定心卡盘相同)并随主轴一起转动,通过拨盘带动卡箍可使工件转动。

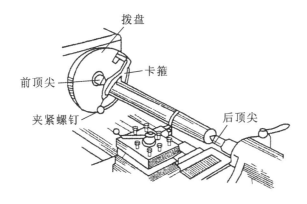

图 7-15 双顶尖安装工件

用双顶尖安装工件能很好地保证工件上各加工表面之间位置精度,是高精度轴类零件加工的典型安装方法。

顶尖有固定顶尖和回转顶尖两种,如图 7-16 所示。固定顶尖的定位精度较高,一般用于前顶尖。后顶尖的类型选用视工件加工情况而定。一般,对于轴的粗加工和半精加工,常采用回转顶尖;当轴的精度要求比较高时,后顶尖也应使用固定顶尖,但要合理选择切削速度,以防顶尖和中心孔的磨损。

(a) 固定顶尖   (b) 回转顶尖

图 7-16 顶尖类型及结构

用顶尖安装工件之前,应先车削工件的端面,并在工件的端面上用中心钻钻出中心孔。中心孔是轴类工件的定位基准。常用的中心孔有 A 型和 B 型两种,如图 7-17 所示。

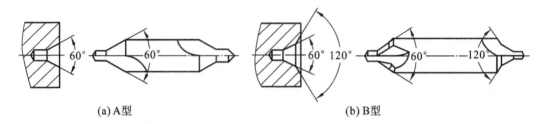

(a) A 型   (b) B 型

图 7-17　中心孔与中心钻

中心孔的 60°锥面是与顶尖的配合面,要承受工件的自重和切削力,因此,中心孔的尺寸要与工件的轴径和重量相匹配。中心孔底部的圆柱孔部分的作用是防止顶尖尖端接触工件,以保证锥面配合可靠。B 型中心孔带有 120°保护锥面,其主要作用是防止 60°锥面被碰伤而影响与顶尖的配合。B 型中心孔适用于多工序轴类零件的加工。

在两顶尖之间加工轴类工件时,应注意以下事项。

(1) 车削中,应及时调整前、后顶尖轴线,使二者重合,否则工件会被车削成圆锥体,如图 7-18 所示。可通过测量锥体的直径差,将尾座做横向调节,使两顶尖轴线重合,如图 7-19 所示。

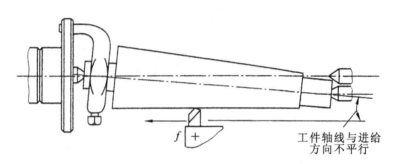

图 7-18　顶尖轴线不重合时车出锥体

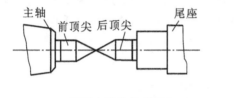

(a) 两顶尖轴线必须重合

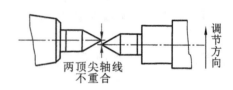

(b) 调节尾座体使顶尖轴线重合

图 7-19　校正顶尖

(2) 车削前,应将刀架移至车削行程最左端,用手转动拨盘(或卡盘)及卡箍等,检查是否会产生运动干涉或碰撞。

(3) 在已加工表面上装夹卡箍时应垫上薄铜皮等,以免夹伤工件。

(4) 实际生产中,常用三爪自定心卡盘代替拨盘带动工件转动,如图 7-20 所示。此时,前顶尖可用一般钢材自行在现场车制。

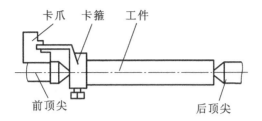

图 7-20　三爪自定心卡盘代替拨盘安装工件

2. 一夹一顶安装

为了加大粗车时的切削用量或不调头车削轴类工件,可采用一端用卡盘夹持,另一端用尾座顶尖顶住的一夹一顶方式来安装工件,如图 7-21 所示。其操作要点是先用卡盘轻轻夹住工件的一端,将尾座顶尖送入工件另一端的中心孔内,摇动尾座手轮,将工件向卡盘顶入 3～5 mm 后,将卡盘夹紧,开车后调整并锁紧尾座顶尖。注意工件在卡盘内的夹持部分不能太长,以 10～20 mm 为宜。

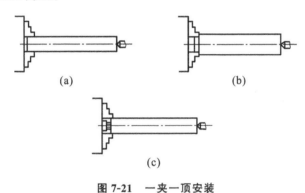

图 7-21　一夹一顶安装

7.3.4　心轴安装

对于内、外圆和端面之间有较高位置精度要求的盘套类零件,由于其外圆、内孔和两个端面无法在一次安装中加工完成,需要利用已精加工过的孔把零件安装在心轴上,再把心轴安装在前、后顶尖之间来加工外圆和端面,以保证有关位置精度。

心轴的种类很多,常用的有圆柱心轴和锥度心轴。

圆柱心轴如图 7-22(a)所示,工件装入心轴后加上垫圈,再用螺母夹紧。它要求工件的两个端面与孔的轴线垂直,以免螺母拧紧时产生变形。这种心轴夹紧力较大,但对中准确度较差,多用于盘套类零件的粗加工、半精加工。

锥度心轴如图 7-22(b)所示,其锥度一般为 1/2000～1/5000,工件压入心轴后靠摩擦力固紧。这种心轴装卸方便,对中准确,但不能承受较大的切削力,多用于盘套类零件的精加工。

盘套类零件上用于安装心轴的孔应有较高的尺寸精度,一般为 IT9～IT7。

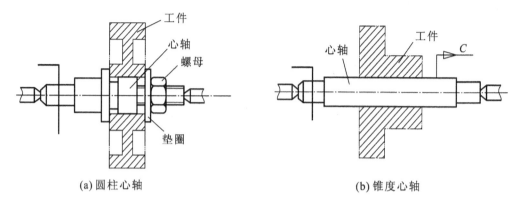

(a) 圆柱心轴   (b) 锥度心轴

图 7-22 心轴安装工件

7.3.5 花盘安装

对于某些形状不规则的零件,当要求外圆、内孔的轴线与安装面垂直,或端面与安装面平行时,可以把工件直接压在花盘上加工,如图 7-23 所示。花盘是安装在车床主轴上代替卡盘的一个大圆盘,盘面上有许多用于穿放螺栓的槽。用花盘安装工件时,需经过仔细找正。

对于某些形状不规则的零件,当要求孔的轴线与安装面平行,或端面与安装面垂直时,可先将工件安装在弯板上,再将弯板固定在花盘上来加工,如图 7-24 所示。弯板要有一定的刚度和强度,两个平面应有较高的垂直度。弯板安装在花盘上要经仔细找正,工件紧固在弯板上也需经找正。

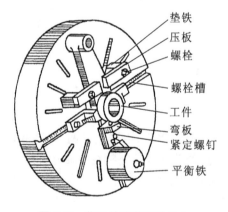

图 7-23 将工件安装在花盘上

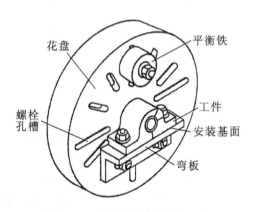

图 7-24 用花盘和弯板安装工件

用花盘安装工件时,由于重心往往偏向一边,需要在另一边加平衡块,以减少旋转时的振动。

7.3.6 中心架和跟刀架的使用

中心架和跟刀架是加工细长轴时经常使用的辅助支承,其主要作用是防止长轴受切削力的作用而产生弯曲变形。

1. 中心架

中心架固定在车床的导轨上。先在工件上车出一小段圆柱面,然后调整中心架的三个支承爪,使它们与该圆柱面均匀接触,再分段进行车削,如图 7-25 所示。用中心架支承车削外圆的方法多用于加工长径比大于 25 的细长阶梯轴。

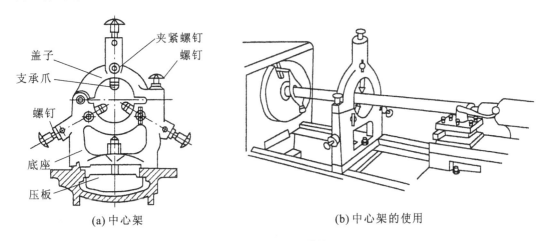

(a) 中心架　　　　　　　　　　(b) 中心架的使用

图 7-25　中心架及其使用

2. 跟刀架

跟刀架与中心架不同,它固定在床鞍上,并随床鞍一起做纵向移动。跟刀架有二爪和三爪的两种。使用跟刀架需先在工件上靠后顶尖处车出一小段外圆,以它来支承跟刀架的支承爪,然后再车出工件的全长,如图 7-26 所示。跟刀架多用于加工长径比大于 25 的细长光轴,如光杠和丝杠等。

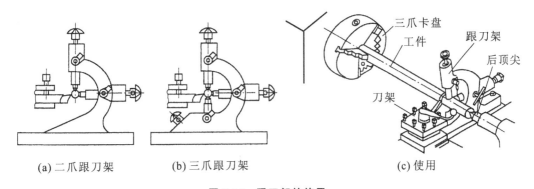

(a) 二爪跟刀架　　　　(b) 三爪跟刀架　　　　(c) 使用

图 7-26　跟刀架的使用

使用中心架和跟刀架时,工件被支承的部分应是加工过的外圆表面,并要加机油润滑。工件的转速不可过高,以免工件被支承部分因摩擦过热而烧坏或使支承爪过快磨损。

7.4　车削操作要点

车削过程中,基本、具共性的操作要点主要有刻度盘及其手柄的使用、试切削和加工阶段的划分及切削用量的选择等。

7.4.1 刻度盘及手柄的使用

在车削过程中,必须能熟练地使用中滑板和小滑板的刻度盘及其手柄,清楚刻度盘每格的进给量,以准确而迅速地调整、控制尺寸。

如中滑板的刻度盘紧固在丝杠轴头上,中滑板与丝杠上的螺母紧固在一起。当中滑板手柄带着刻度盘转一周时,丝杠也转一周,此时,螺母带着中滑板移动一个螺距。所以,刻度盘每转1格时中滑板移动的距离=丝杠螺距/刻度盘格数。

例如,C6132卧式车床中滑板丝杠螺距为4 mm,中滑板刻度盘一周等分200格,故刻度盘每转1格中滑板移动的距离为4 mm/200＝0.02 mm,即中滑板刻度盘每格进给量为0.02 mm。

刻度盘转一格,中滑板带着车刀进给0.02 mm,在工件半径方向上切下的厚度为0.02 mm,由于工件是旋转的,所以工件直径改变了0.04 mm,因此,在计算加工余量时应注意。

加工外圆时,车刀向工件中心移动为进刀,远离工件中心为退刀。而加工内孔时,则刚好相反。

调整刻度时,如果刻度盘手柄转过了头,或试切后发现尺寸不对而需将车刀退回,由于丝杠与螺母之间有间隙,刻度盘不能直接退回到所要求的刻度,应按图7-27所示的方法纠正。

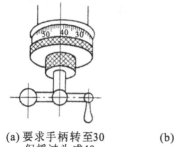 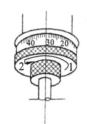 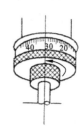

(a) 要求手柄转至30　　　(b) 错误:直接退至30　　　(c) 正确:继续转约一圈
但摇过头成40　　　　　　　　　　　　　　　　　　后再转至所需位置30

图7-27　刻度盘手柄摇过头的纠正方法

小滑板刻度盘主要用于控制工件长度方向的尺寸,其使用与中滑板相同。

7.4.2 车削加工操作过程

在正确安装工件和刀具、调整好车床的转速和进给量之后,通常按以下步骤进行切削。

(1)试切　试切是半精车、精车时控制工件尺寸的关键。为了准确确定背吃刀量 a_p,保证工件的尺寸精度,光靠刻度盘来进刀是不行的,需要采用试切的方法,其方法与步骤如图7-28所示。

图7-28(a)～(e)是试切的一个循环。如果尺寸合格了,就按这个背吃刀量 a_p 将整个表面加工完。如果尺寸还大,就要按图7-28(f)所示方式重新进行试切,直到尺寸合格后才能继续车削下去。

(2)切削　在试切获得合格尺寸后,就可以扳动自动手柄,进行自动进给。当车刀纵向进给至距末端3～5 mm时,改自动进给为手动进给,以免走刀超过要求行程。合理确定走刀次数,如此循环,完成工件被加工表面的车削加工。

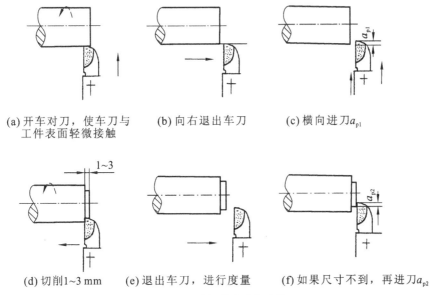

(a) 开车对刀，使车刀与 (b) 向右退出车刀 (c) 横向进刀a_{p1}
工件表面轻微接触

(d) 切削1~3 mm (e) 退出车刀，进行度量 (f) 如果尺寸不到，再进刀a_{p2}

图 7-28　试切的方法与步骤

7.4.3　粗车和精车

为了提高生产率,保证加工质量,根据工件的加工质量要求,常把车削加工划分为粗车和精车。

1) 粗车

粗车的目的是尽快从工件上切去大部分加工余量,使工件接近最终的形状和尺寸。粗车后,要留有 0.5~2 mm 的精车加工余量。在生产中,加大背吃刀量 a_p 对提高生产率最为有利,而对车刀寿命的影响又最小。因此,粗车时首先应选用较大的背吃刀量 a_p,其次是适当加大进给量 f,最后是确定切削速度 v_c。

粗车的切削用量推荐为:背吃刀量 $a_p = 2 \sim 4$ mm;进给量 $f = 0.15 \sim 0.40$ mm/r;切削速度 $v_c = 50 \sim 70$ m/min(用硬质合金车刀切削钢时),或 $v_c = 40 \sim 60$ m/min(用硬质合金车刀切削铸铁时)。

2) 精车

精车的目的是要达到零件的尺寸精度和表面粗糙度要求。精车的尺寸精度可达到IT8~IT7,表面粗糙度 Ra 值达 1.6~0.8 μm。

精车的切削用量推荐为:背吃刀量 a_p 取 0.3~0.5 mm(高速精车时)或 0.05~0.10 mm(低速精车时);进给量 f 取 0.05~0.2 mm/r;切削速度 v_c 取 100~200 m/min(用硬质合金车刀切削钢时)或 60~100 m/min(用硬质合金车刀切削铸铁时)。

7.5　车削加工的基本操作

7.5.1　车端面和钻中心孔

车端面是车削加工最基本、最常见的工序之一。钻中心孔是为了获得轴类工件的径向定位基准。应先车端面,后钻中心孔。

1. 车端面

端面往往是零件长度方向尺寸的测量基准,因此,在车削时,应先车端面。车端面一般采用弯头刀或右偏刀,其车削方法如图 7-29 所示。弯头刀应用广泛,刀尖强度高,适用车削较大的端面。右偏刀主要适用于车削台阶端面,使用右偏刀车端面有由外向中心进刀和由中心向外进刀两种进刀方式。用右偏刀由外向中心车端面时,若背吃刀量 a_p 过大,则容易扎刀。

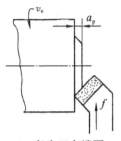 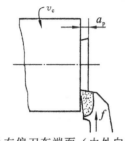 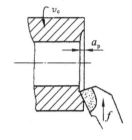

(a)弯头刀车端面 　　(b)右偏刀车端面（由外向中心）　　(c)右偏刀车端面（由中心向外）

图 7-29　车端面

车端面时,刀尖应与工件中心等高,以免车出的端面中心留有凸台(当刀尖中心低于工件中心时)或引起崩刃(当刀尖中心高于工件中心时)。

端面的直径从外到中心是变化的,切削速度也随之变化,而切削速度的变化会影响到被加工表面的质量,因此,车端面时工件转速应比车外圆时选择得高一些。

2. 钻中心孔

若需要,在车好端面后可钻中心孔。在卧式车床上钻中心孔时,先将中心钻用钻夹头夹紧,再将钻夹头直接或加装莫氏锥度套筒后安装到尾座的套筒内,移动尾座至合适位置锁紧,利用尾座套筒的移动即可在工件的端面上钻出中心孔。

钻中心孔时应注意:

(1) 应先车端面,后钻中心孔,以准确控制中心孔尺寸,防止钻偏。

(2) 工件转速应比车外圆时选择得高一些,以保证中心钻切削部分有足够的切削速度。

(3) 进给速度要缓慢而均匀,以防中心钻折断,并不断加注切削液。

(4) 控制好中心孔孔口的大小。

7.5.2　车外圆和台阶

车外圆是车削加工中最基本、最常见的工序。为适应车削不同的台阶结构形状,外圆车刀有尖刀、弯头刀和 90°偏刀等多种。典型外圆车刀的几何角度如图 7-30 所示,用不同的车刀车外圆的方法如图 7-31 所示。尖刀主要用于粗车外圆和车没有台阶或台阶不大的外圆;弯头刀用于车外圆、端面、倒角和带 45°斜面的外圆;偏刀因主偏角为 90°或略大于 90°,车外圆时的背向力很小,常用来车削带有垂直台阶的外圆和细长轴。

车高度在 5 mm 以下的台阶时,可在车外圆的同时车出台阶,如图 7-32 所示。为使车刀的主切削刃垂直于工件的轴线,可在先车好的端面上对刀,使主切削刃与端面贴平。

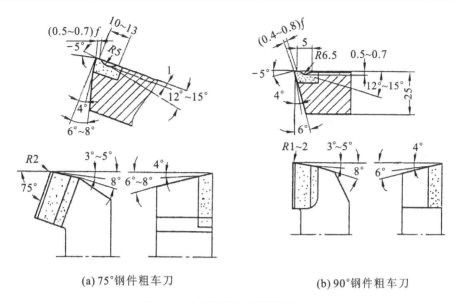

(a) 75°钢件粗车刀

(b) 90°钢件粗车刀

图 7-30　典型外圆车刀的几何角度

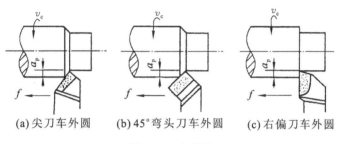

(a) 尖刀车外圆　　(b) 45°弯头刀车外圆　　(c) 右偏刀车外圆

图 7-31　车外圆

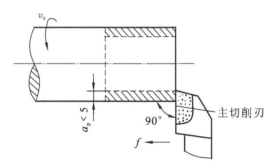

图 7-32　车低台阶

车高度在 5 mm 以上的台阶时,应分层进行车削,如图 7-33 所示。

为控制台阶长度,可借助钢直尺或卡钳,先用刀尖刻出线痕,以此作为加工界限,如图 7-34 所示。这种方法不够准确,一般线痕所定的长度应比所需的长度略短,以留有余地。也可以借助床鞍刻度盘控制切削长度。最后用深度游标卡尺测量长度,如图 7-34(c)所示。

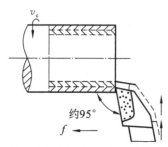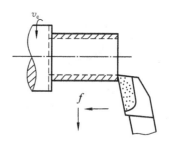

(a) 偏刀主切削刃和工件轴线约成 95°，分多次纵向进给车削

(b) 在末次纵向进给后，车刀横向退出，车出90°台阶

图 7-33　车高台阶

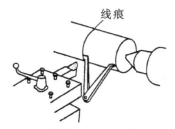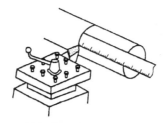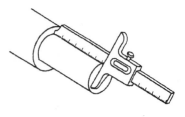

(a) 用卡钳测量，刀尖车出线痕

(b) 用钢直尺测量，刀尖车出线痕

(c) 用深度游标卡尺测量

图 7-34　台阶长度的控制和测量

车削台阶轴时，为了保证工件的刚度，便于通过试切控制直径和长度的尺寸，一般应先车直径较大的外圆，后车直径较小的外圆，即"先大后小"。

7.5.3　车槽与切断

回转体表面常有退刀槽、砂轮越程槽等沟槽，车出这些沟槽的方法称为车槽。切断是在车床上将坯料或工件从夹持端分离出来的车削方法。

1. 车槽

车槽与车端面很相似，相当于将左、右偏刀并在一起，同时车左、右两个端面。车槽所用刀具称为车槽刀，如图 7-35 所示。车槽刀有一条主切削刃和两条副切削刃，其前角 $\gamma_o=25°\sim30°$，后角 $\alpha_o=8°\sim12°$，副后角 $\alpha_o'=0.5°\sim1°$，副偏角 $\kappa_r'=1°\sim2°$。车槽的方法如图 7-36 所示。

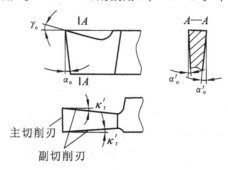

图 7-35　车槽刀及其角度

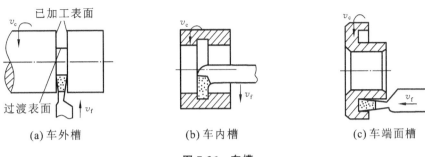

图 7-36　车槽

　　车削宽度为 5 mm 以下的窄槽，主切削刃可与槽等宽，一次车出。车削宽槽时可按图 7-37 所示的方法切削，最后精车的顺序如图 7-37(c)所示。

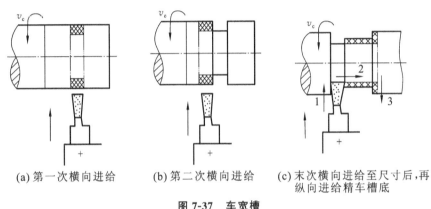

(a) 第一次横向进给　　　(b) 第二次横向进给　　　(c) 末次横向进给至尺寸后，再纵向进给精车槽底

图 7-37　车宽槽

2. 切断

　　切断所用刀具为切断刀。切断刀的形状与车槽刀相似，但因刀头窄而长，很容易折断。切断时应注意以下几点：

　　(1) 切断时一般用卡盘夹持工件，如图 7-38 所示，切断处应距卡盘近些。要避免在顶尖安装的工件上切断，以免产生振动。

　　(2) 切断刀刀尖必须与工件中心等高，否则切断处将剩有凸台，且刀头也容易损坏，如图 7-39 所示。切断刀伸出刀架的长度不宜过长，以保证能切断为宜。

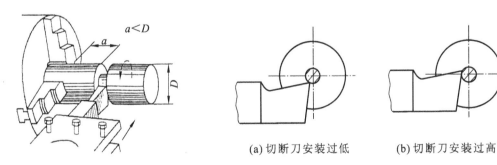

图 7-38　在卡盘上切断　　　　　　图 7-39　切断刀刀尖应与工件中心等高

(a) 切断刀安装过低　　　(b) 切断刀安装过高

（3）用于切断的车床，其主轴以及刀架滑动部分的间隙要调整好，以避免工件和车刀振动，使切断难以进行。

（4）切削速度要低，并缓慢均匀地手动进给。在即将切断时，必须放慢进给速度，用手接住即将掉落的工件。

7.5.4 钻孔和车孔

在车床上可以用内孔车刀车孔。车孔是车削加工中最基本、最常见的工序。也可用麻花钻、扩孔钻和铰刀进行钻孔、扩孔和铰孔等孔加工工作。

1. 钻孔、扩孔

1）钻孔

钻孔是在工件实体上用麻花钻加工出孔。在车床上钻孔时，一般工件由卡盘夹紧而旋转，钻头由尾座套筒带动做纵向进给，如图 7-40 所示。钻孔的尺寸公差等级在 IT10 以下，表面粗糙度值为 12.5 μm 以上，属于孔的粗加工，一般作为车孔前的预加工。

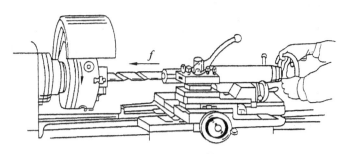

图 7-40 在车床上钻孔

在车床上钻孔的操作步骤如下：

（1）车端面，以便钻头定心，防止钻偏。

（2）预钻中心孔 用中心钻在工件端面中心处预先钻出定位孔。

（3）装夹钻头 选择与所钻孔直径相对应的麻花钻，麻花钻工作部分长度应长于孔深。如果是直柄麻花钻，则用钻夹头装夹，再将钻夹头的锥柄插入尾座套筒内；如果是锥柄麻花钻，则直接插入尾座套筒中。如果钻头直径过小，可加用莫氏锥度过渡套筒。

（4）调整尾座位置 移动尾座至合适位置，再将尾座锁紧于床身上。

（5）钻孔 钻孔时，切削速度不宜过大，进给速度应缓慢，并不断退出钻头排屑、冷却。孔将钻通时，应减慢进给速度，以免钻头折断。钻盲孔时，可利用尾座套筒上的刻度来控制钻孔深度，也可以在钻头上做深度标记来控制孔深，或用深度游标卡尺测量。钻削至深度尺寸后，应退出钻头后再停车。钻削钢件时，应加注切削液。

2）扩孔

扩孔是在钻孔基础上对孔的进一步加工。在车床上扩孔的方法与在车床上钻孔相似，所不同的是所用钻头是扩孔钻，而不是麻花钻。扩孔的余量与孔径大小有关，一般为 0.5～2 mm。扩孔的尺寸公差等级可达 IT10～IT9，表面粗糙度 Ra 值为 6.3～3.2 μm，属于孔的半精加工。

2. 车孔

车孔也称镗孔,是对铸出、锻出或钻出的孔的进一步加工,可以车通孔、不通孔、台阶孔和内环形孔槽,如图 7-41 所示。车孔可以较好地纠正原孔轴线的位置精度,可进行粗加工、半精加工和精加工。

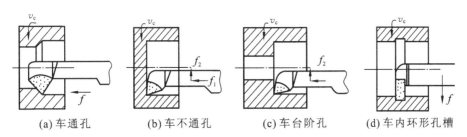

(a) 车通孔　　　　(b) 车不通孔　　　　(c) 车台阶孔　　　　(d) 车内环形孔槽

图 7-41　车孔

车不通孔或台阶孔时,当车刀纵向进给至末端时,需做横向进给,以加工内端面,保证内端面与孔的轴线垂直。车孔刀刀杆应尽可能粗些。安装车孔刀时,力杆伸出的长度应尽可能短。刀尖要装得略高于工件中心,以减少振动和扎刀现象。

由于刀体尺寸受到孔径的限制,车孔刀刚度低,容易产生变形与振动,因此,车孔时常采用较小的进给量和背吃刀量,进行多次走刀,生产率较低。但车孔刀制造、刃磨简单,通用性强。

7.5.5　车圆锥面

零件的组成表面有内、外圆柱面,也有内、外圆锥面。圆锥面广泛用作配合表面或组成表面间的过渡面。

1. 圆锥体的主要参数

圆锥体有五个基本参数,如图 7-42 所示,其中 C 为锥度,α 为圆锥角($\alpha/2$ 为圆锥半角,亦称斜角),D 为大端直径,d 为小端直径,L 为圆锥的轴向长度。它们之间的关系为

$$C=\frac{D-d}{L}=2\tan\frac{\alpha}{2}$$

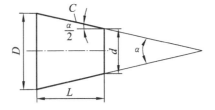

图 7-42　圆锥体的主要参数

2. 车圆锥面的方法

圆锥面的车削方法有宽刀法、小滑板转位法、尾座偏移法、靠模法和轨迹法等五种。靠模法适用于批量加工圆锥面,轨迹法是应用数控车床加工圆锥面时采用的方法,需要时参考有关资料。

(1) 宽刀法　用宽刀法车圆锥面如图 7-43 所示。刀刃必须平直,与工件轴线夹角应等于圆锥半角,利用手动横向进给直接车出。工件和车刀的刚度要高,否则容易引起振动。宽刀法只适宜用于加工较短的圆锥面,生产率较高,在成批和大批量生产中应用较多。

(2) 小滑板转位法　用小滑板转位法车圆锥面如图 7-44 所示。松开小滑板紧固螺母,根据工件的锥角 α,将小滑板扳转 $\alpha/2$,再拧紧螺母,即可加工。此方法操作简单,能获得一定的加工精度,而且还能车内圆锥面和锥角很大的圆锥面,应用较广。但由于受小滑板行程

的限制,并且只能手动走刀,劳动强度较大,表面粗糙度难以控制,主要用在单件小批生产中,车削精度较低和长度较短的圆锥面。

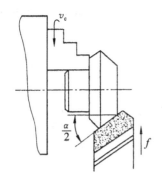

图 7-43　用宽刀法车圆锥面

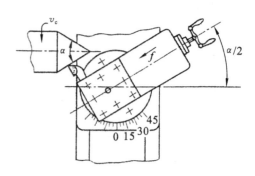

图 7-44　用小滑板转位法车圆锥面

　　(3)尾座偏移法　用尾座偏移法车圆锥面如图 7-45 所示。将工件安装在前、后顶尖之间,尾座相对底座在横向向前或向后偏移一定距离 S,使工件回转轴线与车床主轴轴线的夹角等于圆锥半角 $\alpha/2$,当刀架自动或手动进给时即可车出所需的锥面。尾座偏移法只适宜用于加工在顶尖上安装的较长的、圆锥半角小于 8°的外锥面。

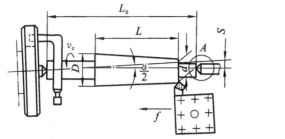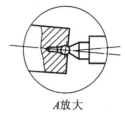

图 7-45　用尾座偏移法车圆锥面

7.5.6　车螺纹

　　螺纹的应用广泛,种类很多,其中普通米制三角螺纹应用最广。

1. 普通螺纹三要素

　　普通米制三角螺纹简称普通螺纹,其基本牙型和参数如图 7-46 所示。牙型、中径 d_2 (D_2) 和螺距 P 是决定螺纹形状尺寸的三个基本要素,称为螺纹三要素。

　　(1)螺纹牙型　螺纹牙型是指在通过螺纹轴线的剖面上螺纹的轮廓形状,此时,螺纹两侧面的夹角用牙型角 α 表示。米制三角螺纹牙型角 $\alpha=60°$;寸制三角螺纹牙型角 $\alpha=55°$。

　　(2)螺纹中径 $d_2(D_2)$　螺纹中径是螺纹的牙厚与牙间相等处的假想圆柱的直径。中径是螺纹的配合尺寸,只有当内、外螺纹的中径一致时,两者才能很好地配合。

　　(3)螺距 P　螺距是相邻两牙在中径线上对应点的轴向距离。米制螺纹的螺距以毫米为单位;寸制螺纹的螺距以每英寸牙数来表示。

　　车削螺纹时,必须使上述三个要素都符合要求,这样才能车出合格的螺纹。

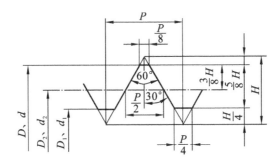

图 7-46　普通螺纹的基本牙型和参数

D—内螺纹大径(公称直径)；d—外螺纹大径(公称直径)；D_2—内螺纹中径；

d_2—外螺纹中径；D_1—内螺纹小径；d_1—外螺纹小径；P—螺距；H—原始三角形高度

2. 车削螺纹

各种螺纹车削方法的基本规律大致相同。现以车削单线普通螺纹为例加以说明。

1) 保证牙型

为了获得正确的牙型,需要正确刃磨车刀和安装车刀。

(1) 正确刃磨车刀。车削钢件螺纹用的车刀如图 7-47 所示。刃磨时要注意两点。一是要使车刀切削部分的形状与螺纹沟槽截面形状相吻合,即车刀的刀尖角等于牙型角 α。可在刃磨时用螺纹对刀样板检验。二是要使车刀前角 $\gamma_\circ = 0°$。粗车螺纹时,为了改善切削条件,可用带正前角的车刀。但精车时一定要使用前角 $\gamma_\circ = 0°$ 的车刀。

(2) 正确安装车刀。一是车刀刀尖必须与工件回转中心等高;二是车刀刀尖角的平分线必须垂直于工件轴线,为了保证这一要求,安装车刀时常用螺纹对刀样板对刀。

普通螺纹车刀的形状及对刀方法如图 7-48 所示。

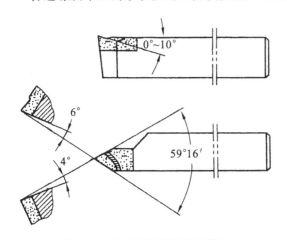

图 7-47　车削钢件螺纹用的车刀

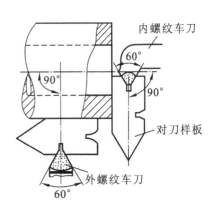

图 7-48　内、外螺纹车刀的对刀方法

2) 保证螺距

为了车削出所需要的工件螺距,必须正确调整车床进给箱调整手柄,并在车削过程中避免“乱扣”。

(1) 车螺纹时,为了获得准确的螺距,必须用丝杠带动刀架做纵向进给,使工件每转动一周,刀具移动的距离等于螺纹螺距。车螺纹前,应根据工件上螺纹的螺距,查机床上的进给手柄标牌,然后调整进给箱上的手柄位置及更换挂轮箱内的交换齿轮(车削标准普通螺纹时不必更换)。

(2) 正确使用开合螺母。螺纹需经过多次走刀才能切成。在多次走刀中,必须保证车刀总是落在第一次切出的螺纹槽内,否则就会造成"乱扣"。"乱扣"将使工件成为废品。若$P_{丝}/P_{工}$为整数,在车削过程中任意脱开、合上开合螺母,都不会导致"乱扣";若$P_{丝}/P_{工}$不为整数,则可能会造成"乱扣",此时一旦合上开合螺母,就不能再脱开,纵向退刀须开反车退回。

3) 保证中径

螺纹中径$d_2(D_2)$的大小是靠控制切削过程中多次进刀的总背吃刀量来实现的。进刀的总背吃刀量可根据计算的螺纹工作牙高由横向刻度盘大致控制,最后还需用螺纹量规测量来保证。螺纹量规有通规和止规之分。如果通规能旋入,而止规不能旋入,则说明所加工的螺纹合格。测量外螺纹用螺纹环规(见图7-49(a)),测量内螺纹用螺纹塞规(见图7-49(b))。

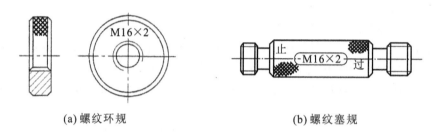

(a) 螺纹环规   (b) 螺纹塞规

图 7-49   螺纹量规

精度高的螺纹应用三针测量法测量或用螺纹千分尺测量。

4) 车削螺纹的方法和步骤

在车床上车螺纹的操作过程如下。

(1) 根据工件上螺纹的螺距,对照机床进给箱标牌,调整进给箱上的手柄位置。

(2) 根据工件螺纹的旋向,改变螺纹车刀的自动进给方向。一般情况下,螺纹旋向为右旋时,不需要改变车刀的自动进给方向。

(3) 脱开光杠进给机构,改由丝杠传动。

(4) 选择、刃磨、安装车刀。车螺纹可以用高速钢车刀,也可用硬质合金车刀。

(5) 按照图7-50所示的操作过程进行螺纹车削,直至螺纹合格为止。

车螺纹的进刀方法有直进刀法和斜进刀法两种。直进刀法用中滑板横向进刀,车刀的两切削刃和刀尖同时参加切削。此法操作方便,能保证螺纹牙型精度,但车刀受力大,刀尖易磨损;斜进刀法用中滑板横向进刀和小滑板纵向进刀相配合,使车刀基本上只有一个切削刃参加切削,车刀受力小,散热、排屑有改善,但牙型的一侧表面粗糙度值较大,所以在最后一刀要留有余量,用直进刀法修光牙型两侧面。

5) 车螺纹时的注意事项

(1) 车螺纹前,调整好中滑板和小滑板导轨间隙,以使车刀移动均匀、平稳。

(2) 中途卸下车刀刃磨后,需重新对刀安装。重新对刀应在合上丝杠开合螺母并移动

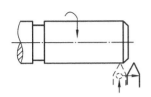

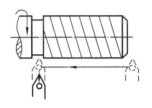

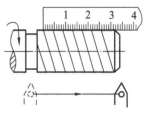

(a) 开车，使车刀与工件轻微接触，记下刻度盘读数，向右退出车刀

(b) 合上开合螺母，在工件表面上车出一条螺旋线，横向退出车刀，停车

(c) 开反车，使车刀退至工件右端，用钢直尺检查螺距是否正确

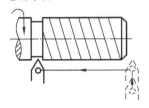

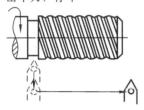

(d) 利用刻度盘调整背吃刀量，开车切削

(e) 将要车至行程终了时，应做好退刀和停车准备，先快速退出车刀，然后停车，开反车退回车刀

(f) 再次横向进给，继续切削，直至结束

图 7-50　车螺纹的操作过程

刀架至工件的中间后停车进行。

（3）车削内螺纹时，车刀横向进、退方向与车外螺纹时相反。

（4）对于直径很小的外螺纹和内螺纹，可以在车床上分别用板牙套螺纹和用丝锥攻螺纹。

（5）车螺纹时，应不断加注切削液，以冷却、润滑刀具，并及时清除车刀上的切屑。

（6）车螺纹时，严禁用手触摸工件以及用棉纱擦拭转动的螺纹。

7.5.7　车成形面与滚花

1. 车成形面

在车床上可以车削由一条曲线（母线）绕一固定轴线回转而形成的回转成形面，如车手柄和圆球等。车成形面的方法有双手控制法、成形刀法、靠模法等，也可用数控车床加工成形面，本节仅介绍前两种方法。

（1）双手控制法　车削时，用双手同时摇动中滑板和小滑板的手柄，使刀架同时做横向进给和纵向进给，使刀尖所走的轨迹与成形面的母线相符，如图 7-51 所示。车削时一般使用圆头车刀，便于多向进给。加工时需要多次车削和度量，最后还需用锉刀和砂皮加以修整，这样才能得到所需的精度及表面粗糙度。

成形面的形状一般用样板检验，如图 7-52 所示。双手控制法对操作者技术要求较高，但由于不需要特殊的设备，在生产中仍被普遍采用，多用于单件小批生产中形状简单成形面的车削。

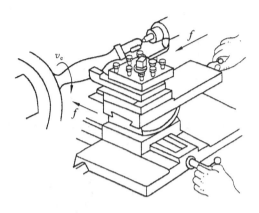

图 7-51 双手控制法车成形面

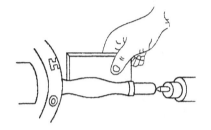

图 7-52 用样板检验成形面

（2）样板刀法　用样板刀法车成形面如图 7-53 所示。它与用宽刀法车锥面类似，所不同的是刀刃形状不是斜线而是曲线，且与工件的表面轮廓形状相一致。由于样板刀的刀刃不能太宽，刃磨出的曲线形状也不十分准确，因此常用于加工形状比较简单、要求不太高的成形面。

2. 滚花

滚花是用特制的滚花刀滚压工件，使工件表面产生塑性变形而形成花纹的操作。在工具、零件的手握部分表面滚花，目的是为了美观和增加摩擦力。花纹有直纹和网纹两种，图 7-49 所示螺纹量规表面的花纹即为网纹。滚花刀也分为直纹滚花刀和网纹滚花刀，其中，直纹滚花刀为单滚轮的（见图 7-54(a)），网纹滚花刀为双滚轮或六滚轮的（见图 7-54(b)、(c)）。

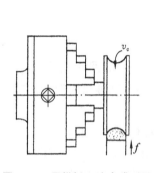

图 7-53　用样板刀法车成形面

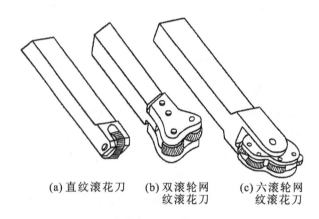

(a) 直纹滚花刀　(b) 双滚轮网　(c) 六滚轮网
　　　　　　　　　纹滚花刀　　　纹滚花刀

图 7-54　滚花刀

滚花一般在车床上进行，如图 7-55 所示。滚花时，应保证滚花刀的中心与工件中心等高，使滚花刀与工件表面平行，工件低速旋转。滚花刀先横向进给，待滚花刀横向挤压一定深度后，再进行纵向自动进给，一般来回滚压 1～2 次，直至花纹滚好为止。滚花时应充分加注切削液。滚花后工件直径大于滚花前直径。

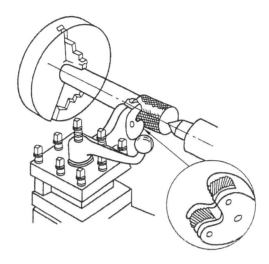

图 7-55　滚花

7.6　车削加工的基本操作训练

7.6.1　车工实习安全操作规程

（1）进入车间，穿好工作服、工作鞋，扎好袖口，戴好护眼镜；女生戴好工作帽，头发罩在工作帽内；不准穿拖鞋、凉鞋、高跟鞋；严禁戴手套操作。

（2）实习学生应在指定车床上进行操作，不得随意开动其他车床；如果两人同开一台车床，只能其中一人操作，另外一人在安全区域做准备。

（3）设备操作前，应检查开关、手柄是否在规定位置，润滑油路是否畅通，防护装置是否完好。

（4）变速、测量、换刀和装夹工件时必须停车。

（5）卡盘上的扳手在松开或夹紧工件后应立即取下，以免开车时飞出伤人。

（6）机床运转时，严禁用手触摸机床的旋转部位，严禁隔着车床传递物件。

（7）车削时的切削速度、背吃刀量和进给量都应选择适当，不得任意加大。

（8）测量工件时，将变速手柄转到空挡位置或将急停开关按下以防误操作而转动主轴。

（9）切削时，手、头部和身体其他部位都不要与工件及刀具靠得太近；人站立位置应偏离切屑飞出方向；切屑应用钩子清除，不得用手拉。

（10）转动刀架时要将床鞍或中滑板移到安全位置，防止刀具和卡盘、工件、尾架相碰。

（11）操作中，发现机床有异常现象时应立即停车，并及时向指导教师汇报。

（12）正确使用和爱护量具，经常保持量具清洁，用后及时擦净并放入盒内。禁止将工具、刀具和工件放在车床的导轨上。

（13）车刀磨损后应及时刃磨，刃磨时应严格按照刀具刃磨安全操作规程。

（14）工作结束时,开关、手柄放在非工作位置上,切断电源,清理工、夹、量具,做好机床和场地的清洁工作,填写设备使用记录。

7.6.2 车削加工基本操作训练

车削加工的基本操作技能训练在单项分解练习的基础上进行,可在规定时间内完成一定复杂程度零件的加工。

1. 阅读和分析图样

图 7-56 和图 7-57 分别为车工综合实习工件短轴和轴套的零件图,工件材料为 45 钢,短轴毛坯尺寸为 ϕ45 mm×130 mm,轴套毛坯尺寸为 ϕ50 mm×55 mm,毛坯类型为热轧圆钢,无热处理要求。

短轴的主要组成表面为同轴的外圆柱面,同时有外圆锥面、螺纹、花纹、圆弧面和退刀槽等。主要表面的尺寸为 $\phi25_{-0.021}^{0}$ mm、表面粗糙度 Ra 值为 1.6 μm,M16 螺纹轴线与 ϕ25 mm 外圆轴线的同轴度为 ϕ0.05 mm,ϕ35 mm 外圆左端面对 ϕ25 mm 外圆轴线的跳动为 0.03 mm、表面粗糙度 Ra 值为 3.2 μm。

轴套的主要组成表面是同轴的内、外圆,内孔中有沟槽。内孔的主要尺寸是 $\phi25_{0}^{+0.021}$ mm、表面粗糙度 Ra 值为 3.2 μm。

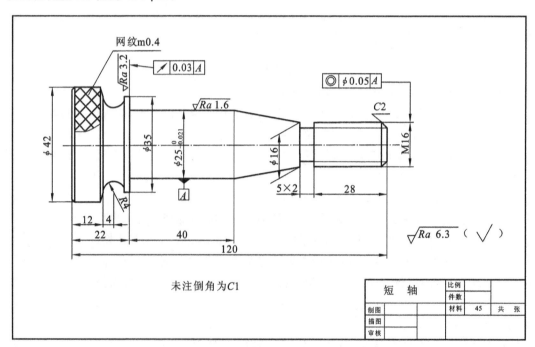

图 7-56　短轴零件图

2. 零件车削工艺分析

对这两个零件需进行车端面与钻中心孔、车外圆及台阶、车圆锥面、车成形面、滚花、车槽、车螺纹、钻孔与车孔等基本操作。根据基准重合和基准统一原则;短轴除左端面外,所有加工表面均在一次安装中完成加工,以保证零件的加工精度;轴套内孔在一次安装中加工完

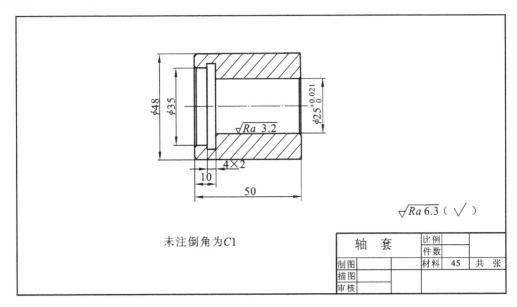

图 7-57　轴套零件图

成。短轴圆弧用成形刀车削,螺纹用车削方法加工。

短轴的加工工艺路线为车端面、钻中心孔→车外圆及台阶→车圆锥面→车成形面→滚花→车槽及倒角→车螺纹→车端面及倒角→去毛刺。

轴套的加工工艺路线为车端面、钻孔、车外圆及倒角→车端面、车外圆→车孔、车槽→倒角。

短轴主要用一夹一顶方法装夹;轴套用三爪自定心卡盘装夹。

3.零件车削步骤及注意事项

(1)短轴的车削步骤　短轴的车削步骤见表 7-1。

表 7-1　短轴的车削步骤

序号	工序内容	加工步骤及内容	刀具及量具
1	车端面、钻中心孔	夹毛坯外圆,保证伸出长度>30 mm	
		(1)车右端面(车出即可)	45°偏刀
		(2)钻 A2.5/5.3 中心孔	A2.5 中心钻、游标卡尺
2	车外圆及台阶	一夹一顶装夹,保证伸出长度>120 mm	
		(1)粗、精车 ϕ42 mm 外圆至尺寸,长度为 120 mm	90°右偏刀、游标卡尺、千分尺
		(2)粗、精车 ϕ35 mm 外圆至尺寸,长度为 108 mm	
		(3)粗、精车 ϕ25 mm 外圆至尺寸,车出左端面,长度为 98 mm,表面粗糙度符合图样要求	
		(4)粗、精车 M16 螺纹外圆至 ϕ15.8 mm,长度为 33 mm	
3	车圆锥面	用小滑板转位法车削圆锥面至尺寸	90°右偏刀、游标卡尺

续表

序号	工序内容	加工步骤及内容		刀具及量具
4	车成形面	用成形车刀车削 $R4$ mm 圆弧槽		成形车刀、游标卡尺
5	滚花	用网纹 m0.4 滚花刀滚花		m0.4 滚花刀
6	车槽及倒角	(1) 车 5 mm×2 mm 退刀槽		车槽刀、游标卡尺
		(2) 倒角 $C1$、$C2$		45°偏刀
7	车螺纹	粗、精车 M16 螺纹至尺寸		螺纹车刀、螺纹环规
8	车端面及倒角	调头,夹 $\phi25$ mm 外圆,垫铜皮		
		(1) 车端面,保证总长		45°偏刀、游标卡尺
		(2) 倒角 $C1$		45°偏刀
9	去毛刺	去除螺纹毛刺		锉刀

（2）轴套的车削步骤　轴套的车削步骤见表 7-2。

表 7-2　轴套的车削步骤

序号	工序内容	加工步骤及内容	刀具及量具
1	车端面、钻孔、车外圆及倒角	夹毛坯外圆,伸出长度＞30 mm	
		(1) 车端面	45°偏刀
		(2) 钻 $\phi20$ mm 孔	$\phi20$ mm 钻头
		(3) 车 $\phi48$ mm 外圆至尺寸	45°偏刀、游标卡尺
		(4) 倒角 $C1$	45°偏刀
2	车端面、车外圆	调头,夹 $\phi48$ mm 外圆,校正	
		(1) 车端面,保证总长	45°偏刀、游标卡尺
		(2) 车 $\phi48$ mm 外圆至尺寸	45°偏刀、游标卡尺
3	车孔、割槽	(1) 粗、精车 $\phi25$ mm 孔至尺寸,表面粗糙度符合图样要求	内孔车刀、内径千分尺
		(2) 车 $\phi35$ mm 孔至尺寸	内孔车刀、游标卡尺
		(3) 车 4 mm×2 mm 内沟槽至尺寸	内沟槽车刀、游标卡尺
4	倒角	外圆、孔口倒角 $C1$	45°偏刀

注意事项:

（1）车削过程中应选择合适的切削用量,特别是钻中心孔时。

（2）一夹一顶车削过程中,只允许转换刀架和调换车刀,尽可能避免重新安装工件。

（3）车圆弧时,可先用尖头车刀车去大部分余量,再用成形车刀车削。

（4）螺纹车刀尽可能用高速钢刀排刃磨而成,以避免崩刃,提高螺纹表面粗糙度。

（5）安装螺纹车刀时一定要对刀，车出螺纹线后应及时测量螺距。

（6）轴套外圆接刀时尽可能减少误差。

复习思考题

1. 简述车削的加工范围和特点。

2. 车床有哪些种类？车削运动的特点是什么？

3. 主轴的转速是否就是切削速度？主轴转速提高，刀架移动就加快，这是否就意味着进给量加大？

4. 光杠、丝杠的作用是什么？车削中如何应用？

5. 简述车刀的种类、结构及应用。安装车刀时应注意哪些事项？

6. 车削 45 钢和 HT200 铸铁时，各应该选用哪类硬质合金车刀？

7. 车床上安装工件的方法有哪些？各适用于加工什么样的零件？

8. 简述划分粗车和精车的原因。此时刀具角度和切削用量的选择有何不同？

9. 简述试切削的目的及基本操作。

10. 在车床上钻孔与在钻床上钻孔有何不同？在车床上如何钻孔？

11. 切断刀安装时应注意哪些事项？

12. 简述车削螺纹时如何获得合格的螺纹。

13. 螺纹车刀的形状和外圆车刀有何区别？应如何安装？

14. 车圆锥面有哪些方法？各适用于什么零件？

15. 根据车工实习体会，简述车工实习安全操作规程。

第8章 铣 削

教学要求

理论知识

(1) 了解铣削的定义和加工范围,理解铣削运动和铣削用量,了解铣削方式和加工特点;

(2) 了解常用铣床、铣刀和铣床附件;

(3) 掌握铣削安全操作规程,掌握铣削基本工艺分析;

(4) 理解铣削加工的基本操作。

技能操作

(1) 能熟练操作普通卧式、立式铣床;

(2) 能熟练使用铣床各类附件,能正确安装不同类型的零件;

(3) 根据零件图,完成中等复杂零件的铣削加工。

8.1 概述

铣削是指在铣床上利用铣刀的旋转做主运动,工件连续平移做进给运动来实现切削的一种切削加工方法。铣削是金属切削加工中常见的方法之一,铣削工作量仅次于车削。

8.1.1 铣削加工范围

铣削通常在卧式铣床或立式铣床上进行,主要用来加工各类平面、沟槽和成形面,利用分度头对工件进行分度后可以铣花键、铣齿轮,还可以在工件上进行钻孔、镗孔等。铣削的典型加工范围如图 8-1 所示。

8.1.2 铣削运动与铣削用量

1. 铣削运动

铣削运动有主运动和进给运动。铣削时刀具绕自身轴线的快速旋转运动为主运动,工件缓慢的直线运动为进给运动,其中刀具的转速可以调节,进给运动包含横、纵和垂直三个方向的运动。

2. 铣削用量

铣削时的铣削用量由切削速度(v_c)、进给量(f)、背吃刀量(a_p)和侧吃刀量(a_e)四个要素组成,如图 8-2 所示。

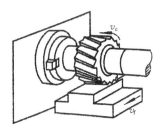

(a) 圆柱铣刀铣平面

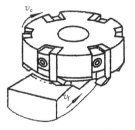

(b) 端铣刀铣平面

(c) 三面刃铣刀铣直角槽

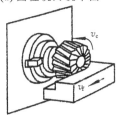

(d) 套式铣刀铣台阶面

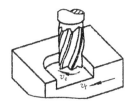

(e) 立铣刀铣凹平面

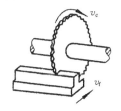

(f) 锯片铣刀切断

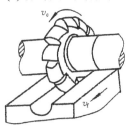

(g) 凸半圆铣刀铣凹圆弧面

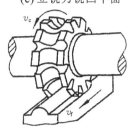

(h) 凹半圆铣刀铣凸圆弧面

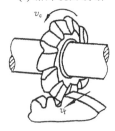

(i) 齿轮铣刀铣齿轮

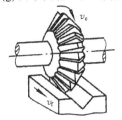

(j) 角度铣刀铣V形槽

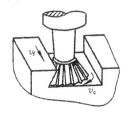

(k) 燕尾槽铣刀铣燕尾槽

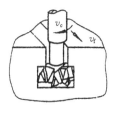

(l) T形槽铣刀铣T形槽

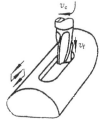

(m) 键槽铣刀铣键槽

(n) 半圆键槽铣刀铣半圆键槽

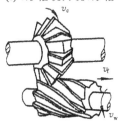

(o) 角度铣刀铣螺旋槽

图 8-1 铣削的典型加工范围

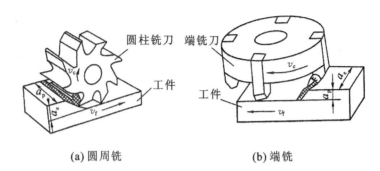

(a) 圆周铣   (b) 端铣

图 8-2 铣削运动与铣削用量

1）切削速度 v_c

切削速度即为铣刀最大直径处的线速度，可用下式表示：

$$v_c = \frac{\pi D n}{1000}$$

式中：v_c——切削速度（m/min）；

D——铣刀切削刃上的最大直径（mm）；

n——铣刀每分钟转速（r/min）。

2）进给量 f

铣削时，工件在进给运动方向上相对刀具的移动量即为铣削时的进给量。由于铣刀为多刃刀具，计算时按单位时间的不同，进给量有以下三种表示方式：

（1）每齿进给量 f_z，指铣刀每转过一个刀齿，工件相对铣刀的进给量（即铣刀每转过一个刀齿，工件沿进给方向移动的距离），其单位为 mm/z。

（2）每转进给量 f，指铣刀每转一转，工件相对铣刀的进给量（即铣刀每转一转，工件沿进给方向移动的距离），其单位为 mm/r。

（3）每分钟进给量 v_f，又称进给速度，指工件相对铣刀每分钟进给量（即每分钟工件沿进给方向移动的距离），其单位为 mm/min。

上述三者的关系为

$$v_f = f n = f_z z n$$

式中：z——铣刀齿数；

n——铣刀每分钟转速（r/min）。

3）背吃刀量 a_p

背吃刀量为平行于铣刀轴线方向测量的切削层尺寸（切削层是指工件上正被刀刃切削着的那层金属），单位为 mm。因圆周铣与端铣时铣刀相对于工件的方位不同，故 a_p 也不同。端铣时，a_p 为铣削层深度；圆周铣时，a_p 为被加工表面的宽度。

4）侧吃刀量 a_e

侧吃刀量是垂直于铣刀轴线方向测量的切削层尺寸，单位为 mm。端铣时，a_e 为被加工表面的宽度；圆周铣时，a_e 为铣削层深度。

从刀具的耐用度出发，铣削用量的选择方法是：先选取背吃刀量或侧吃刀量，其次确定进给速度，最后确定切削速度。

8.1.3　铣削方式

铣削方式主要指圆周铣与端铣、顺铣与逆铣、对称铣削与不对称铣削等。

1. 圆周铣

用圆柱铣刀的圆周刀齿加工平面的铣削方式，称为圆周铣，如图 8-2(a)所示。圆周铣可分为逆铣和顺铣。

(1) 逆铣　逆铣时铣刀旋转方向与工件的进给方向相反，如图 8-3(a)所示。

逆铣时，每齿切削厚度从零开始渐增。开始切削时，刀刃先在工件表面滑行一段距离，然后才切入金属。因此，刀刃容易磨损，并会使加工表面的粗糙度增大。而且逆铣时铣刀对工件有上抬的切削分力，将影响工件在工作台上安装的稳固性。

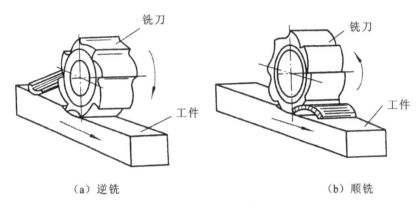

铣刀　　工件

铣刀　　工件

（a）逆铣　　　　　　　　　（b）顺铣

图 8-3　逆铣与顺铣

(2) 顺铣　顺铣时铣刀旋转方向与工件的进给方向相同，如图 8-3(b)所示。

顺铣时，工件的进给会受到工作台传动丝杠与螺母之间间隙的影响。因为铣削的水平分力与工件的进给方向相同，铣削力忽大忽小，会使工作台窜动和进给量不均匀，甚至引起打刀或损坏机床。因此，必须在铣床的纵向进给丝杠螺母副设有消除间隙的装置时才能采用顺铣。

2. 端铣

用铣刀的端面刀齿加工平面的铣削方式，称为端铣，如图 8-2(b)所示。

8.1.4　铣削加工的特点

与其他切削加工方法相比，铣削加工具有以下特点：

(1) 生产效率高。铣刀是典型的多齿刀具，铣削时刀具上同时参加工作的切削刃较多，利用硬质合金镶片刀具，可采用较大的切削用量，且切削运动是连续的，因此，与刨削相比，铣削的生产效率较高。

(2) 刀齿散热条件好。铣削时，每个刀齿是间歇地进行切削，切削刃的散热条件好，但切入、切出时热的变化及力的冲击，将加速刀具的磨损，甚至可能引起硬质合金刀片的碎裂。

(3) 易产生振动。由于铣刀刀齿不断切入、切出，铣削力不断变化，因而容易产生振动，限制了铣削生产率和加工质量的进一步提高。

（4）加工成本高。由于铣床结构较复杂，铣刀制造和刃磨比较困难，铣削加工成本较高。

铣削的加工精度一般可达 IT9～IT8，表面粗糙度可达 $Ra\ 6.3～1.6\ \mu m$。

8.1.5 铣床

铣床类型很多，有卧式升降台铣床、立式升降台铣床、龙门铣床、平面铣床、仿形铣床、工具铣床和数控铣床等。其中，常用的是卧式升降台铣床、立式升降台铣床。

1. 卧式升降台铣床

卧式升降台铣床是卧式铣床的一种，在铣削加工中应用最为广泛。铣床的主轴水平布置，与工作台平行。X6132 卧式万能升降台铣床主要由床身、横梁、主轴、工作台、升降台和底座等部分组成，其外形如图 8-4 所示，其工作台面宽度为 320 mm。

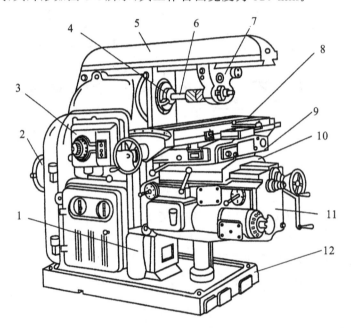

图 8-4　X6132 卧式万能升降台铣床

1—床身；2—电动机；3—主轴变速机构；4—主轴；5—横梁；6—刀杆；
7—吊架；8—纵向工作台；9—转台；10—横向工作台；11—升降台；12—底座

（1）床身　用于支承和连接各主要部件。顶面上有供横梁移动用的水平导轨，前臂有燕尾形的垂直导轨，供升降台上、下移动。电动机、主轴及主轴变速机构等安装于床身内部。

（2）横梁　用于安装吊架，以便于支承铣刀刀杆外端，减少刀杆的弯曲和振动，从而提高刀杆的刚度。横梁可沿床身的水平导轨移动，以便于调整其伸出长度。

（3）主轴　用于安装铣刀刀杆并带动铣刀旋转。主轴为空心轴，前端有锥度为 7：24 的精密锥孔（与铣刀刀杆的锥柄相配合）。

（4）纵向工作台　用于安装夹具和工件,安装于转台的导轨上,由纵向丝杠带动做纵向移动,并带动台面上的工件做纵向进给。

（5）横向工作台　安装于升降台上面的水平导轨上,可带动工作台一起做横向进给。

（6）转台　安装于纵向工作台和横向工作台之间,可使纵向工作台在水平面内转动一定角度（正、反方向均为 0°～45°）,以便于铣削螺旋槽。

（7）升降台　使整个工作台沿床身的垂直导轨上、下移动,以便于调整工作台面至铣刀的距离,并带动工作台面上的工件做垂直进给。

（8）底座　用于支承床身和升降台,并提供存放切削液的空间。

2. 立式升降台铣床

立式升降台铣床主要由床身、立铣头、主轴、工作台、升降台和底座等部分组成。图 8-5 所示为 X5032 立式升降台铣床的外形,工作台面宽度为 320 mm。铣削时,铣刀安装于主轴上,由主轴带动做旋转主运动,工作台带动工件做纵向、横向和垂直进给运动。

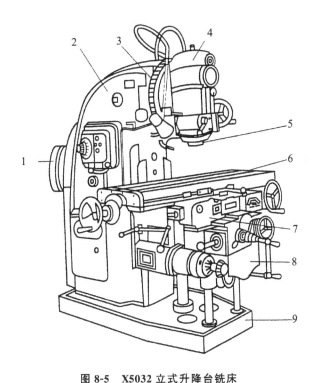

图 8-5　X5032 立式升降台铣床

1—电动机;2—床身;3—立铣头旋转刻度盘;4—立铣头;5—主轴;
6—纵向工作台;7—横向工作台;8—升降台;9—底座

立式升降台铣床与卧式升降台铣床的主要区别在于其主轴与工作台面垂直,没有横梁、吊架和转台。根据加工的需要,有时可以将立式升降台铣床的立铣头（主轴头架）转动一定角度,以便于铣削斜面。在万能升降台铣床上,将横梁移至床身后面,安装上立铣头,此时铣床可作为立式升降台铣床使用。

8.2 铣刀及其安装

8.2.1 铣刀的种类

铣刀是一种多齿刃刀具,圆柱铣刀的外圆柱表面上,端铣刀的齿刃分布于端面上。铣刀的种类很多,按照铣刀安装方法的不同可分为带孔铣刀和带柄铣刀两大类。

1. 带孔铣刀

带孔铣刀如图 8-6 所示,多用于卧式铣床。其中:圆柱铣刀(见图 8-6(a))主要用其周刃铣削中小型平面;三面刃铣刀(图 8-6(b))用于铣削小台阶、直槽等;锯片铣刀(见图 8-6(c))用于铣削窄缝或切断;盘状模数铣刀(见图 8-6(d))属于成形铣刀,用于铣削齿轮的齿形槽;角度铣刀(见图 8-6(e)属于成形铣刀,用于加工各种角度和斜面;半圆弧铣刀(见图 8-6(f))属于成形铣刀,用于铣削内凹和外凸的圆弧表面。

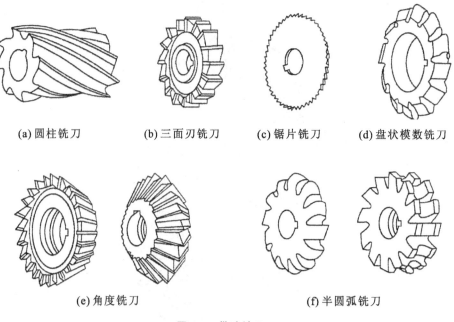

(a) 圆柱铣刀 (b) 三面刃铣刀 (c) 锯片铣刀 (d) 盘状模数铣刀

(e) 角度铣刀 (f) 半圆弧铣刀

图 8-6 带孔铣刀

2. 带柄铣刀

带柄铣刀如图 8-7 所示,多用于立式铣床。其中:镶齿端铣刀(见图 8-7(a))一般在钢制刀盘上镶有多片硬质合金刀片,用于铣削较大的平面,可进行高速铣削;立铣刀(见图 8-7(b))的端部有三个及三个以上的刀刃,不能轴向进给,用于铣削开口直槽、小平面、台阶面和内凹平面等;键槽铣刀(见图 8-7(c))的端部只有两个刀刃,能做轴向进给,用于铣削封闭式键槽;T 形槽铣刀(见图 8-7(d))和燕尾槽铣刀(见图 8-7(e))分别用于铣削 T 形槽和燕尾槽。

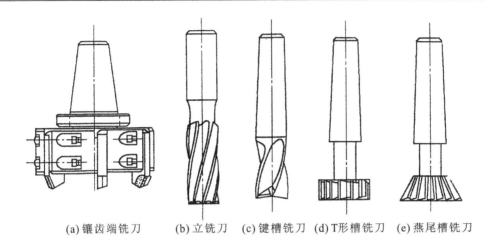

(a) 镶齿端铣刀　　(b) 立铣刀　(c) 键槽铣刀　(d) T形槽铣刀　(e) 燕尾槽铣刀

图 8-7　带柄铣刀

8.2.2　铣刀的安装

1. 带孔铣刀的安装

1）圆柱铣刀等带孔铣刀的安装

带孔铣刀多用长刀杆安装,如图 8-8 所示。刀杆的一端有 7∶24 锥度,以便与铣床主轴孔配合,并用拉杆穿过主轴将刀杆拉紧,以保证刀杆与主轴锥孔紧密配合。常用的刀杆有 $\phi16$ mm、$\phi22$ mm、$\phi27$ mm 和 $\phi32$ mm 等几种规格,以对应铣刀刀孔的不同尺寸。

拉杆　　　　　　　铣床主轴　端面键　　套筒　铣刀　刀杆　压紧螺母　吊架

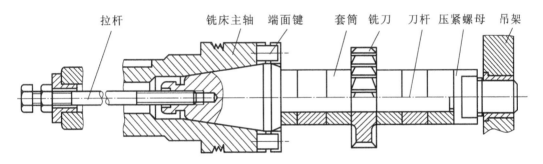

图 8-8　圆柱铣刀等带孔铣刀的安装

用刀杆安装带孔铣刀时,应注意以下事项:

(1) 铣刀应尽可能靠近铣床主轴或吊架,以保证铣刀有足够的刚度。

(2) 套筒的端面与铣刀的端面必须擦拭干净,以保证铣刀端面与刀杆轴线垂直。

(3) 拧紧刀杆的压紧螺母时,必须先装上吊架,以免刀杆受力弯曲。

(4) 斜齿圆柱铣刀所产生的轴向切削力应指向主轴轴承。

(5) 刀杆从机床上卸下后应吊立放置,以防止刀杆变形。

2）带孔端面铣刀的安装

带孔端面铣刀多使用短刀杆安装,如图 8-9 所示。通过螺钉将铣刀安装于刀杆上,由键传递扭矩,再将刀杆装入铣床主轴,并用拉杆拉紧。

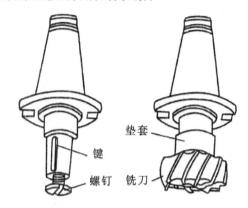

图 8-9　带孔端面铣刀的安装

2. 带柄铣刀的安装

1) 锥柄铣刀的安装

锥柄铣刀的安装如图 8-10(a)所示。如果铣刀锥柄尺寸与主轴孔内锥面尺寸相同,则可将铣刀直接装入铣床主轴内并用拉杆拉紧;如果铣刀锥柄尺寸与主轴孔内锥面尺寸不同,则应根据铣刀锥柄的大小,选择合适的变锥套,将各配合表面擦拭干净,装入铣床主轴孔内,用拉杆将铣刀及变锥套一起拉紧于主轴上。

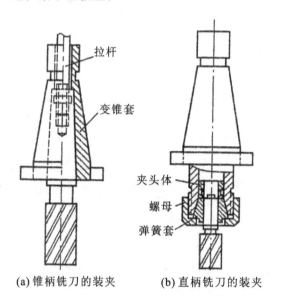

(a) 锥柄铣刀的装夹　　　　(b) 直柄铣刀的装夹

图 8-10　带柄铣刀的安装

2) 直柄铣刀的安装

直柄铣刀多用弹簧夹头进行安装,如图 8-10(b)所示。将铣刀的直柄插入弹簧套的孔内,用螺母压迫弹簧套的端面,使其受压而孔径缩小,即可将铣刀夹紧。弹簧套上有三个开口,因此,受压时能收缩。弹簧套有多种孔径,以适应不同尺寸直柄铣刀的安装。

8.3 铣床附件及工件的安装

8.3.1 铣床附件及其应用

铣床的主要附件有机用平口钳、回转工作台、万能分度头和万能铣头等。其中前三种附件用于安装工件,万能铣头用于刀具安装。

1. 机用平口钳

机用平口钳是一种通用夹具,是铣床、刨床和钻床等常用的附件之一。如图 8-11 所示为带转台的机用平口钳,它由底座、钳身、固定钳口、活动钳口、钳口铁和螺杆等组成。底座下面根据需要可安装定位键,以使两个定位键和机床工作台面的 T 形槽配合,使平口钳在机床上获得快速而正确的定位。工作时,应先用百分表找正机用平口钳,保证固定钳口与进给方向的垂直度和平行度。

机用平口钳安装简单、使用方便,适用于装夹尺寸较小、形状简单的工件。

2. 回转工作台

回转工作台的外形如图 8-12 所示,它的内部装有一对蜗杆蜗轮,手柄与蜗杆同轴连接,转台与蜗轮连接。转动手柄,即可通过蜗杆蜗轮机构使转台低速回转。借助转台周围 0°～360°的刻度,观察和确定转台的位置。转台中央的孔可以安装心轴,用来找正和确定工件的回转中心。回转工作台的底座下面根据需要可安装定位键。

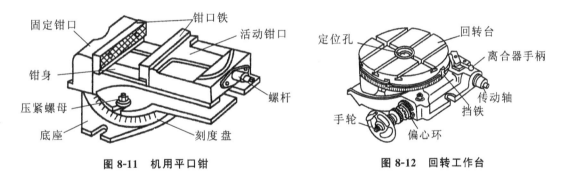

图 8-11 机用平口钳　　　　　　图 8-12 回转工作台

回转工作台一般用于零件的分度工作,以及具有非整圆弧面的工件加工。加工时,工件安装在回转工作台上,铣刀高速旋转,缓慢地摇动手轮,使转台带动工件进行低速圆周进给,即可铣削圆弧槽等。

3. 万能分度头

分度头是铣床的重要附件,利用分度头可铣削四棱柱、六棱柱、齿轮、花键,刻线,加工螺旋面与球面等。分度头的种类很多,有简单分度头、万能分度头、光学分度头、自动分度头等,其中用得较多的是万能分度头。

1) 万能分度头的结构

万能分度头由底座、回转体、主轴和分度盘等组成,外形如图 8-13 所示。工作时,其底座用螺钉固定在工作台上,并利用定位键与工作台中间一条 T 形槽相配合,使分度头主轴轴线平行于工作台纵向进给。分度头的前端锥孔内可安装顶尖,用来支撑工件;主轴外部有一短定位锥体与三爪自定心卡盘的法兰盘锥孔相连接,以便用三爪自定心卡盘安装工件。

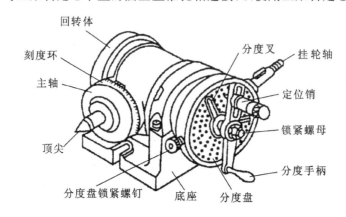

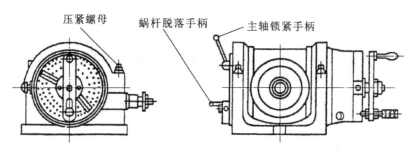

图 8-13　万能分度头

分度头的传动示意图如图 8-14 所示。分度时,摇动分度手柄,通过齿轮和蜗杆蜗轮传动带动分度头主轴和工件旋转进行分度。齿轮传动比为 1∶1,蜗轮齿数为 40,因此,手柄转动一圈时,工件只转 1/40 圈。若工件圆周需分为 z 等份,每分一份要求工件转过 $1/z$ 圈。则分度手柄的转数 n 可以由下列比例关系得

$$1 : 40 = \frac{1}{z} : n$$

即

$$n = \frac{40}{z}$$

式中:n——手柄转数;

　　　z——工件圆周等分份数。

2) 分度方法

利用分度头进行分度的方法很多,有直接分度法、简单分度法、角度分度法和差动分度法等。下面仅介绍最常见的简单分度法。

简单分度法主要利用公式 $n = \frac{40}{z}$,例如铣削齿数 $z = 35$ 的齿轮,每次分齿时手柄转数为

$$n = \frac{40}{z} = \frac{40}{35} = 1\frac{1}{7}$$

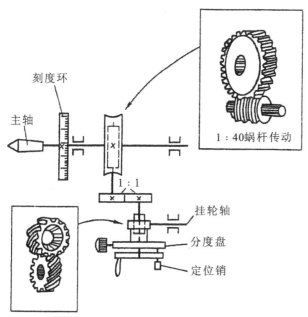

刻度环

主轴

1:40蜗杆传动

1:1

挂轮轴

分度盘

定位销

1:1螺旋齿轮传动

图8-14 万能分度头传动示意图

也就是说,每分一齿,手柄转过一整圈再多摇1/7圈,这1/7圈一般通过分度盘来控制。

分度盘如图8-15所示。每台分度头带两块分度盘,每块正、反两面钻有很多圈盲孔,各圈孔数均不相等,而同一孔圈上的孔距是相等的。其孔数如下:第一块正面为24、25、28、30、34、37,反面为38、39、41、42、43;第二块正面为46、47、49、51、53、54,反面为57、58、59、62、66。

将分度盘固定,将分度手柄上的定位销调整到孔数为7的倍数的孔圈上,如在孔数为49的孔圈上。此时手柄转过一整圈后,再沿孔数为49的孔圈转过7个孔距,此时就得到1/7圈。

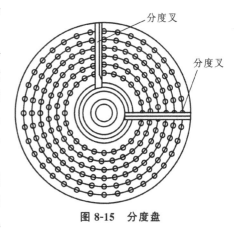

分度叉

分度叉

图8-15 分度盘

为了确保手柄转过的孔距数可靠,可调整分度盘上的分度叉,使其两夹角之间正好为7个孔距,这样依次进行分度就可以准确无误。

4. 万能铣头

在卧式铣床上装上万能铣头,可以根据铣削的要求把铣头的主轴转动任意角度,完成各种立铣工作。

如图8-16(a)所示为万能铣头外形图,其底座用螺栓固定在铣床的垂直导轨上。铣床主轴的运动通过铣头内两对锥齿轮传到铣头主轴上,因此主轴的转速级数与铣床的转速级数相同。铣头的壳体可绕铣床主轴轴线偏转任意角度,如图8-16(b)所示。铣头的主轴壳体还能在铣头壳体上偏转任意角度,如图 8-16(c)所示。因此,铣头主轴能偏转所需要的任意角度,这样就可以扩大卧式铣床的加工范围。

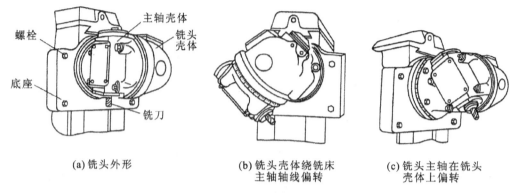

(a)铣头外形   (b)铣头壳体绕铣床   (c)铣头主轴在铣头
                          主轴轴线偏转   壳体上偏转

图 8-16　万能铣头

8.3.2　工件安装

铣削加工时,工件的安装方式主要有机用平口钳安装、机床工作台面安装、分度头安装和专用夹具安装等。

1. 机用平口钳安装

使用时先把平口钳固定在工作台上,找正平口钳固定钳口的位置,然后安装工件。一般用划线找正的方法安装工件,如图 8-17(a)所示。用平口钳安装工件时应注意下列事项:

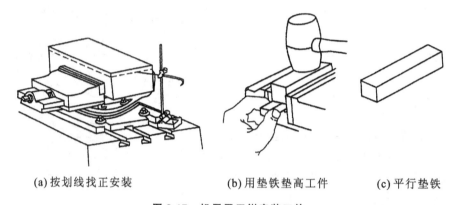

(a)按划线找正安装   (b)用垫铁垫高工件   (c)平行垫铁

图 8-17　机用平口钳安装工件

(1) 工件的被加工面必须高于钳口,必要时可用平行垫铁垫高工件,如图 8-17(b)、(c)所示。

(2) 为了保证装夹牢固,防止加工时工件移动,应选择比较平整的平面贴紧在垫铁和钳口上。为使工件紧贴垫铁,应边夹紧,边用手锤轻击工件的上表面。如果上表面是已加工表面,要使用铜棒进行敲击,以防敲伤工件表面。

(3) 为了保护钳口和工件的已加工表面,应根据钳口铁安装表面的情况,在钳口处垫上铜皮。

(4) 夹紧后用手挪动垫铁检查贴紧程度,如有松动,则表明工件与垫铁之间贴合不好,应该松开平口钳重新安装。

（5）对于刚度不足的工件需要加支承件，以免夹紧力使工件变形，如图 8-18 所示。

2. 机床工作台面安装

有些较大或形状特殊的工件，需要用压板、螺栓和垫铁直接把工件固定在工作台面上进行铣削加工。装夹时先把工件找正（用划针盘或百分表），具体方法如图 8-19 所示。

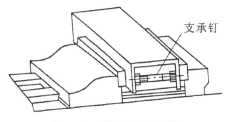

图 8-18 框形工件的安装

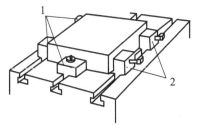  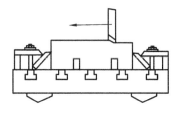

(a) 用螺钉和挡铁 　　(b) 用压板和螺栓 　　(c) 用挤压的方法

图 8-19 在工作台面上安装工件的几种方法

1—挡铁；2—螺钉撑；3—压板；4—螺栓；5—垫铁

用压板、螺栓安装工件时应注意：

（1）压板的位置要安排适当，压点要靠近切削面，压力大小要合适。粗加工时，压紧力要大，以防止切削中工件移动；精加工时，压紧力要合适，注意防止工件发生变形。图 8-20 所示为各种压紧方法的正、误比较。

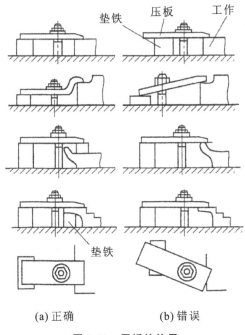

(a) 正确 　　　　 (b) 错误

图 8-20 压板的使用

（2）安装时，应将工件底面与工作台面贴合。若没有贴紧，必须垫上铝片或铜片等，直到贴紧为止。

（3）为了防止工件受夹紧力而变形，工件的夹紧位置和夹紧力要适当。

（4）装夹薄壁工件时，在其空心位置处或薄弱的地方要用活动支承件支承，否则工件易受切削力而产生振动和变形。

（5）工件夹紧后，要用划针或百分表复查工件在装夹过程中是否变形或移动。

3. 分度头安装

分度头一般用于安装需要等分的工件。既可以分度头卡盘（或顶尖）与尾架一起使用来装夹轴类零件，也可以只使用分度头卡盘装夹工件。由于分度头主轴可以在垂直平面内转动，因此可以利用分度头在水平、垂直及倾斜位置安装工件，如图 8-21 所示。

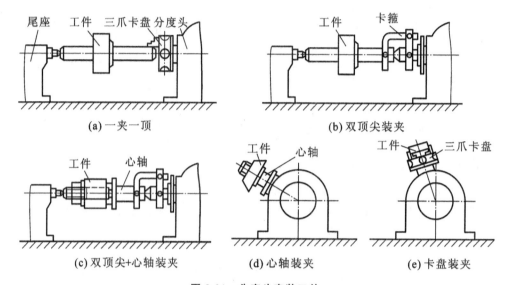

(a) 一夹一顶

(b) 双顶尖装夹

(c) 双顶尖+心轴装夹

(d) 心轴装夹

(e) 卡盘装夹

图 8-21　分度头安装工件

4. 专用夹具安装

当零件的生产批量较大，或工件的形状和要求特殊时，可采用专用夹具安装工件。这样既能提高生产效率，又能保证产品质量。

8.4　铣削加工的基本操作

铣削加工的应用范围很广，选择不同的铣刀和工件安装方法，可以实现平面、斜面、沟槽、成形面、曲面以及齿形表面等的加工。

8.4.1　铣平面

铣平面可用圆周铣和端铣两种方式。由于端铣方式具有刚度高、切削平稳、加工表面质量好以及生产效率高等优点，因此一般应优先采用端铣方式。

在卧式铣床和立式铣床上都可以铣削平面。如图 8-22 所示，使用圆柱铣刀、立铣刀、端铣刀和三面刃铣刀,都可以方便地进行水平面、垂直面、台阶面的铣削加工。

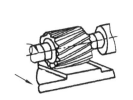
(a) 圆柱铣刀圆周铣平面

(b) 立铣刀端铣平面

(c) 立铣刀圆周铣平面

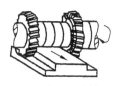
(d) 三面刃圆盘铣刀 圆周铣台阶面

图 8-22 平面铣削方法

铣削平面的一般操作步骤如下:

(1) 根据工件待加工表面尺寸,选择和装夹铣刀。

(2) 根据工件大小和形状确定工件安装方法,并安装工件。

(3) 开车使铣刀旋转,升高工作台,使铣刀与工件待加工表面稍微接触,记下刻度盘读数,如图 8-23(a)所示。

(4) 纵向退出工件,如图 8-23(b)所示。

(5) 利用刻度盘调整背吃刀量(侧吃刀量),如图 8-23(c)所示。

(6) 转动纵向进给手轮使工作台做纵向进给,当工件被稍微切入后,由手动进给改为自动进给,如图 8-23(d)所示。

(7) 铣削完一刀后,停车,移开工作台,如图 8-23(e)所示。

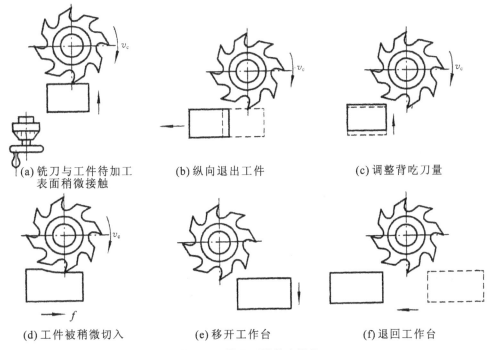

(a) 铣刀与工件待加工 表面稍微接触

(b) 纵向退出工件

(c) 调整背吃刀量

(d) 工件被稍微切入

(e) 移开工作台

(f) 退回工作台

图 8-23 铣平面的基本操作

(8) 退回工作台,测量工件尺寸,重复铣削至要求尺寸,如图 8-23(f)所示。

8.4.2 铣斜面

工件上的斜面可以采用如下方法之一进行铣削。

1. 倾斜工件法

此方法是将工件倾斜适当的角度,使斜面处于水平位置,然后采用铣平面的方法来铣斜面。可以用机用平口钳、倾斜垫铁和分度头等来安装工件,如图 8-24 所示。

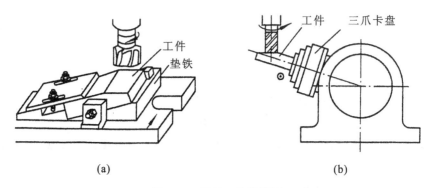

(a)　　　　　　　　　　　　　　　(b)

图 8-24　倾斜工件铣斜面

2. 倾斜刀轴法

如图 8-25 所示,利用铣床铣头改变刀轴空间位置,转动铣头使刀具相对工件倾斜一个角度来铣斜面。

3. 角度铣刀法

较小的斜面可用合适的角度铣刀直接铣削,如图 8-26 所示。

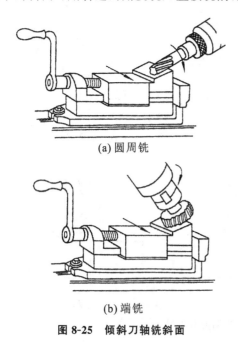

(a) 圆周铣

(b) 端铣

图 8-25　倾斜刀轴铣斜面

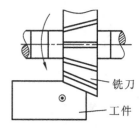

图 8-26　角度铣刀铣斜面

8.4.3 铣沟槽

在铣床上利用不同铣刀可以加工出键槽、直槽、T 形槽、V 形槽、燕尾槽和螺旋槽等各种沟槽,如图 8-27 所示。本节仅介绍键槽和 T 形槽的铣削加工。

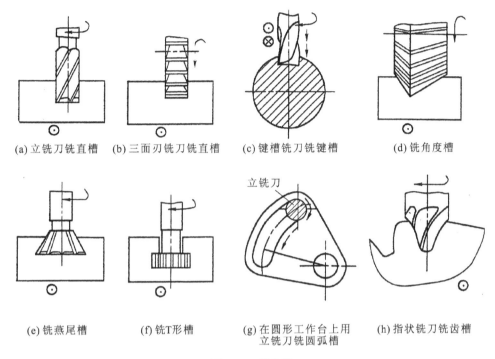

(a) 立铣刀铣直槽　　(b) 三面刃铣刀铣直槽　　(c) 键槽铣刀铣键槽　　(d) 铣角度槽

(e) 铣燕尾槽　　(f) 铣T形槽　　(g) 在圆形工作台上用　　(h) 指状铣刀铣齿槽
　　　　　　　　　　　　　　　　　立铣刀铣圆弧槽

图 8-27　铣沟槽

1. 铣键槽

常见的键槽有开口键槽、封闭键槽和花键槽等三种。

（1）铣开口键槽　一般用三面刃铣刀在卧式升降台铣床上加工,如图 8-28 所示。根据键槽的宽度选择合适的铣刀,正确装夹。工件一般用机用平口钳装夹,保证固定钳口与工作台纵向进给方向平行,同时工件伸出钳口外,以便于对刀和检查键槽尺寸。铣削时,必须先对刀,使三面刃铣刀的中心平面与轴的中心线对准,然后调整铣床,完成键槽铣削。

（2）铣封闭键槽　一般用键槽铣刀在立式升降台铣床上加工,如图 8-27(c) 所示。铣削时,键槽铣刀一次轴向进给量不能过大,切削时应逐层

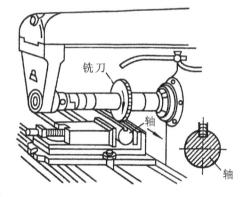

图 8-28　铣开口键槽

切下。如果用普通立铣刀加工,必须预先在键槽的一端钻一个落刀孔,才能用立铣刀铣键槽。

（3）铣花键槽　单件小批量生产时,花键槽一般用三面刃铣刀在卧式升降台铣床上加工;大批量生产时,一般采用花键滚刀在专用的花键铣床上加工花键槽。

2. 铣 T 形槽

铣 T 形槽时,应先用立铣刀或三面刃铣刀铣出直槽,然后用 T 形槽铣刀铣削成形,最后用角度铣刀铣出倒角,如图 8-29 所示。

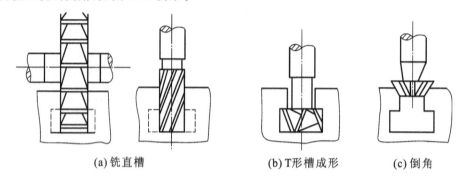

(a) 铣直槽 (b) T形槽成形 (c) 倒角

图 8-29 T 形槽的铣削

8.4.4 切断

在铣床上用锯片铣刀可进行工件的切断工作,如图 8-30 所示,效率高,质量好,节省材料,但刀具的选择、切削用量制定及工件的装夹等必须做到正确可靠,否则容易出现刀片折断、工件报废的情况,甚至发生顶弯刀杆和毁坏机床等事故。

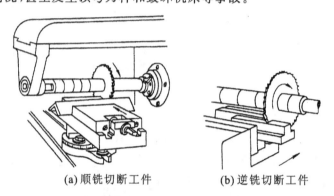

(a) 顺铣切断工件 (b) 逆铣切断工件

图 8-30 在铣床上切断工件

8.4.5 铣齿形

铣齿形是在普通铣床上用与被切齿轮齿槽截面形状相符的成形铣刀切出齿形的加工方法,属成形法。一般在普通铣床上用盘状模数齿轮铣刀和指状模数齿轮铣刀进行铣削,如图 8-31 所示。

铣削时,工件在卧式铣床上通过心轴安装在分度头和尾座顶尖之间,用一定模数和压力角的盘状模数铣刀铣削,在立式铣床上则用指状模数铣刀铣削。当铣完一个齿槽后,将工件退出,进行分度,再铣下一个齿槽,直到铣完所有的齿槽为止。

成形法加工的特点是设备简单、成本低、生产效率低、加工齿轮精度低,齿轮公差等级只能达到 IT11~IT9 级,齿面粗糙度 Ra 值为 $6.3\sim3.2~\mu m$。

成形法多用于修配或单件制造某些低转速、精度要求不高的齿轮。

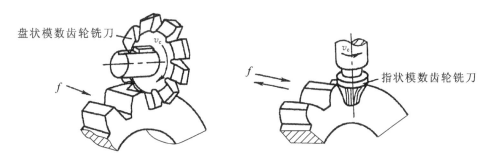

图 8-31 用盘状模数齿轮铣刀和指状模数齿轮铣刀加工齿轮

8.5 铣削加工的基本操作训练

8.5.1 铣工实习安全操作规程

(1) 进入车间,穿好工作服、工作鞋,扎好袖口,女同学要戴工作帽,操作机床时严禁戴手套。

(2) 实习学生必须在指定工位进行操作,未经指导教师同意,不得随意触摸、启动各种电源开关和设备。

(3) 设备开动前,应进行安全检查和润滑,设备低速运转 2～3 min 后方可操作。

(4) 在设备运转中应严肃认真、集中思想,严禁擅离岗位,必须离开时须先停车。

(5) 操作中,发现机床有异常现象,应立即停车,并及时向指导教师汇报。

(6) 正确使用和爱护量具,经常保持量具清洁,用后及时擦净并放入盒内。机床导轨面上严禁摆放工具、刀具和工件。

(7) 正常铣削时不许隔着运转物传递工件,不能用手触摸转动部分或直接用手清理铁屑,停机后方可清除铁屑及测量工件。

(8) 应合理选用切削用量,严禁超负荷使用机床。高速切削时要加防护挡板,防止铁屑伤人。

(9) 安装刀具及工件时必须停车,安装必须牢固可靠。安装工件尤其是大件时要轻放,不得伤人和损坏机床。

(10) 机床运转中不得扳动手柄,调整转速,如需要调整速度,应先停车。

(11) 一机多人操作时,由一人指挥,动作要协调。在实习现场不准嬉戏、打闹。

(12) 要经常保持设备及工作地整洁,物件摆放要规范。实习结束时应将各手柄置于空挡位置,关闭电源开关,填写设备使用记录。

8.5.2 铣削加工基本操作训练

铣削加工的基本操作技能训练在单项分解练习的基础上进行,可在规定时间内完成一定复杂程度零件的加工。

1. 阅读和分析图样

图 8-32 所示为铣工综合实习工件 V 形块,材料为 Q235,毛坯尺寸为 50 mm×70 mm×90 mm,由厚度为 50 mm 的钢板经气割而成。V 形块的主要组成表面为平面,在六面体的

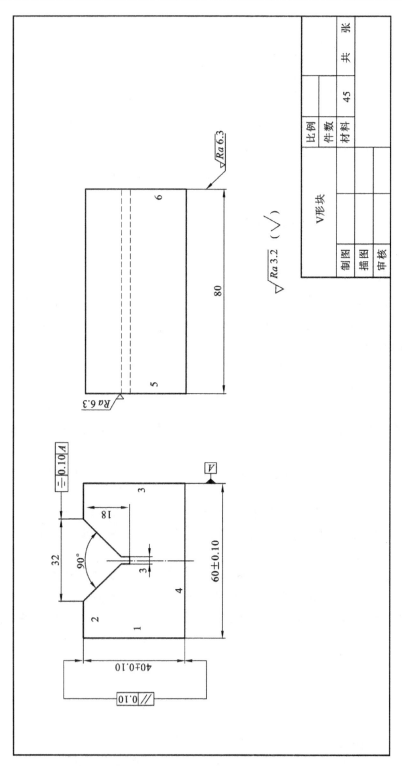

图 8-32 V形块零件图

基础上加工出 V 形槽。主要表面的尺寸为 40 ± 0.10 mm 和 60 ± 0.10 mm,表面粗糙度 Ra 值为 3.2 μm,平行度为 0.10 mm;V 形槽的对称度为 0.10 mm,表面粗糙度 Ra 值为 3.2 μm。

2. 零件铣削工艺分析

该零件集铣平面、划线、铣直槽和铣 V 形槽等基本操作为一体。根据基准先行原则,先加工六面体,再铣 V 形槽。在加工六面体时,为保证各加工表面之间相互垂直或平行,必须以先加工的平面为基准,采用正确的装夹方法,再加工其他各个表面。

V 形块铣削中,用机用平口钳装夹。根据需要,找正钳口与走刀方向的平行度。六面体在立式铣床上加工,V 形槽在卧式铣床上加工。

V 形块的加工工艺路线为铣六面体→划线→铣直槽→铣 V 形槽→倒角、去毛刺。

3. 零件铣削步骤及注意事项

V 形块的铣削步骤见表 8-1。

表 8-1　V 形块的铣削步骤

序号	工序内容	加工步骤及内容	刀具及量具
1	铣六面体	用机用平口钳装夹,钳口与机床纵向进给方向基本平行	
		(1) 粗铣平面 1、3,保证这两个面之间的距离大于 65 mm	ϕ20 mm 立铣刀、游标卡尺
		(2) 精铣平面 1,铣出即可	ϕ20 mm 立铣刀
		(3) 以平面 1 为基准,将平面 1 紧贴固定钳口,在平面 3 和活动钳口之间垫圆棒(见图 8-33),粗、精铣平面 2,铣出即可	ϕ20 mm 立铣刀、游标卡尺
		(4) 翻转工件,按步骤(3)中方式装夹,粗、精铣平面 4 至尺寸,保证平行度	
		(5) 精铣平面 3 至尺寸	
		(6) 以平面 2 为基准,将平面 2 紧贴固定钳口,用 90° 角尺校正平面 3 的垂直度(见图 8-34),铣平面 6,铣出即可	
		(7) 翻转工件,按步骤(6)中方式装夹,铣平面 5 至尺寸	
2	划线	在平面 5、6、2 上划 V 形槽加工界线	
3	铣直槽	用机用平口钳装夹,固定钳口与机床纵向进给方向平行	百分表
		用 3 mm 锯片铣刀铣直槽,深 18 mm	3 mm 锯片铣刀、游标卡尺
4	铣 V 形槽	用机用平口钳装夹,钳口与机床纵向进给方向平行	
		用 90° 角度铣刀铣 V 形槽至尺寸,保证对称度	90° 角度铣刀、游标卡尺、百分表
5	倒角、去毛刺	棱边倒角、去毛刺	锉刀

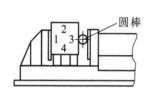

图 8-33　圆棒安装工件示意图

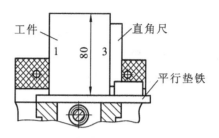

图 8-34　校正工件垂直度简图

注意事项：

（1）铣削加工前应对气割表面在砂轮机上用砂轮修磨，消除割渣，防止损坏刀具。

（2）用机用平口钳装夹工件时，根据工件高度在工件下垫平行垫铁，在活动钳口一边必要时垫圆棒或支承板。

（3）加工六面体的对边面时，注意控制平行度。也可以在固定和活动钳口之间分别垫上圆棒，轻敲工件上表面，使工件和平行垫铁贴合。

（4）铣削时，合理选择切削用量，使用切削液冷却。

（5）注意控制 V 形槽的对称度。

复习思考题

1. 铣削加工有什么特点？简述其典型加工范围。

2. X6132 卧式万能升降台铣床主要由哪几个部分组成？各部分的主要作用是什么？

3. 常见铣刀有哪些种类？在安装铣刀时应注意什么？

4. 铣削要素有哪些？其含义是什么？

5. 顺铣与逆铣有什么特点？各适用于什么场合？

6. 铣床的主要附件有哪几种？其主要作用是什么？

7. 铣床上工件的主要安装方法有哪几种？分别需要注意什么？

8. 简述铣平面的操作步骤及注意事项。

9. 铣削键槽可选用什么机床和刀具？加工过程中需要注意什么？

10. 分度头的分度原理是什么？

11. 键槽铣刀和立铣刀的主要区别是什么？

12. 根据实习体会，简述铣工实习的安全操作规程。

第9章 刨 削

教 学 要 求

理论知识

（1）了解刨削的定义和加工范围，理解刨削运动和刨削用量，了解刨削的基本特点；

（2）熟悉牛头刨床的基本结构，了解牛头刨床的传动系统；

（3）熟悉各类刨刀及应用，掌握刨刀的安装，掌握工件的安装方法；

（4）熟悉牛头刨床的调整与操作。

技能操作

（1）能熟练操作牛头刨床，能刃磨刨刀和正确安装刨刀；

（2）熟练掌握刨削平面、垂直面和斜面的基本操作，基本掌握沟槽的刨削；

（3）根据零件图，完成中等复杂零件的刨削加工。

9.1 概述

在刨床上利用刨刀（或工件）的往复直线运动与工件（或刨刀）的间歇运动来加工工件的切削加工方法称为刨削。刨削主要用来加工平面（如水平面、垂直面和斜面等），同时也可以加工沟槽（如直槽、T形槽、V形槽和燕尾槽等）和简单成形面，其典型加工范围如图 9-1 所示。

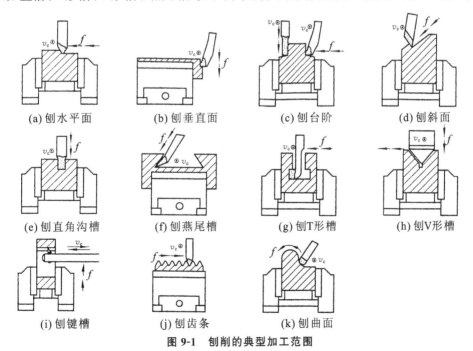

(a) 刨水平面 (b) 刨垂直面 (c) 刨台阶 (d) 刨斜面

(e) 刨直角沟槽 (f) 刨燕尾槽 (g) 刨T形槽 (h) 刨V形槽

(i) 刨键槽 (j) 刨齿条 (k) 刨曲面

图 9-1 刨削的典型加工范围

9.1.1 刨削运动与刨削用量

1．刨削运动

在牛头刨床上加工水平面时，刨刀的往复直线运动为主运动，工作台的横向间歇水平移动为进给运动，如图 9-2 所示。

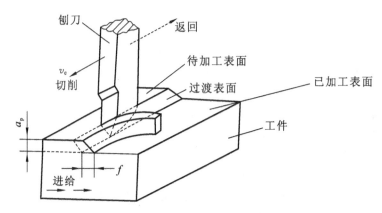

图 9-2 牛头刨床的刨削运动与切削用量

2．刨削用量

刨削用量主要有刨削速度、进给量和背吃刀量。

1）刨削速度

刨削速度 v_c 是指刨刀与工件在切削时的相对运动速度，其计算公式为

$$v_c = \frac{nL(1+m)}{60 \times 1000}$$

式中：v_c——刨削速度（m/s）；

n——刨刀每分钟往复行程次数；

L——行程长度（mm）；

m——工作行程与返回行程运动速度的比值。

由上式不难发现，为了提高生产效率，刨刀的返回行程速度应大于工作行程速度，即 $m < 1$。

2）进给量

进给量 f 是指刨刀每往复一次，工件沿进给方向移动的距离。

3）背吃刀量

背吃刀量 a_p 是指工件已加工表面与待加工表面之间的垂直距离。

9.1.2 刨削加工的特点

与其他切削加工方法相比，刨削加工具有以下特点：

（1）生产效率低。刨削属于断续加工，刨刀返回时不切削，增加了辅助时间。为了减小刨刀与工件之间的冲击和回程时的惯性力，刨削速度应较低。此外，牛头刨床只能用一把刀具切削。因此，其生产效率比铣削加工低。但在刨削狭长平面或在龙门刨床上装夹多件工

件和采用多刀刨削时,能获得较高的生产效率。

（2）加工精度较低。由于刨削运动是断续进行的,有冲击和振动,运动速度不均匀,因此,加工精度较低。

刨削加工的尺寸公差等级一般为 IT9～IT8,表面粗糙度 Ra 值可达 $6.3～1.6~\mu m$。

（3）应用范围较广、成本低。刨床结构简单,工件安装和机床调整方便,刨刀制造及刃磨简单、经济,生产准备时间短,加工费用低,适应性广。

因此,刨削加工主要适用于单件小批量生产场合,以及产品试制、装配和维修工作。

9.1.3 牛头刨床

刨床的种类较多,主要有牛头刨床、龙门刨床和插床等,其中以牛头刨床应用最为普遍,适用于刨削长度不超过 1000 mm 的中小型工件。现以 B6050 牛头刨床为例进行介绍,该刨床的最大刨削长度为 500 mm。

1. B6050 牛头刨床的组成

如图 9-3 所示,B6050 牛头刨床由床身、滑枕、刀架、工作台、横梁、底座等部分组成。

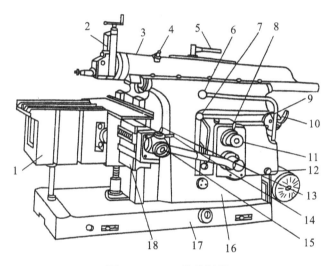

图 9-3　B6050 牛头刨床

1—工作台；2—刀架；3—滑枕；4—滑枕位置调整方榫；5—滑枕锁紧手柄；
6—离合器操纵手柄；7—工作台快动手柄；8—进给量调整手柄；9、10—变速手柄；
11—行程长度调整方榫；12—变速到位方榫；13—工作台横向、垂直进给选择手柄；
14—进给换向手柄；15—工作台手动方榫；16—床身；17—底座；18—横梁

（1）床身　用来支承和连接刨床的各部件,其顶面导轨供滑枕做直线往复运动用,前侧面垂直导轨供工作台升降用,内部有传动机构。

（2）滑枕　其前端装有刀架,用来带动刨刀做往复直线运动（即主运动）。

（3）刀架　刀架用来夹持刀具,其结构如图 9-4 所示,主要由刀夹、抬刀板、刀座、滑板和转盘等组成。转动手柄,滑板带着刨刀沿转盘上的导轨上、下移动,以便于调整背吃刀量,也可在加工垂直面时做进给运动；松开转盘上的紧固螺母,将转盘转动一定角度,可使刀架做斜向进给,以便于加工斜面。可偏转的刀座安装于滑板上。抬刀板可绕刀座上的轴 A 自由上抬,使刨刀在返回时离开工件已加工表面,减少与工件之间的摩擦。刨刀随刀夹安装在抬刀板上。

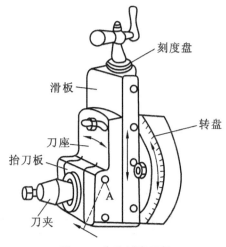

图 9-4　牛头刨床刀架

(4) 横梁和工作台　横梁安装在床身前部垂直导轨上,能上下移动。工作台安装在横向导轨上,可沿横梁导轨做横向移动。

2. B6050 牛头刨床的传动系统

B6050 牛头刨床的传动系统如图 9-5 所示,其主要包括变速机构、曲柄摆杆机构和进给机构等。

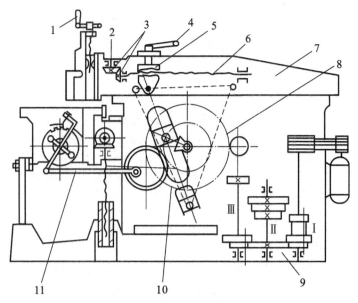

图 9-5　牛头刨床的传动系统

1—手柄;2—转动轴;3—锥齿轮;4—紧固手柄;5—螺母;6—丝杠;7—滑枕;
8—摆杆齿轮;9—变速机构;10—曲柄摆杆机构;11—进给机构

（1）变速机构　变速机构的作用是把电动机的旋转运动以不同的速度传给摆杆齿轮 8，如图 9-5 所示，轴 Ⅰ 和轴 Ⅲ 上分别装有两组滑动齿轮，使轴 Ⅲ 有 $3\times2=6$ 种转速可传给摆杆齿轮 8。

（2）曲柄摆杆机构　曲柄摆杆机构的作用是把摆杆齿轮 8 的旋转运动转变为滑枕 7 的直线往复运动，其工作原理如图 9-6 所示。摆杆齿轮每转动一周，滑枕就往复运动一次。其中，摆杆滑块 2 工作行程的转角为 α，回程转角为 β，且 $\alpha>\beta$，工作行程时间大于回程时间，但工作行程和回程的行程长度相等，所以，$v_{工作}<v_{回程}$，即慢进快回。另外，无论是工作行程还是回程，滑枕的运动都是不等速的，速度每时每刻都是变化的。

（3）进给机构　进给机构的作用是使工作台在滑枕完成回程与刨刀再次切入工件之前的瞬间，做间歇横向进给。其主要由棘爪、棘轮（$z=80$）及 $z=45$、$z=18$ 的扇形齿轮（起摆杆作用）等组成，如图 9-7 所示。当固定在轴 Ⅳ 上的凸轮随摆杆齿轮（见图 9-5）同步转动时，经滚轮使 $z=45$ 的扇形齿轮做往复摆动，并带动 $z=18$ 的扇形齿轮及棘爪也做往复运动，从而推动棘轮沿一定的方向转过一个角度，最后经进给丝杠，使刨床实现自动的间歇进给。

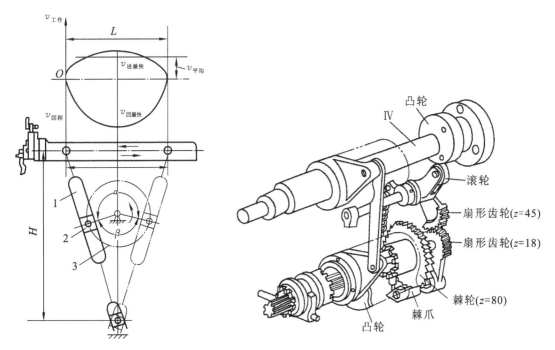

图 9-6　牛头刨床的曲柄摆杆工作原理图

1—摆杆；2—滑块；3—摆杆齿轮

图 9-7　B6050 型牛头刨床的进给机构

由于棘爪摆动的角度是固定不变的，所以进给量的调节是通过位于棘轮旁边的凸轮控制棘轮转动角度的大小来实现的。调整时，只要转动进给量调整手柄（见图 9-3），使凸轮带动棘轮转过一定的角度，即可使棘爪拨动棘轮转过 1~16 个齿。

3. 牛头刨床的调整和操纵（参见图 9-3）

（1）滑枕每分钟往复次数的调整　推拉变速手柄 9、10，可使滑枕获得每分钟 15~158

次的 9 种不同运动速度。

（2）滑枕行程起始位置的调整　松开滑枕锁紧手柄 5，用方孔摇把转动滑枕位置调整方榫 4，顺时针转动滑枕起始位置前移，反之则向后移。调整合适之后，再拧紧手柄 5。

（3）滑枕行程长度的调整　松开行程长度调整方榫 11 上的螺母，用方孔摇把转动方榫 11，顺时针转动行程变长，反之则变短。调整合适后锁紧螺母。

（4）工作台进给量的调整　拉动离合器操纵手柄 6，转动进给量调整手柄 8，顺时针转动进给量变大，反之变小。

（5）工作台进给方向的调整　进给换向手柄 14 处于中间空挡位置时，手摇工作台手动方榫 15，可实现手动进给。要求工作台自动进给时，顺时针扳转进给换向手柄 14，工作台右移（面对滑枕行程方向），反之则左移。

9.2　刨刀及其安装

刨刀的结构和几何参数与车刀相似，但由于刨削是断续切削，刨刀切入工件时受到较大的冲击力，因此刨刀的横截面积一般比车刀大 1.25～1.5 倍。同时，为了增加刀尖的强度，刨刀的刃倾角一般取正值。

9.2.1　刨刀的种类及其应用

刨刀的种类很多，常见的有平面刨刀、偏刀、角度偏刀、切刀及成形刀等。平面刨刀用于加工水平面；偏刀用于加工垂直面或斜面；角度偏刀用于加工相互成一定角度的表面；切刀用于刨槽或切断；成形刀用于加工成形表面。常见刨刀的形状及应用如图 9-8 所示。

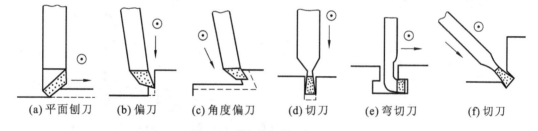

　(a) 平面刨刀　　(b) 偏刀　　(c) 角度偏刀　　(d) 切刀　　(e) 弯切刀　　(f) 切刀

图 9-8　常见刨刀的形状及应用

刨削塑性材料如钢件、铝合金件时，一般使用高速钢刨刀；刨削脆性材料如铸铁时，一般使用 YG 类硬质合金刨刀。

9.2.2　刨刀的安装

安装刨刀时将转盘对准零线，以便准确控制背吃刀量，如图 9-9 所示。刀架下端应与转盘底侧基本相对，以增加刀架的刚度。直刨刀的伸出长度一般为刀杆厚度 H 的 1.5～2 倍，如图 9-10 所示。夹紧刨刀时应使刀尖离开工件表面，以防碰坏刀具和擦伤工件表面。

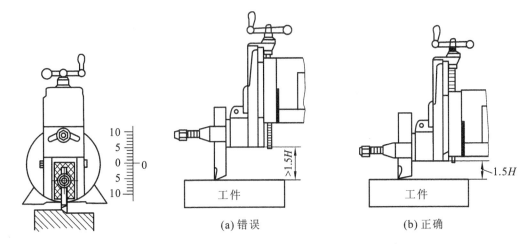

图 9-9　刨刀安装时转盘对准零线　　　　图 9-10　刨刀的安装

9.3　工件的安装

在刨削加工中,工件的安装方法很多,应根据工件的结构形状、尺寸、加工精度要求和生产类型合理选择。

9.3.1　机用平口钳安装

机用平口钳是一种通用性较强的装夹工具,使用方便灵活,应用于装夹形状简单、尺寸较小的工件。在安装工件之前,应先把机用平口钳固定钳口找正并固定在工作台上。用平口钳安装工件的注意事项见 8.3.2 小节内容。

9.3.2　工作台面安装

当工件的尺寸较大或机用平口钳不便于安装时,可直接在牛头刨床工作台面上安装。在工作台面上安装工件的方法很多,具体可参阅 8.3.2 小节内容。

9.3.3　专用夹具安装

利用专用夹具安装工件是一种较完美的安装方法。用专用夹具安装工件既迅速又准确,不需找正,但需要预先制作专用夹具,所以多用于成批生产。

9.4　刨削加工的基本操作

在牛头刨床上,选择不同的刨刀和工件安装方法,可以刨削水平面、垂直面、斜面、T 形槽、燕尾槽、V 形槽和直线成形面等。

9.4.1　刨水平面

刨水平面时,刀架和刀座均在中间垂直位置上,如图 9-11(a)所示。以 B6050 牛头刨床

为例,刨水平面的基本操作步骤如下:

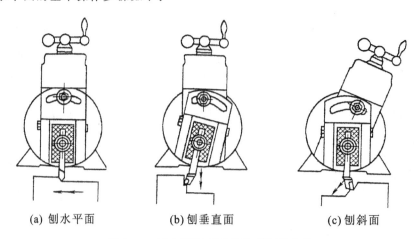

(a) 刨水平面   (b) 刨垂直面   (c) 刨斜面

图 9-11   刨水平面、垂直面和斜面的方法

(1) 选择和刃磨刨刀,正确安装工件和刨刀。

(2) 将工作台调整到使刨刀刀尖略高于工件待加工表面的位置。调整滑枕的行程长度、起始位置和往复次数。

(3) 转动工作台手动方榫 15(见图 9-3),将工作台移至刨刀下面。

(4) 开动机床,转动刀架手柄,使刨刀刀尖轻轻接触工件表面,然后停车。

(5) 抬起抬刀板,摇动工作台手动方榫 15,使工件移至刨刀的一侧,离刀尖 3~5 mm 的合适位置。

(6) 转动刀架手柄,按选定的背吃刀量,使刨刀向下进刀。

(7) 调整好工作台的进给量,选择好进给方向。

(8) 开动机床,刨削工件宽 1~1.5 mm 时停车,用游标卡尺测量工件尺寸是否正确,确认无误后,开车将整个平面刨完。

(9) 重复步骤(5)~(8),直至将工件刨削至需要的尺寸和表面粗糙度为止。

9.4.2   刨垂直面

刨垂直面就是用刀架垂直进给来加工平面的方法,主要用于加工狭长工件的两端面或其他不能在水平位置加工的平面。加工垂直面时应注意:

(1) 使刀架转盘的刻线对准零线,可按图 9-12 所示的方法找正刀架垂直。

(2) 刀座应偏转 10°~15°,使其上端偏离加工面,如图 9-13 所示。其目的是使刨刀在回程抬刀时离开加工表面,以减少刀具的磨损。

(3) 刨刀应选择左偏刀或右偏刀。

9.4.3   刨斜面

刨斜面最常用的方法是倾斜刀架法,如图 9-14 所示。刀架的倾斜角度等于工件待加工斜面与机床纵向垂直面的夹角,使刨刀进给方向与待加工斜面平行。刀座倾斜的方向与刨垂直面时相同。

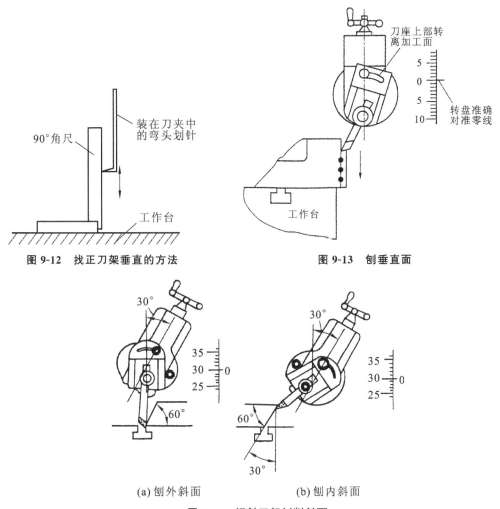

图 9-12 找正刀架垂直的方法

图 9-13 刨垂直面

(a) 刨外斜面　　　　　(b) 刨内斜面

图 9-14 倾斜刀架刨削斜面

9.4.4 刨 T 形槽

刨 T 形槽前,应先将工件的各个关联面加工完毕,并在工件前、后端面及平面上划出加工界线,然后参考划线找正工件并加工,其刨削顺序如图 9-15 所示。

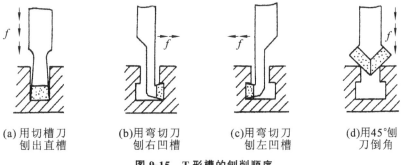

(a) 用切槽刀　　　(b) 用弯切刀　　　(c) 用弯切刀　　　(d) 用45°刨
刨出直槽　　　　刨右凹槽　　　　刨左凹槽　　　　刀倒角

图 9-15 T 形槽的刨削顺序

9.5 刨削加工的基本操作训练

9.5.1 刨工实习安全操作规程

（1）进入车间，穿好工作服、工作鞋，扎好袖口，女同学戴好工作帽。操作机床时，严禁戴手套。

（2）实习学生必须在指定工位进行操作，未经指导教师同意，不得随意触摸、启动各种电源开关和设备。多人操作一台机床时，只能其中一人操作，其他人在安全区域做准备。

（3）操作中集中思想，严禁擅离机床，严禁串岗、打闹。

（4）设备操作前，应检查开关、手柄是否在规定位置，润滑油路是否畅通，防护装置是否完好。在行程范围内，检查安全情况。

（5）变速、测量、换刀和装夹工件时必须停车。

（6）操作中，发现机床有异常现象，应立即停车，并及时向指导教师汇报。

（7）严禁用手摸或用棉纱擦拭正在移动的刀具或机床的传动部分，清除切屑必须用刷子，严禁用嘴吹。

（8）工作台前严禁站人，也不要将量具、工具和工件等放置在机床的行程范围内。

（9）刀架回转大角度时，要空盘车检查，严防刀架回程时和床身碰撞。

（10）刀架垂直进给后，应把锁紧螺钉紧固，严防刀架在切削中掉落。

（11）正确使用和爱护量具，经常保持清洁，用后及时擦净并放入盒内。

（12）要经常保持设备及工作环境整洁，物件摆放要规范。实习结束时应将各手柄置于空挡位置，关闭电源开关，填写设备使用记录。

9.5.2 刨削加工基本操作训练

刨削加工的基本操作技能训练在单项分解练习的基础上进行，可在规定时间内完成一定复杂程度零件的加工。

1. 阅读和分析图样

图 9-16 所示为刨工综合实习工件 V 形块，材料为 HT150，毛坯尺寸为 50 mm×70 mm ×90 mm，毛坯类型为铸件。V 形块的主要组成表面为平面，在六面体的基础上加工出 V 形槽。主要表面的尺寸为 40 ± 0.10 mm 和 60 ± 0.10 mm，表面粗糙度 Ra 值为 3.2 μm，平行度为 0.10 mm；V 形槽的对称度为 0.10 mm，表面粗糙度 Ra 值为 3.2 μm。

2. 零件刨削工艺分析

该零件的加工集刨平面、划线、刨直槽和刨 V 形槽等基本操作为一体。根据基准先行原则，先加工六面体，再刨 V 形槽。在加工六面体时，为保证各加工表面之间的相互垂直或平行，必须以先加工的平面为基准，采用正确的装夹方法，再加工其他各个表面。

V 形块刨削中，用机用平口钳装夹。根据需要，找正钳口与走刀方向的平行度或垂直度。

V 形块的加工工艺路线为刨六面体→划线→粗刨 V 形槽→刨直槽→刨 V 形槽→倒角、去毛刺。

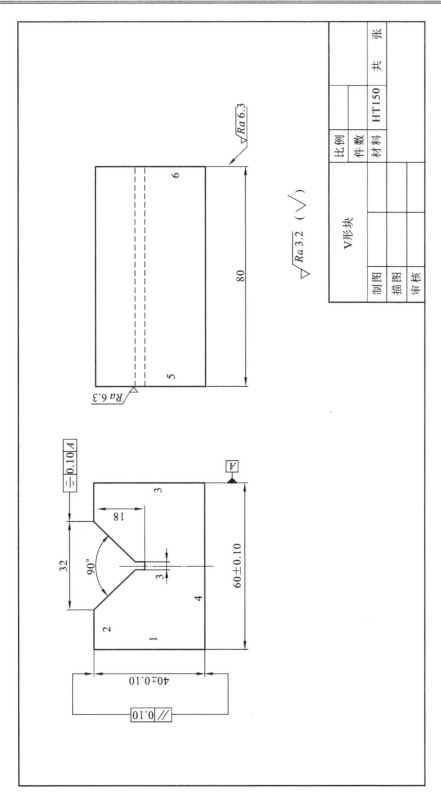

图 9-16　V形块零件图

3. 零件刨削步骤及注意事项

V形块的刨削步骤见表 9-1。

表 9-1 V形块的刨削步骤

序号	工序内容	加工步骤及内容	刀具及量具
1	刨六面体	用机用平口钳装夹,校正钳口与机床纵向进给方向基本平行	
		(1) 粗、精刨平面1,刨出即可	平面刨刀
		(2) 以平面1为基准,将平面1紧贴固定钳口,在平面3和活动钳口之间垫一圆棒,粗、精刨平面2,刨出即可	平面刨刀、游标卡尺
		(3) 翻转工件,按步骤(2)中方式装夹,粗、精刨平面4至尺寸,保证平行度	平面刨刀、游标卡尺、千分尺
		(4) 粗、精刨平面3至尺寸	
		用机用平口钳装夹,校正钳口与机床横向进给方向平行	
		(5) 以平面1为基准,将平面1紧贴固定钳口,用刨垂直面的方法,刨平面5,刨出即可	偏刀、游标卡尺
		(6) 调转工件,按步骤(5)中方式装夹,刨平面6至尺寸	
2	划线	在平面5、6、2上划V形槽加工界线	
3	粗刨V形槽	用机用平口钳装夹,钳口与机床纵向进给方向平行	
		用刨水平面的方法粗刨出V形槽大致形状	平面刨刀
4	刨直槽	用机用平口钳装夹,钳口与机床纵向进给方向平行	
		用切刀刨直槽至尺寸	切刀、游标卡尺
5	刨V形槽	用机用平口钳装夹,钳口与机床纵向进给方向平行	
		用倾斜刀架法刨V形槽两斜面至尺寸,保证对称度	偏刀、游标卡尺、百分表
6	倒角、去毛刺	棱边倒角、去毛刺	锉刀

注意事项:

(1) 刨削加工前应对铸件表面进行清砂,以防止损坏刀具。

(2) 用机用平口钳装夹工件时,根据工件高度在工件下垫平行垫铁,活动钳口方向必要时垫圆棒或支承板。

(3) 加工六面体的对边面时,注意控制平行度。

(4) 刨削时,合理选择切削用量。

(5) 用倾斜刀架法刨斜面时,注意刀架与机床的碰擦。注意控制V形槽的对称度。

复习思考题

1. 刨削时刀具和工件需做哪些运动？刨削运动有何特点？

2. 牛头刨床主要由哪几部分组成？各有何功能？刨削前，机床需做哪些调整？如何调整？

3. 滑枕往复直线运动的速度是如何变化的？为什么？

4. 刨刀为什么往往做成弯头的？

5. 刀座的作用是什么？刨削垂直面和斜面时，刀架的各个部分如何调整？

6. 简述刨削正六面体零件的操作步骤。

7. 根据实习体会，简述刨工安全操作规程。

第10章 磨 削

教 学 要 求

理论知识

(1) 了解磨削加工的工艺特点及加工范围；

(2) 了解万能外圆磨床和平面磨床的结构及用途；

(3) 了解砂轮的特性、砂轮的选择原则；

(4) 熟悉万能外圆磨床、内圆磨床及平面磨床的基本操作。

技能操作

(1) 能熟练平衡砂轮、安装砂轮；

(2) 能熟练操作平面磨床和万能外圆磨床,掌握磨削加工的常见基本操作；

(3) 根据零件图,完成一定复杂程度零件的磨削加工。

10.1 概述

在磨床上利用磨具对工件表面进行切削加工的方法称为磨削加工,它是零件精密加工的主要方法之一。

磨削时,可以采用砂轮、砂带、油石、研磨剂等作为磨具,最常用的磨具是由磨料和结合剂制成的砂轮。磨削加工的应用广泛,选择不同类型的磨床可以加工各种表面,如内、外圆柱面,内、外圆锥面,平面及各种成形表面(如花键、螺纹、齿轮等),此外还可以刃磨刀具,其加工范围如图 10-1 所示。

10.1.1 磨削运动与磨削用量

1. 磨削运动

因磨削工件表面的不同、磨床结构与布局的差异,各种磨床的磨削运动之间存在一定差异。

在外圆磨床上磨削外圆时,砂轮的旋转运动为主运动,工件绕其轴线的旋转运动为圆周进给运动,工作台在平行于砂轮轴线方向上的往复直线运动为轴向进给运动,砂轮在与其轴线的垂直方向上切入工件的运动为横向进给运动,如图 10-2 所示。

在内圆磨床上磨削内圆时,磨削运动与外圆磨削基本相同,但砂轮的旋转方向相反,如图 10-3 所示。

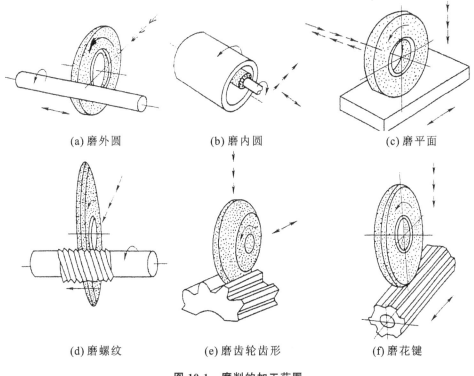

(a) 磨外圆　　　　　　(b) 磨内圆　　　　　　(c) 磨平面

(d) 磨螺纹　　　　(e) 磨齿轮齿形　　　　(f) 磨花键

图 10-1　磨削的加工范围

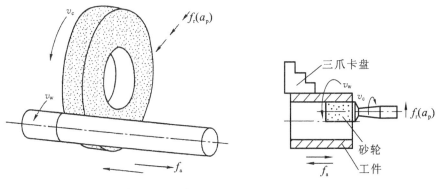

图 10-2　磨削外圆时的磨削运动和磨削用量　　　图 10-3　内圆磨削

在平面磨床上磨削平面时,砂轮的旋转运动为主运动,因砂轮工作表面和采用磨床工作平台不同,其进给运动可分为四种形式,如图 10-4 所示。

2. 磨削用量(以磨削内、外圆为例)

(1) 磨削速度 v_c　即砂轮的圆周速度,v_c 按下式计算

$$v_c = \frac{\pi d_0 n_0}{1000 \times 60}$$

式中:v_c——砂轮圆周速度(m/s);

d_0——砂轮直径(mm);

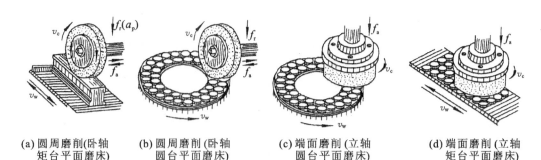

(a) 圆周磨削(卧轴 (b) 圆周磨削 (卧轴 (c) 端面磨削 (立轴 (d) 端面磨削 (立轴
 矩台平面磨床)   圆台平面磨床)   圆台平面磨床)   矩台平面磨床)

图 10-4 平面磨削

n_0——砂轮旋转速度(r/min)。

一般,进行外圆磨削时,v_c 取 30~35 m/s;进行内圆磨削时,v_c 取 15~25 m/s。

(2)圆周进给速度 v_w 即工件绕自身轴线的旋转速度。工件圆周速度 v_w 一般为 13~26 m/min。粗磨时 v_w 取较大值,精磨时 v_w 取较小值。

(3)纵向进给量 f_a 即工件沿着本身轴线的往复进给量。工件每转一周,工件相对于砂轮的轴向移动距离就是纵向进给量 f_a,单位为 mm/r。外圆磨削时,一般 $f_a=(0.2\sim0.8)B$,B 为砂轮宽度。内圆磨削时,$f_a=0.5\sim2.5$ m/min。粗磨时取较大值,精磨时取较小值。

(4)横向进给量 f_r 即砂轮沿径向切入工件的深度。在行程中一般是不做横向进给的,而是行程终了时周期进给。横向进给量 f_r 也就是通常所说的背吃刀量 a_p,指工作台每单行程或每双行程砂轮相对工件横向移动的距离。一般 $f_r=0.005\sim0.05$ mm。

10.1.2 磨削加工的特点

磨削作为零件精密加工的主要方法之一,与车削、铣削、刨削、镗削等加工方法相比,具有以下特点:

(1)磨削属多刃、微刃切削。磨削用的砂轮是由许多细小坚硬的磨粒用结合剂黏结在一起,经焙烧而成的疏松多孔体。这些锋利的磨粒就像铣刀的切削刃,在砂轮高速旋转的条件下,切入工件表面,故磨削是一种多刃、微刃切削过程。

(2)加工尺寸精度高,表面粗糙度值小。磨削的切削层厚度极薄,每个磨粒的切削厚度可小到微米,故磨削的尺寸公差等级可达 IT6~IT5,表面粗糙度 Ra 值一般为 0.8~0.2 μm,镜面磨削后的 Ra 值更小。

(3)加工材料广泛。由于磨粒硬度极高,故磨削不仅可加工一般金属材料,如碳钢、铸铁等,还可加工一般刀具难加工的高硬度材料,如淬火钢、各种切削刀具材料及硬质合金等。

(4)砂轮有自锐性。当作用在磨粒上的切削力超过磨粒的极限强度时,磨粒就会破碎,形成新的锋利棱角进行磨削;当此切削力超过结合剂的黏结强度时,钝化的磨粒就会自行脱落,使砂轮表面露出一层新的锋利磨粒,从而使磨削加工能够继续进行。砂轮的这种自行脱落、保持自身锋利的性能称为自锐性。砂轮的自锐性可使砂轮连续进行加工,这是其他刀具没有的特性。

(5)磨削温度高。磨削过程中,由于切削速度很高,产生大量切削热,温度超过 1000 ℃。同时,高温的磨屑在空气中会发生氧化作用,产生火花。为了保证工件的表面质量,在磨削时必须使用大量的切削液。

10.1.3　磨床

磨床的种类很多,有外圆磨床、内圆磨床、平面磨床、无心磨床、工具磨床及其他专用磨床等,应用最为广泛的是外圆磨床、内圆磨床和平面磨床。

1. 外圆磨床

外圆磨床分为普通外圆磨床和万能外圆磨床。

如图 10-5 所示为 M1432A 万能外圆磨床,其最大磨削直径为 320 mm,主要由床身、头架、尾座、砂轮架、工作台和内圆磨头等部分组成,可以磨削内、外圆柱面,圆锥面和轴,孔的台阶端面。

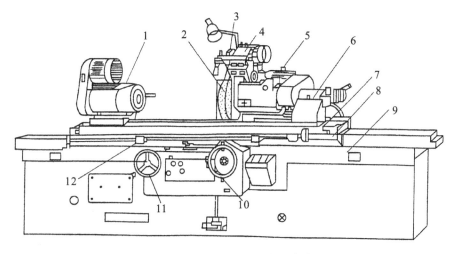

图 10-5　M1432A 万能外圆磨床

1—头架;2—砂轮;3—内圆磨头;4—磨架;5—砂轮架;6—尾座;7—上工作台;
8—下工作台;9—床身;10—横向进给手轮;11—纵向进给手轮;12—换向挡块

(1)床身　床身用于支承和连接各主要部件,上部安装有工作台和砂轮架,内部安装有液压传动系统。床身上的纵向导轨用于工作台的移动,横向导轨用于砂轮架的移动。

(2)砂轮架　砂轮架用于安装砂轮,由单独的电动机驱动,通过带传动使砂轮高速旋转。砂轮架可沿床身后部的横向导轨前后移动,其运动方式有自动间歇进给、手动进给、快速趋近工件和退出。在磨削短圆锥面时,砂轮架可绕滑鞍上的定心圆柱转动一定角度($\pm 30°$)。

(3)头架　头架上安装有主轴,主轴端部可以安装顶尖、拨盘或卡盘,以便于安装工件。主轴由单独的电动机通过带传动变速机构,使工件获得 6 种不同的转动速度。头架可在水平面内逆时针转动一定角度($0°\sim 90°$)。

(4)尾座　尾座的套筒内安装有顶尖,用于支承工件的另一端。尾座在工作台上的位置,可根据工件长度的不同进行调整。尾座套筒可以手动或液动退回,以便于装卸工件。液动退回通过脚踩踏板来实现。

(5)工作台　工作台的表面安装有头架和尾座,由液压传动,沿床身的纵向导轨做平行于砂轮轴线方向上的往复直线运动,以实现工件的纵向进给。在工作台前侧的T形槽内安装有两个换向挡块,以便于操纵工作台实现自动换向。工作台的运动也可手动实现。工作台分上、下两层,上层可在水平面内绕下层的心轴偏转一个角度(±8°),用于磨削长圆锥面。

(6)内圆磨头　内圆磨头用于磨削内圆,在其主轴上安装内圆磨削砂轮,由单独电动机驱动。内圆磨头绕其支架翻转,使用时翻下,不用时翻向砂轮架上方。

普通外圆磨床与万能外圆磨床的主要区别在于普通外圆磨床没有内圆磨头,头架和砂轮架不能在水平面内转动一定角度,其余结构与万能外圆磨床基本相同。

在磨床传动中广泛采用液压传动,其优点是传动平稳,操作简单,并可在较大范围内实现无级调速。

2. 内圆磨床

内圆磨床主要用于磨削内圆柱面、内圆锥面及端面等。图10-6所示为M2120内圆磨床,其最大磨削直径为200 mm,主要由床身、工作台、头架、砂轮架和砂轮修整器等部分组成。头架可在水平面内转动一定的角度,以磨削锥孔。工作台的往复运动由液压驱动。

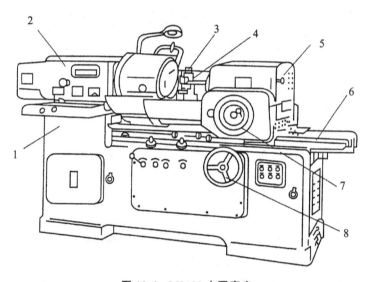

图 10-6　M2120 内圆磨床

1—床身;2—头架;3—砂轮修整器;4—砂轮;5—砂轮架;6—工作台;7—磨具架手轮;8—工作台手轮

3. 平面磨床

平面磨床主要适用于磨削工件上的平面,其主轴有水平布置和竖直布置两种,工作台有矩形和圆形的两种,相应地平面磨床分为卧轴矩台平面磨床、立轴矩台平面磨床、卧轴圆台平面磨床和立轴圆台平面磨床等四种类型(见图10-4)。应用较为广泛的是卧轴矩台平面磨床和立轴圆台平面磨床。

图10-7所示为常用的M7120A平面磨床,其工作台面宽度为200 mm,由床身、工作台、立柱、磨头和砂轮修整器等部分组成。

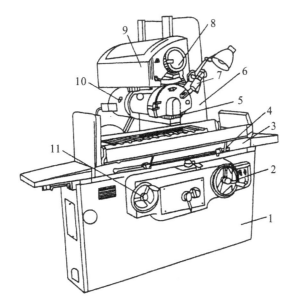

图 10-7　M7120A 平面磨床

1—床身；2—垂直进给手轮；3—工作台；4—行程挡块；5—砂轮；6—立柱；
7—砂轮修整器；8—横向进给手轮；9—滑板；10—磨头；11—驱动工作台手轮

　　（1）工作台　工作台 3 装在床身 1 的导轨上，由液压驱动做纵向直线往复运动，也可用手轮 11 操作，以进行必要的调整。工作台上安装有电磁吸盘或其他夹具，以便于安装工件。

　　（2）磨头　可沿滑板 9 的水平导轨做横向进给运动，可由液压驱动或由手轮 8 操作。滑板 9 可沿立柱 6 的导轨做垂直移动，以调整磨头的高低位置及完成垂直进给运动，由手轮 2 实现。砂轮 5 由电动机直接驱动。

10.2　砂轮及其安装

10.2.1　砂轮组成与特性

1. 砂轮的组成

　　磨削的主要工具是砂轮。它是由磨料和结合剂两种材料按照适当比例混合后，经压制成形、晾干，再经烧结而成。磨料、结合剂和空隙是构成砂轮的三要素，如图 10-8 所示。每一个磨粒都有切削刃，磨削过程与铣削相似。

2. 砂轮的特性

　　砂轮特性包括磨料、粒度、结合剂、硬度、组织、形状和尺寸等。

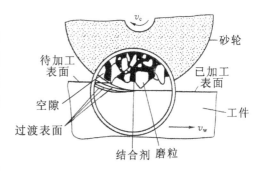

图 10-8　砂轮的组成

(1)磨料 磨料直接参加磨削工作,必须硬度高、耐热性好,还必须具有锋利的棱边和一定的强度。常用的磨料有两类:刚玉类(Al_2O_3),其韧度大,适宜磨削各种钢材及可锻铸铁;碳化硅类,其硬度高、性脆而锋利,用于磨削铸铁、黄铜等脆性材料及硬质合金刀具。磨料的代号、特点及应用见表10-1。

表10-1 常用磨料的代号、特点及其应用

磨料名称	代号	特点	应用
棕刚玉	A	硬度高,韧度高,价格较低	适合于磨削各种碳钢、合金钢和可锻铸铁等
白刚玉	WA	比棕刚玉硬度高,韧度低,价格较高	适合于磨削淬火钢、高速钢和高碳钢
黑色碳化硅	C	硬度高,有脆性而锋利,导热性好	用于磨削铸铁、青铜等脆性材料及硬质合金刀具
绿色碳化硅	GC	硬度比黑色碳化硅更高,导热性好	主要用于磨削硬质合金、宝石、陶瓷和玻璃等

(2)结合剂 结合剂在砂轮中起黏结作用,它的性能决定了砂轮的强度、耐冲击性、耐蚀性和耐热性。此外,它对磨削温度,磨削表面质量也有一定的影响。常用的结合剂有陶瓷结合剂(V)、树脂结合剂(B)和橡胶结合剂(R)等。

(3)粒度 粒度是指磨料颗粒大小。粒度号用"F+数字"表示,粒度号越大,颗粒越小。可用筛选法或显微镜测量法来区别。粗磨或磨软金属时,用粗磨料;精磨或磨硬金属时,用细磨料。

(4)硬度 砂轮的硬度是指结合剂黏结磨粒的牢固程度,也是指磨粒在切削力作用下从砂轮表面脱落的难易程度。砂轮的硬度对磨削的生产率和磨削表面质量都有很大的影响。

(5)组织 组织是指砂轮结构的松紧程度,即磨粒、结合剂和空隙三者所占体积的比例。组织分为紧密、中等和疏松三大类,共16(0~15)级。

3. 砂轮的形状和尺寸

根据磨床结构与磨削加工的需要,砂轮可制成各种形状和尺寸。常用的砂轮形状、代号及用途见表10-2。

表10-2 常用砂轮的形状、代号及用途

砂轮名称	代号	断面图	基本用途
平形砂轮	1		用于外圆、内圆、平面的磨削和无心磨削,及刃磨刀具、磨削螺纹
筒形砂轮	2		用在立式平面磨床上

砂轮名称	代号	断　面　图	基本用途
单斜边砂轮	3		45°角单斜边砂轮多用于磨削各种锯齿
双斜边砂轮	4		用于磨齿轮齿面和磨单线螺纹
单面凹砂轮	5		多用于内圆磨削,外径较大者用于外圆磨削
杯形砂轮	6		刃磨铣刀、铰刀、拉刀等
双面凹一号砂轮	7		主要用于外圆磨和刃磨刀具
碗形砂轮	11		刃磨铣刀、铰刀、拉刀、盘形车刀等
碟形一号砂轮	12a		适于磨铣刀、铰刀、拉刀和其他刀具,大尺寸的一般用于磨齿轮齿面
碟形二号砂轮	12b		主要用于磨锯齿
单面凹带锥砂轮	23		磨外圆和端面时采用
双面凹带锥砂轮	26		磨外圆和端面时采用
薄片砂轮	41		用于切断和开槽等

普通磨具标准《固结磨具　一般要求》(GB/T 2484—2006)规定,为了便于识别,砂轮的特性代号一般标注于砂轮的非工作面上。磨具标记的内容包括砂轮型号、尺寸、磨料牌号、磨料种类、粒度号、硬度等级、组织、结合剂种类和最高工作速度等。例如:

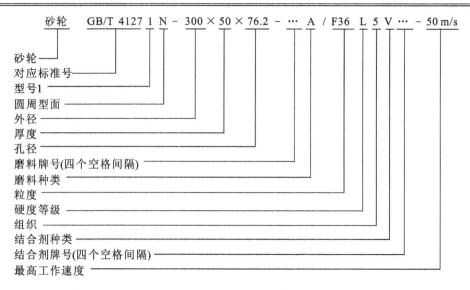

砂轮   GB/T 4127 1 N - 300×50×76.2 - ··· A / F36 L 5 V ··· - 50 m/s

砂轮
对应标准号
型号1
圆周型面
外径
厚度
孔径
磨料牌号(四个空格间隔)
磨料种类
粒度
硬度等级
组织
结合剂种类
结合剂牌号(四个空格间隔)
最高工作速度

4. 砂轮的选择

在实际生产中,应主要依据工件材料、热处理、加工精度和表面粗糙度值,选用比较合适的砂轮。

(1) 根据工件材料及其热处理方法选择砂轮磨料,可参考表 10-1。

(2) 根据工件表面粗糙度值和加工精度选择砂轮粒度。细粒度的砂轮可磨出细的表面,磨削硬材料,应选择软的、粒度号大的砂轮;磨削软材料,应选择硬的、粒度号小的、组织号大的砂轮。一般常用的粒度是 F46～F80。

(3) 根据工件表面质量和生产率选择砂轮硬度。粗磨时为了提高生产率,应选择粒度号小、软的砂轮。精磨时为了提高工件表面质量,应选择粒度号大、硬的砂轮。一般常用硬度为 H、J、K 的三种砂轮。

(4) 大面积磨削或薄壁件磨削时,应选择粒度号小、组织号小、软的砂轮。

10.2.2 砂轮安装与平衡

砂轮因在高速下工作,安装前应首先检查外观有没有裂纹,然后用木槌轻敲,如果声音嘶哑,则禁止使用,否则砂轮破裂后会飞出伤人。

一般大尺寸砂轮用带有台阶的法兰安装;中等尺寸砂轮用法兰直接安装在主轴上;小尺寸砂轮用螺母紧固于主轴上;更小尺寸的砂轮直接黏固于主轴上。

大砂轮安装方法如图 10-9 所示。法兰主要由法兰底盘、法兰盘、衬垫、内六角螺钉等组成。

安装砂轮时,要求将砂轮不松不紧地套在法兰底盘轴颈上。配合间隙过大时,可在法兰底盘轴颈的圆周垫上一层纸片,以减少安装偏心,如图 10-9(b)所示。在砂轮和法兰盘平面之间应垫上 1～2 mm 厚的塑性衬垫,以使压力均匀分布。紧固螺钉时,拧紧力不能过大,且按对角顺序逐步拧紧螺钉。

为使砂轮工作平稳,一般对直径大于 125 mm 的砂轮都要进行平衡试验,如图 10-10 所示。将砂轮装上心轴放在平衡架的平衡轨道的刃口上。若不平衡,较重部分总是转到下面。

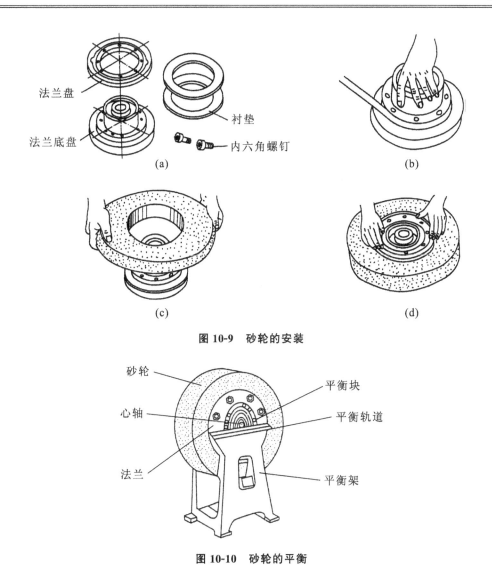

法兰盘

衬垫

法兰底盘

内六角螺钉

(a)

(b)

(c)

(d)

图 10-9　砂轮的安装

砂轮

平衡块

心轴

平衡轨道

法兰

平衡架

图 10-10　砂轮的平衡

这时可移动法兰端面环槽内的平衡铁进行调整。经反复平衡试验,砂轮在刃口上任意位置都能静止,即说明砂轮各部分的质量分布均匀。这种方法称为静平衡。

　　经过平衡后的砂轮可以用专用套筒扳手安装到磨床的主轴上。磨床主轴螺纹一般为左旋螺纹。

10.2.3　砂轮的修整

　　砂轮工作一定时间后,磨粒渐渐变钝,砂轮表面空隙被堵塞,丧失切削能力。同时,由于砂轮硬度不均匀及磨粒工作条件不同,砂轮工件表面磨损不均匀,形状被破坏,这时必须修整。砂轮常用金刚石进行修整,如图 10-11 所示。修整时,砂轮或金刚石做纵向进给,要使用大量的冷却液,以免金刚石因温度急剧升高而爆裂。

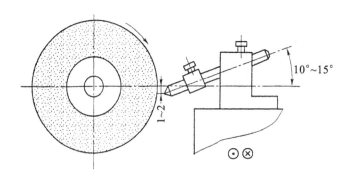

图 10-11　砂轮的修整

10.3　工件的安装及所用附件

磨削加工中,由于所用磨床的不同,工件的安装及所用的附件存在较大的差异。

10.3.1　外圆磨削中工件的安装

外圆磨床上安装工件的方法主要有顶尖安装、卡盘安装和心轴安装等。

1. 顶尖安装

顶尖安装是磨削轴类工件最常用的方法,如图 10-12 所示。安装时,工件支承在两顶尖之间,其安装方法与车削中所用方法基本相同,但磨床所用的顶尖均不随工件一起旋转,这样可以提高加工精度,避免由于顶尖转动而产生径向跳动误差。后顶尖是靠弹簧推力顶紧工件的,这样可以自动控制松紧程度,避免工件在磨削过程中受热伸长而产生弯曲变形。

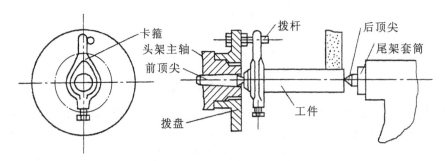

图 10-12　顶尖安装

磨削前,工件的中心孔均要进行修研,以提高其形状精度,降低表面粗糙度。修研的一般方法是用四棱硬质合金顶尖在车床或钻床上进行挤研,研亮即可。当中心孔较大、修研精度要求较高时,必须选用油石顶尖做前顶尖,普通顶尖做后顶尖。修研时,头架旋转,工件不旋转(用手握住)。研好一端后再研另一端,如图 10-13 所示。

2. 卡盘安装

磨削短工件的外圆时,可根据安装部位形状,采用三爪自定心卡盘、四爪单动卡盘或花盘安装。安装方法与在车床上的安装方法基本相同。

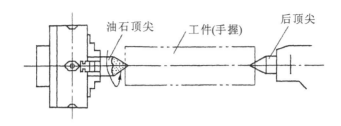

图 10-13　用油石顶尖修研中心孔

3. 心轴安装

盘套类空心工件常以内孔定位磨削外圆,大都采用心轴安装工件,如图 10-14 所示。常用心轴与车削时所用的心轴基本相同,只是磨削用的心轴精度更高。心轴在磨床上的安装与在车床上的一样,也是通过顶尖安装。

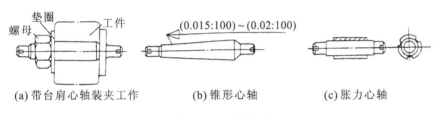

(a) 带台肩心轴装夹工件　　　(b) 锥形心轴　　　(c) 胀力心轴

图 10-14　心轴安装

10.3.2　内圆磨削中工件的安装

磨削内圆时,工件大多数以外圆和端面作为定位基准。通常采用三爪自定心卡盘、四爪单动卡盘、花盘及弯板等夹具安装工件。其中,最常用的是用四爪单动卡盘通过找正安装工件。

10.3.3　平面磨削中工件的安装

在平面磨床上磨削平面,常采用电磁吸盘和精密平口钳安装工件。

1. 电磁吸盘安装

磨削中小型工件的平面,常采用电磁吸盘工作台安装工件。电磁吸盘工作台有长方形和圆形的两种,分别用于矩台平面磨床和圆台平面磨床。当磨削键、垫圈、薄壁套等小尺寸薄壁类工件时,由于工件与工作台接触面积小,吸力弱,工件易被磨削力弹出而造成安全事故。因此安装这类工件时,需在其四周或左右两端放置平行挡铁,以免工件移动,如图10-15所示。

2. 精密平口钳安装

电磁吸盘只能安装钢、铸铁等磁性材料的工件,对于铜、铜合金、铝等非磁性材料制成的工件,或者工件的加工平面和定位基准面成一定的角度时,可在电磁吸盘上安放一精密平口钳来安装工件。精密平口

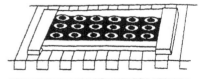

图 10-15　用挡铁围住工件

钳与普通平口钳相似,但位置精度等更高。

10.4 磨削加工的基本操作

常见的磨削加工基本操作有磨内、外圆柱面,内、外圆锥面和平面。

10.4.1 磨外圆

磨外圆是最基本的磨削方法之一,适用于轴类及外圆锥工件的外表面磨削。在外圆磨床上磨削外圆常用的方法有纵磨法、横磨法及综合磨法三种,其中又以纵磨法使用最多。

1. 纵磨法

如图 10-16 所示,磨削时,砂轮高速旋转起切削作用(主运动),工件转动(圆周进给)并与工作台一起做往复直线运动(纵向进给),当每一纵向行程或往复行程终了时,砂轮做周期性横向进给(背吃刀量)。每次背吃刀量很小,磨削余量是在多次往复行程中磨去的。当工件加工到接近最终尺寸时,采用无横向进给的几次光磨行程,直至火花消失为止,以提高零件的加工精度。

纵向磨削的特点是具有较大适应性,一个砂轮可磨削长度不同、直径不等的各种零件,且加工质量好,但磨削效率较低。生产中,特别是单件、小批量生产以及精磨时广泛采用这种方法,尤其适用于细长轴的磨削。

磨削轴肩端面的方法如图 10-17 所示。外圆磨到所需尺寸后,将砂轮稍微退出一些(0.1 mm 左右),用手摇动工作台的纵向移动手柄,使工件的轴肩端面靠向砂轮,磨削并使砂轮横向退出。

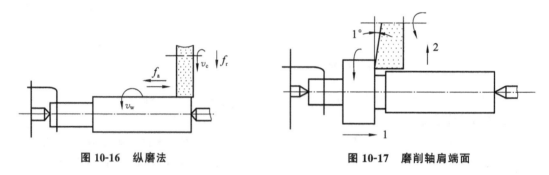

图 10-16 纵磨法　　　　　　　　图 10-17 磨削轴肩端面

2. 横磨法

如图 10-18 所示,横磨削时,所采用砂轮的宽度大于工件表面的长度,工件无纵向进给运动,而砂轮以很慢的速度连续地或断续地向工件做横向进给,直至余量被全部磨掉为止。

横向磨削的特点是生产效率高,但精度及表面质量较低。该法适用于磨削长度较短、刚度较高的工件。当工件磨到所需尺寸后,如果需要靠磨台阶端面,则将砂轮退出 0.005~0.01 mm,手摇工作台纵向移动手轮,使工件的台阶端面贴靠砂轮,磨平即可。

3. 综合磨法

在实际生产中,经常采用综合磨法。即先用横磨分段粗磨,相邻两段间有 5~15 mm 重

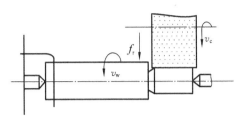

图 10-18　横磨法

叠量,然后将留下的 0.01～0.03 mm 余量用纵磨法磨去。综合磨法集纵磨法、横磨法的优点为一体,既能提高生产效率,又能提高磨削质量。

10.4.2　磨圆锥面

圆锥面的磨削通常有转动工作台法和转动头架法两种。

1. 转动工作台法

如图 10-19 所示,转动工作台法常用于锥度较小、锥面较长的内、外圆锥面磨削。

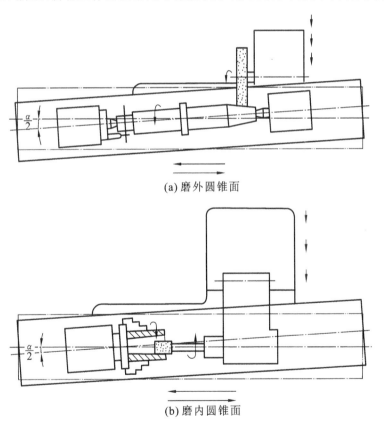

(a) 磨外圆锥面

(b) 磨内圆锥面

图 10-19　转动工作台磨圆锥面

2. 转动头架法

如图 10-20 所示,转动头架法常用于锥度较大、锥面较短的内、外锥面磨削。

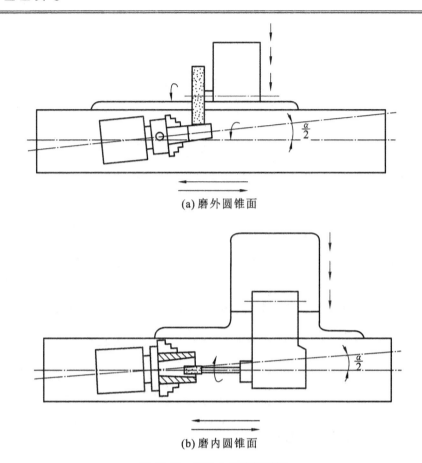

(a) 磨外圆锥面

(b) 磨内圆锥面

图 10-20　转动头架磨圆锥面

10.4.3　磨内圆面

　　磨内圆面的方法与磨外圆面相似,只是砂轮的旋转方向与磨外圆时相反,磨削方法以纵磨法应用最广,且生产率低,磨削质量较低。原因是:由于受零件孔径限制,砂轮直径较小,砂轮圆周速度较低,所以生产率低;又由于冷却排屑条件不好,砂轮轴伸出长度较长,表面质量不易提高。不过磨孔具有万能性,不需成套刀具,故在单件、小批量生产中应用较多,特别是对淬火件而言,磨孔仍是精加工孔的主要方法。

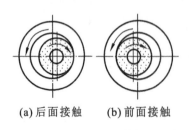

(a) 后面接触　　(b) 前面接触

图 10-21　砂轮与工件的接触形式

　　砂轮在工件孔中的接触位置有两种:一种是与工件孔的后面接触,如图 10-21(a)所示。这时冷却液和磨屑向下飞溅,不影响操作人员的视线,且比较安全;另外一种是与工件孔的前面接触,如图 10-21(b)所示,情况正好与上述相反。通常,在内圆磨床上采用后面接触。而在万能外圆磨床上磨孔,应采用前面接触方式,这样可自动横向进给。若采用后面接触方式,则只能手动横向进给。

10.4.4 磨平面

磨削平面通常是以一个平面为基准磨削另一个平面。若两个平面都需磨削且要求相互平行,则可互为基准,反复磨削。

1. 平面磨削方式

按照磨削时砂轮工作表面的不同,平面磨削有圆周磨削和端面磨削两种方式,如图 10-4 所示。

(1) 圆周磨削 圆周磨削是利用砂轮圆周面进行磨削。砂轮与工件实际磨削接触面小,排屑和冷却条件好,磨削热传入工件的比例较小,尤其是磨削易翘曲变形的薄片工件时,能获得较高的加工精度及表面质量,但砂轮轴悬伸长度较大,刚度小,不易采用较大的磨削用量,磨削效率较低。

圆周磨削主要适用于单件小批量生产或要求工件表面粗糙度值小的场合。

(2) 端面磨削 端面磨削是利用砂轮端面进行磨削,该端面与砂轮的轴线垂直或以一个很小的角度斜交。采用端面磨削时,砂轮轴悬伸长度较小,而且主要承受轴向力,刚度大,可以采用较大的磨削用量,同时,砂轮与工件实际磨削接触面大,磨削效率高。但排屑和冷却条件差,磨削热传入工件的比例较大,加工精度及表面质量比圆周磨削差。

端面磨削多用于大批大量生产中要求一般的平面的磨削。

2. 平面磨削方法

平面磨削时,尽管使用的磨床及磨削方式有所不同,但具体加工方法基本上是相同的,下面以卧轴矩台平面磨床为例,介绍平面磨削的基本方法:横向磨削法和深度磨削法。

(1) 横向磨削法 横向磨削法是最常用的一种磨削方法(见图 10-22)。磨削时,当工作台纵向行程终了时,砂轮主轴或工作台做一次横向进给,这时砂轮所磨削的金属层厚度就是实际背吃刀量,磨削宽度等于横向进给量,待工件上第一层金属磨去后,砂轮重新做垂向进给,磨头换向继续做横向进给,磨去工件第二层金属余量,如此往复多次磨削,直至切除全部余量为止。

横向磨削法适用于磨削长而宽的平面,因其磨削接触面积小,排屑、冷却条件好,因此砂轮不易堵塞,磨削热较小,工件变形小,容易保证工件的加工质量,但生产效率较低,砂轮磨损不均匀,磨削时须注意磨削用量和砂轮的正确选择。

(2) 深度磨削法 深度磨削法又称切入磨削法,如图 10-23 所示。磨削时,砂轮先做垂向进给,横向不进给,在磨去全部余量后,砂轮垂直退刀,并横向移动 4/5 的砂轮宽度,然后再做垂向进给,通过分段磨削,把工件整个表面余量全部磨去。若工件表面质量要求高,最后可用横向磨削法精磨。

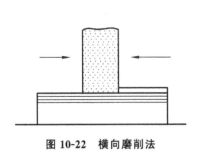

图 10-22 横向磨削法

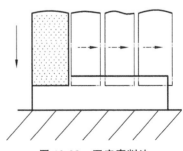

图 10-23 深度磨削法

深度磨削法的特点是生产效率高,适用于批量生产或大面积磨削。磨削时须注意工件装夹牢固,且需供给充足的切削液。

10.5　磨削加工的基本操作训练

10.5.1　磨工实习安全操作规程

(1) 进入车间,穿好工作服、工作鞋,扎好袖口,女同学戴好工作帽。操作机床时,严禁戴手套。

(2) 实习学生必须在指定工位进行操作,未经指导教师同意,不得随意触摸、启动各种电源开关和设备。多人操作一台机床时,只能其中一人操作,其他人在安全区域做准备。

(3) 操作中集中思想,严禁擅离机床,严禁串岗、打闹。

(4) 设备操作前,应检查开关、手柄是否在规定位置,润滑油路是否畅通,挡板、砂轮防护装置等是否完好。

(5) 机床启动后空转 2～3 min,待机床、砂轮运转正常后方可开始工作。

(6) 未经平衡的砂轮严禁使用。磨削时,人不准站在砂轮的正面,应站在砂轮的侧面。

(7) 用顶尖安装工件时,应检查顶尖孔是否良好;用平面磨床磨削高而窄或底部接触面较小的工件时,工件周围必须要用挡铁。

(8) 进给时不准将砂轮直接接触工件,要留有空隙,缓慢地进给。

(9) 磨削中禁止用手接触工件,测量、装卸工件时必须将砂轮退出,停机后才能进行。

(10) 砂轮未退离工件时,不得中途停止运转。

(11) 操作中,发现机床有异常现象,应立即停车,并及时向指导教师汇报。

(12) 正确使用和爱护量具,经常保持清洁,用后及时擦净并放入盒内。

(13) 要经常保持设备及工作场所整洁,物件摆放要规范。实习结束时应将各手柄置于空挡位置,关闭电源开关,填写设备使用记录。

10.5.2　磨削加工基本操作训练

磨削加工的基本操作技能训练在单项分解练习的基础上进行,可在规定时间内完成一定复杂程度零件的加工。

1. 阅读和分析图样

图 10-24 所示为磨工综合实习工件衬套,材料为 45 钢,工件经调质处理及前道工序加工成形。衬套的主要组成表面为同轴的内、外圆柱面及平面、沟槽等。磨削加工中,两端面间的尺寸为 78 ± 0.023 mm、平行度公差为 0.025 mm、表面粗糙度 Ra 值为 1.6 μm;外圆的尺寸为 $\phi45_{-0.025}^{0}$ mm、表面粗糙度 Ra 值为 0.4 μm;内孔的尺寸分别为 $\phi25_{0}^{+0.021}$ mm 和 $\phi40_{0}^{+0.039}$ mm、表面粗糙度 Ra 值分别为 0.8 μm 和 1.6 μm;$\phi45$ mm 外圆轴线对 $\phi25$ mm 内孔轴线的同轴度公差为 $\phi0.02$ mm。

2. 零件磨削工艺分析

该零件集平面磨削、外圆磨削和内孔磨削等基本操作为一体。两端面在平面磨床上采用横向磨削法,划分粗、精磨削。内、外圆均采用纵向磨削法,用切入法带磨外圆台阶端面,

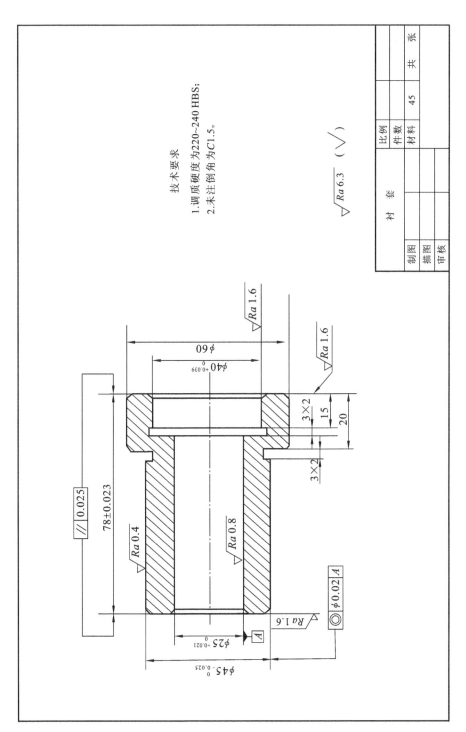

图10-24 衬套零件图

划分粗、精磨削。内孔在一次安装中完成磨削,根据基准重合原则以内孔定位精磨外圆。

平面磨削时用电磁吸盘加挡块装夹工件;外圆粗磨及内孔磨削用三爪自定心卡盘装夹;精磨外圆时,用微锥心轴装夹。

衬套的磨削工艺路线为磨两端面→粗磨外圆→粗、精磨内孔→精磨外圆。

3. 零件磨削步骤及注意事项

衬套的磨削步骤见表 10-3。

表 10-3 衬套的磨削步骤

序号	工序内容	加工步骤及内容	刀具及量具
1	磨端面	以大端面为基准,用电磁吸盘加挡块装夹	
		(1) 粗、精磨右端面(磨出即可)	砂轮
		(2) 粗、精磨左端面,保证总的长度尺寸	砂轮、深度游标卡尺、千分尺
2	粗磨外圆	用三爪自定心卡盘夹 ϕ60 mm 外圆,找正左端面	百分表
		粗磨外圆,留精磨余量 0.06~0.08 mm,带磨台阶端面	砂轮、千分尺
3	磨内孔	用三爪自定心卡盘夹 ϕ45 mm 外圆,找正右端面	砂轮、内径量表
		(1) 粗磨 ϕ25 mm 内孔,留精磨余量 0.04~0.06 mm	
		(2) 粗磨 ϕ40 mm 内孔,留精磨余量 0.04~0.06 mm	
		(3) 精磨 ϕ25 mm 和 ϕ40 mm 内孔至尺寸,表面粗糙度符合图样要求	
4	精磨外圆	微锥心轴装夹	
		精磨外圆至尺寸,表面粗糙度符合图样要求	砂轮、千分尺

注意事项:

(1) 磨削加工前应仔细检查工件各磨削面的余量是否足够,以及时发现并采取措施。

(2) 磨削中合理选择切削用量,冷却要充分。

(3) 磨内、外圆时,找正端面,垂直度要控制在 0.02 mm 以内,以保证端面与内、外圆轴线垂直。

(4) 精磨时,要及时对砂轮进行修整,以达到图样要求的表面粗糙度。

(5) 磨削工件的尺寸公差等级高,测量尺寸时手势要正确,且在全长上测量。

复习思考题

1. 简述磨削加工的特点与应用。

2. 万能外圆磨床由哪几部分组成?各有何功用?

3. 磨削外圆及平面时,工件和砂轮各做哪些运动?

4. 简述砂轮的组成与特性。实际生产中应如何选择砂轮?

5. 外圆磨削常用的方法有哪几种?各有何特点?如何选用?

6. 平面磨削常用的方法有哪几种?各有何特点?如何选用?

7. 磨内圆与磨外圆相比有哪些特点?为什么?

8. 根据磨工实习体会,简述磨削加工安全操作规程。

第11章 特种加工

教学要求

理论知识

(1) 了解特种加工方法的产生、工艺特点及其种类;

(2) 熟悉电火花线切割加工原理和编程方法;

(3) 了解电火花成形加工、激光加工、超声加工、电子束和离子束加工、快速成形技术的原理和应用。

技能操作

(1) 掌握电火花线切割加工的基本操作;

(2) 一般掌握电火花成形加工基本操作;

(3) 根据零件图,完成零件内孔和轮廓的电火花线切割加工。

11.1 概述

特种加工是相对于传统切削加工而言的,是指直接把电、磁、声、光、化学等能量或它们的组合施加在工件待加工面上,以去除多余的材料,使之成为符合设计要求的零件的加工过程。在生产中常用的特种加工方法有:电火花加工、电解加工、激光加工、超声波加工、电子束加工和离子束加工等。

11.1.1 特种加工的产生与发展

传统的切削加工一般应具备两个基本条件:一是刀具材料的硬度必须大于工件材料的硬度;二是刀具和工件都必须具有一定的刚度和强度以承受切削过程中不可避免的切削力。这就给切削加工带来了两个局限:一是不能加工硬度接近或超过刀具硬度的工件材料;二是不能加工带有微细结构的零件。然而,随着工业生产和科学技术的发展,具有高硬度、高强度、高熔点、高韧度、强脆性等性能的新材料不断出现,具有各种微细结构与特殊工艺要求的零件也越来越多,用传统的切削加工方法很难对它们进行加工。特种加工就是在这种形势下应运而生的。

特种加工是 20 世纪 40 年代至 60 年代发展起来的新工艺,目前仍在不断革新和发展。我国的特种加工技术起步较早,发展速度较快,各类机床总拥有量也居世界前列。但是由于我国原有的工业基础薄弱,特种加工设备和整体水平与国际先进水平还有不小的差距。

11.1.2 特种加工的特点

与传统的切削加工相比,特种加工具有以下特点:

(1) 加工主要不依靠机械能,而主要利用其他能量去除工件材料;

（2）工件材料硬度与强度不受限制，工具材料硬度可以大大低于工件材料硬度；

（3）加工过程中工具与工件之间不存在显著的机械切削力；

（4）加工能量易于控制和转换。

11.1.3　特种加工应用

特种加工主要应用于如下场合：

（1）加工各种具有高强度、高硬度、高韧度、强脆性等特性的难加工材料，例如耐热钢、不锈钢、钛合金、淬火钢、硬质合金、陶瓷、宝石、金刚石、锗和硅等；

（2）加工各种复杂零件的表面及微细结构，例如热锻模、冲裁模、冷拔模的型腔和型孔、整体涡轮、喷气涡轮的叶片，喷油嘴、喷丝头的微小型孔等；

（3）加工各种有特殊要求的精密零件，例如特别细长的低刚度螺杆、精度和表面质量要求特别高的陀螺仪等。

11.1.4　特种加工的类型

特种加工一般按照所利用的能量形式进行分类，常见的特种加工方法见表 11-1。

表 11-1　常见特种加工方法分类

加工方法	常用代号	利用的能量	可加工材料	应用范围
电火花加工	EDM	电能、热能	任何导电的金属材料，如硬质合金、耐热钢、淬火钢等	穿孔、型腔加工、切割、强化等
电解加工	ECM	电能、化学能		型腔加工、抛光、刻印等
电解磨削	ECG	电能、化学能、机械能		平面，内、外圆，成形面加工
超声加工	USM	声能	任何硬脆性材料	型腔加工、穿孔、抛光等
激光加工	LBM	光能、热能	任何导电的金属材料	微孔、切割、焊接、热处理等
化学加工	CHM	化学能		金属材料加工、刻蚀图形、薄板加工等
电子束加工	EBM	电能、热能		穿微孔、切割、焊接等
离子束加工	IBM	电能、机械能		注入、镀覆、穿微孔、刻蚀

11.2　数控电火花线切割加工

数控电火花线切割加工是利用线状电极（即电极丝，如钼丝、铜丝）靠火花放电来对工件进行加工的一种方法，加工中工件与电极丝的相对运动采用数字控制。它应用广泛，目前国内外的线切割机床已占电加工机床的 60％以上。

11.2.1　电火花线切割加工原理、特点和应用

1. 电火花线切割的加工原理

电火花线切割加工简称线切割，其加工原理如图 11-1 所示。脉冲电源正极接工件，负

极接电极丝(实际是接在由导电材料制作的导轮或贮丝筒上)。电极丝穿过工件上预先加工出的小孔,经导轮由贮丝筒带动做正、反向往复交替移动。电极丝与工件并不接触,始终保持 0.01 mm 左右的放电间隙,其间注入工作液(即工作介质,图中未画出)。工作台带动工件在水平面 X、Y 两个坐标方向上做进给移动,合成各种曲线轨迹,把零件切割成形。

　　脉冲电源对线状电极和工件施加脉冲电压。当来一个电脉冲时,线状电极与工件之间的介质被击穿,产生一次火花放电,在放电通道的中心温度瞬间可达 3000～10000 ℃,使工件金属熔化,甚至汽化。高温也使线状电极和工件之间工作液部分汽化,这些汽化后的工作液和金属蒸气瞬间迅速热膨胀,且具有爆炸特性。这种热膨胀和局部微爆炸,使得熔化和汽化了的金属材料被抛出,从而实现对工件材料的电蚀切割加工。

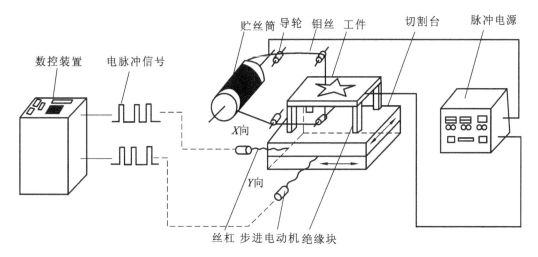

图 11-1　数控电火花线切割加工原理示意图

2. 电火花线切割加工的特点

　　(1)电火花线切割加工不需制造成形电极,采用简单的线状电极即可对工件进行加工,加工成本较低,周期较短,适用于新产品试制。

　　(2)由于加工中材料的去除是靠放电时的电热作用实现的,因此线切割适合于加工各种高硬度、高强度、高韧度和强脆性的导电材料,如淬火钢、硬质合金等,而且加工时,工件几乎不受切削力,适宜加工刚度较低的工件及细小零件。

　　(3)由于电极丝比较细,可以加工微细异形孔、窄缝和形状复杂的工件,同时材料的利用率高,对贵重金属的加工有重要意义。

　　(4)线切割采用移动的长电极丝加工,电极丝损耗较少,从而获得的加工精度比较高。其加工的尺寸公差等级可达 IT7～IT6,表面粗糙度值可达 $Ra1.6\ \mu m$ 或更小。

3. 线切割加工的应用

　　(1)加工模具　可用于加工各种形状的冲模。调整不同的间隙补偿量,只需一次编程就可以切割凸模、凸模固定板及卸料板等。模具配合间隙、加工精度通常都能达到 0.01～0.02 mm。此外,还可加工挤压模、粉末冶金模、弯曲模等。

　　(2)加工电极　可用于加工电火花成形用的电极,也可用于加工微细复杂形状的电极。

（3）加工零件　在试制新产品时，可用线切割在板料上直接割出零件。如果修改了设计，只需变更加工程序即可。可加工品种多、数量少的零件，特殊难加工的零件，材料试验样件，各种型孔、凸轮、样板、成形刀具。还可进行微细加工、异形槽加工等。

11.2.2　线切割机床和加工工艺

1. 线切割机床

根据电极丝的运行速度，线切割机床通常分为两大类：一类是高速走丝（或称快走丝）线切割机床，这类机床的电极丝做高速往复运动，一般走丝速度为 $8\sim10$ m/s，这是我国生产和使用的主要机种，也是我国独创的电火花线切割加工机床；另外一类是低速走丝（或称慢走丝）线切割机床，这类机床的电极丝做低速单向运动，一般走丝速度低于 0.2 m/s，这是国外生产和使用的主要机种。本书以介绍高速走丝线切割机床为主。

线切割机床主要由机床本体、脉冲电源、控制系统、工作液循环系统等几部分组成。图 11-2 所示为 DK7725 高速走丝线切割机床结构简图，其最大切割厚度为 250 mm。

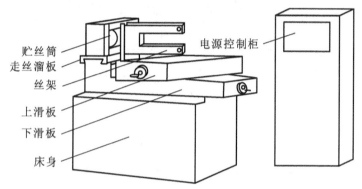

图 11-2　DK7725 高速走丝线切割机床结构简图

1）机床本体

机床本体由床身、坐标工作台、运丝机构、丝架等几部分组成。

（1）床身　用于支承和连接工作台、运丝机构等部件，内部安放机床电器和工作液循环系统。

（2）运丝机构　电动机通过联轴器带动贮丝筒交替做正、反向转动，电极丝整齐地排列在贮丝筒上，并经过丝架导轮导向做往复高速移动。

（3）坐标工作台　用于安装并带动工件在水平面 X、Y 两个方向上移动。工作台分上下两层，分别与 X、Y 向丝杠相连，由两个步进电动机分别驱动。步进电动机每接收到计算机发出的一个脉冲信号，其输出轴就旋转一个步距角，再通过一对变速齿轮带动丝杠转动，从而使工作台在相应的方向上移动 0.001 mm。

（4）丝架　丝架的主要功用是在电极丝按给定线速度运动时，对电极丝起支承作用，并使电极丝工作部分与工作台平面保持一定的几何角度。

2）脉冲电源

脉冲电源又称高频电源，其作用是把普通的 50 Hz 交流电转换成高频率的单向脉冲电压。加工时，电极丝接脉冲电源负极，工件接正极。

3）控制系统

控制系统的主要功用是轨迹控制和加工控制。线切割机床的轨迹控制系统经历了仿行控制阶段和光电仿形控制阶段，现已普遍采用数字程序控制，并已发展到微型计算机直接控制阶段。加工控制包括进给控制、短路回退、间隙补偿、图形缩放、旋转和平移、适应控制、自动找中心、信息显示、自诊断等功能。其控制精度为 ±0.001 mm，加工精度为 ±0.01 mm。

4）工作液循环系统

工作液循环系统由工作液、工作液箱、工作液泵和循环导管组成。工作液起绝缘、排屑、冷却的作用。每次脉冲放电后，工件与电极丝之间必须迅速恢复绝缘状态，否则脉冲放电就会转变为稳定持续的电弧放电，影响加工质量。在加工过程中，工作液可把加工过程中产生的金属颗粒迅速从电极之间冲走，使加工顺利进行，工作液还可冷却受热的电极丝和工件，防止工件变形。

2. 线切割加工工艺

线切割加工工艺内容包括零件图的工艺分析、工艺准备。工艺准备包括工件准备、电极丝准备、工作液选配、工艺参数选择等内容。

1）零件图的工艺分析

（1）分析零件图样　根据线切割加工过程中工艺要求，从零件形状结构、尺寸精度和表面粗糙度方面考虑，选择线切割可以加工的零件。重点分析凹角、尖角及过渡圆半径。

（2）编制数控程序　根据加工工艺，同时考虑保证工件精度和提高生产效率来确定切割路线。对外轮廓宜采用顺时针切割方向，对工件上的孔等内轮廓宜采用逆时针切割方向。计算相关偏移量，确定过渡圆半径，根据数控编程指令编制数控程序。

2）工件准备

工件准备主要包括：合理安装工件，避免电极丝碰到工作台，并对工件进行基准校准；合理选择穿丝孔位置，一般放在容易修磨的凸尖位置。

3）电极丝准备

电极丝准备包括电极丝材料的选择和电极丝直径的选择。

（1）电极丝材料的选择　常用的电极丝材料有钼丝、钨丝、黄铜丝等，其特点如表 11-2 所示。

表 11-2　各种电极丝的特点

材　　料	线径/mm	特　　点
纯铜	0.1～0.25	适用于对切割速度要求不高的场合或精加工时用。丝不易卷曲，抗拉强度低，容易断丝
黄铜	0.1～0.30	适用于高速加工，加工面的蚀屑附着少，表面粗糙度和加工面的平面度较好
专用黄铜	0.05～0.35	适用于要求高速、高精度和理想的表面粗糙度的加工及自动穿丝加工，但价格高

材 料	线径/mm	特 点
钼	0.06～0.25	由于其抗拉强度高,一般用于快走丝;在进行微细、窄缝加工时用于慢走丝
钨	0.03～0.10	由于抗拉强度高,可用于各种窄缝的微细加工,但价格高

(2) 电极丝直径的选择　电极丝的直径应根据工件加工的切缝宽度、工件厚度及拐角尺寸大小等进行选择。如:加工带尖角、窄缝的小型模具宜选用较细的电极丝;加工厚度大的工件或进行大电流切割,则应选用较粗的电极丝。具体选择可依据表 11-3 进行。

表 11-3　电极丝直径与拐角极限和工件厚度的关系　　　(单位:mm)

电极丝材料	电极丝直径	拐角极限	切割工件厚度
钨	0.05	0.04～0.07	0～0.10
钨	0.07	0.05～0.10	0～0.20
钨	0.10	0.07～0.12	0～0.30
黄铜	0.15	0.10～0.16	0～0.50
黄铜	0.20	0.12～0.20	0～100
黄铜	0.25	0.15～0.22	0～100

4) 工作液选配

工作液对切割速度、表面粗糙度、加工精度等有较大影响,应合理选择。常用工作液有乳化液和去离子水。高速走丝加工常用乳化液。对于厚度较大的工件,乳化液浓度应较小,以增加工作液的流动性;工件较薄时,工作液的浓度应适当提高。低速走丝使用去离子水。

5) 工艺参数的选择

线切割工艺参数包括脉冲电源(或其他电源)的电参数、线电极的张力及走丝速度,工作台的进给速度及工作液的浓度、流量及压力大小等。

电参数主要有电流峰值、脉冲宽度、脉冲间隔、空载电压、放电电流等。选择原则是:如果要获得低的表面粗糙度,所选用的电参数要小;如果要求较高的切割速度,选用的电参数要大一些,但加工电流的大小受排屑条件和电极丝截面限制,加工电流过大易造成断丝。快速走丝线切割加工脉冲参数的选择见表 11-4。

表 11-4　快速走丝线切割加工脉冲参数的选择

应　　用	脉冲宽度 $t_i/\mu s$	电流峰值/A	脉冲间隔 $t_o/\mu s$	空载电压/V
快速切割加工	20～40	>12	为实现稳定加工,一般选择 t_o/t_i =3～4	一般为 70～90
半精加工(Ra=1.25～2.5 μm)	6～20	6～12		
精加工(Ra<1.25 μm)	2～6	<4.8		

11.2.3 线切割机床编程和加工

线切割机床加工之前应先按工件形状和尺寸编制程序。目前我国高速走丝线切割机床一般采用 3B 格式,而低速走丝线切割机床通常采用国际上通用的 ISO(国际标准化组织)或 EIA(美国电子工业协会)格式。下面介绍我国高速走丝线切割机床应用较广的 3B 程序编制的要点。

常见的图形都是由直线和圆弧组成的,任何复杂的图形,只要分解为直线和圆弧就都可以依次分别编程。编程时需要用的参数有五个:切割的起点或终点坐标 x、y 值;切割时的计数长度 J(切割长度在 x 轴或 y 轴上的投影长度);切割时的计数方向 G;切割轨迹的类型,称为加工指令 Z。

1. 程序格式

五指令 3B 程序格式为

$$Bx \quad By \quad BJ \quad G \quad Z$$

其中　B——分隔符,用它来区分、隔离 x、y 和 J 等数码,B 后的数字如为 0,则此 0 可以不写;

x、y——直线的终点或圆弧起点的坐标值,编程时均取绝对值,以 μm 为单位;

J——计数长度,亦以 μm 为单位;

G——计数方向,分为 G_x 或 G_y,即可按 x 方向或 y 方向计数,工作台在该方向每走 1 μm 即计数累减 1,当累减到计数长度 J=0 时,这段程序即加工完毕;

Z——加工指令,分为直线 L 和圆弧 R 两大类。直线又按走向和终点所在象限而分为 L_1、L_2、L_3、L_4 四种;圆弧又按第一步进入的象限及切割走向分为 SR_1、SR_2、SR_3、SR_4(顺时针)及 NR_1、NR_2、NR_3、NR_4(逆时针)八种,如图 11-3 所示。

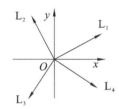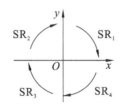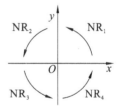

图 11-3　直线和圆弧的加工指令

2. 直线的编程

(1) 把直线的起点作为坐标原点。

(2) 把直线的终点坐标值作为 x、y,均取绝对值,单位为 μm,因 x、y 的比值表示直线的斜度,故亦可用公约数将 x、y 缩小整倍数。

(3) 计数长度 J 按计数方向 G_x 或 G_y 取该直线在 x 轴或 y 轴上的投影值,以 μm 为单位。决定计数长度时,计数长度要和选取计数方向一并考虑。

(4) 计数方向的选取原则:应取此程序最后一步的轴向为计数方向。不能预知时,一般选取与终点处的走向较平行的轴向作为计数方向,这样可减小编程误差与加工误差。对直线而言,取 x、y 中较大的绝对值作为计数长度 J,取轴向作为计数方向。

(5)加工指令按直线走向和终点所在象限不同而分为 L_1、L_2、L_3、L_4,其中与 $+x$ 轴重合的直线算作 L_1,与 $+y$ 轴重合的算作 L_2,与 $-x$ 轴重合的算作 L_3,与 $-y$ 轴重合的算作 L_4。与 x、y 轴重合的直线,编程时 x、y 均可作 0,且在 B 后的数值 0 不写。

3. 圆弧的编程

(1)把圆弧的圆心作为坐标原点。

(2)把圆弧的起点坐标值作为 x、y,均取绝对值,单位为 μm。

(3)计数长度 J 按计数方向取 x 轴或 y 轴上的投影值,以 μm 为单位。如果圆弧较长,跨越两个以上象限,则分别将计数方向 x 轴(或 y 轴)上各个象限投影值的绝对值相累加,作为该方向总的计数长度。计数长度要和选取计数方向一并考虑。

(4)计数方向同样也取与该圆弧终点时走向较平行的轴向作为计数方向,以减少编程和加工误差。对于圆弧,取终点坐标中绝对值较小的轴向作为计数方向(与直线相反)。

(5)圆弧加工指令,按圆弧第一步所进入的象限可分为 R_1、R_2、R_3、R_4;按切割走向又可分为顺时针 S 和逆时针 N,于是共有 SR_1、SR_2、SR_3、SR_4、NR_1、NR_2、NR_3、NR_4 八种指令。

4. 整个工件的编程举例

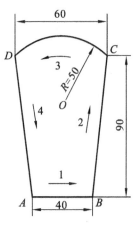

图 11-4　编程图形

设要切割图 11-4 所示形状的工件,该工件轮廓由三条直线和一条圆弧组成,故分为四条程序编制(不考虑切入路线的程序)。

(1)加工直线 AB。坐标原点取在 A 点,AB 与 x 轴正重合,x、y 均可作 0 计,程序为

　　　　B B B40000 G_x L_1

(2)加工斜线 BC。坐标原点取在 B 点,终点 C 的坐标值是 x=10000,y=90000,程序为

　　　　B1 B9 B90000 G_y L_1

(3)加工圆弧 CD。坐标原点应取在圆心 O,这时起点 C 的坐标为 x=30000,y=40000,程序为

　　B30000 B40000 B60000 G_x NR_1

(4)加工斜线 DA。坐标原点选在点 D,终点 A 的坐标为 x=10000,y=90000,程序为

　　　　B1 B9 B90000 G_y L_4

将以上程序填入程序单。源程序可采用键盘或磁盘等输入。源程序所描述的图形在 CRT(阴极射线管显示器)上显示,以验证源程序是否正确,可对源程序内容方便地进行修改。对于复杂的零件可用计算机自动编程。

11.3　电火花成形加工

电火花成形加工是在一定的介质中,利用两极(工具电极和工件电极)之间脉冲性火花放电产生的高温电腐蚀现象进行材料成形加工的方法,是电火花加工方法之一。

11.3.1　电火花成形加工原理、特点、应用

1. 加工原理

电火花成形加工原理如图 11-5 所示。加工时，将成形电极安装在电火花机床主轴上，工件安装在工作台上，工具电极和工件分别接脉冲电源两极，其间充满工作液。

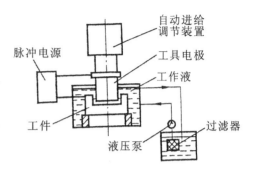

图 11-5　电火花成形加工原理

由于两极微观表面凹凸不平，当脉冲电压加到工具电极和工件上时，某一相对间隙最小处或绝缘强度最低处的工作液将先被电离为电子和正离子而被击穿，形成放电通道。在电场力的作用下，通道内的电子高速奔向阳极，正离子奔向阴极，产生火花放电，电流随即剧增，使通道中心瞬时温度高达 10000 ℃左右，从而使电极表面局部金属迅速融化甚至汽化。同时，由于脉冲放电时间极短，金属熔化和汽化的速度极高，具有爆炸特性，融化和汽化了的金属微粒被迅速抛离电极表面，在电极表面产生一个极小的电蚀凹坑。放电过程多次重复进行，随着工具电极由自动进给调节装置驱动不断进给，工件电极的表面就不断地被蚀除，从而达到电火花成形加工的目的。

2. 特点及应用

由于电火花成形加工是利用成形工具电极与工件之间的脉冲放电，逐步沉入工件内进行加工的，因此电火花成形加工有如下特点：

（1）除了要求导电之外，对工件材料几乎没有任何限制，可以用硬度低的工具电极（如纯铜和石墨）加工高熔点、高硬度、高强度、高脆性、高塑性或高纯度的导电材料。

（2）在一定的条件下（如高压、有附加电极、加电解工作液等）也可加工非导电材料。

（3）加工时，工件与电极不接触，因而加工中无切削力，有利于小孔、窄槽、薄板件和复杂形状截面的型腔、型孔的加工。

（4）工具电极制造容易，对工件材料性能影响范围小。

（5）脉冲参数可以任意调节，可以在同一台机床上实现粗加工、半精加工和精加工。

11.3.2　电火花成形加工机床

电火花成形加工机床主要由主轴头、电源控制柜、床身、立柱、工作台及工作液槽等部分组成。图 11-6(a) 所示为分离式电火花成形加工机床，图 11-6(b) 所示为整体式电火花成形加工机床。整体式电火花成形加工机床的油箱与电源控制柜放在机床内部。

（1）主轴头　主轴头是电火花成形加工机床中最关键的部件，是自动调节系统中的执行机构，主轴头的结构、运动精度、刚度、灵敏度等都直接影响零件的加工精度和表面质量。

（2）床身和立柱　床身和立柱是电火花加工机床的基础部件，用于保证工具电极与工件之间相对位置。其刚度要高，抗振性要好。

（3）工作台　工作台用于支承和安装工件，通过横向、纵向丝杠可以调节工件与工具电极的相对位置。工作台上固定有工作液槽，槽内盛装有工作液，放电加工部位浸在工作液介质中。

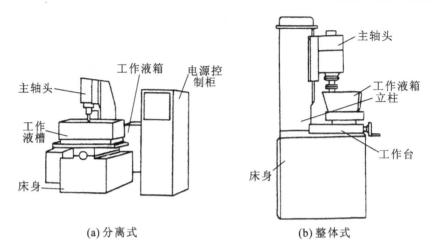

(a) 分离式   (b) 整体式

图 11-6　电火花成形加工机床

（4）电源控制柜（电气柜）　电源控制柜内设有脉冲电源及控制系统、主轴伺服控制系统、机床电器安全及保护系统等。

11.4　其他特种加工方法

11.4.1　激光加工的原理与应用

激光加工就是利用功率密度极高的激光束照射工件被加工部位，使材料瞬间融化或蒸发，并在冲击波的作用下将融化物质喷射出去，从而对工件进行穿孔、刻蚀、切割，或采用较小的能量密度，使工件加工区材料呈融化状态，对工件进行焊接的一种加工方法。

1. 激光加工原理

激光加工中所用的激光是一束频率相同、相位相同（即具有严格的相位关系）的高强度平行单色光。光束的发射角通常不超过 0.1°，理论上可以聚焦至直径与光波波长尺寸相近的焦点上，焦点处的温度可达到 10000 ℃。

激光加工的原理如图 11-7 所示，加工系统一般由激光器、光路系统和机床本体等部分组成。激光器是整个激光加工系统的核心，主要作用是产生激光。激光器输出的激光束经过光路系统的传输和处理，可以满足不同的加工要求。光路系统包括光束直线传输信道、光束的折射部分、聚焦或散射系统等。某些激光加工工艺，如切割、焊接、穿孔、切削等，要求将激光束聚焦，以获得极高的能量密度；另一些激光加工工艺，如热处理、涂覆等，则要求在一特定形状内光斑能量均匀分布，以获得大而均匀的加工面。机床本体是承载加工工件并使工件与激光束做相对运动，

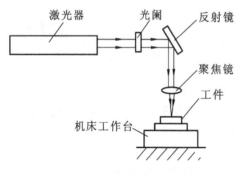

图 11-7　激光加工原理

从而实现加工的机器。激光加工的精度在很大程度上取决于机床本体的精度和激光束运动时可调节的精度。光束运动的调节和加工机床的运动轨迹均由数控系统控制。

2. 激光加工的特点及应用

激光加工能量密度高,速度快,热影响区小,加工变形和残余应力很小,适用于高熔点、高硬度、高脆性材料和复合材料(如耐热合金、陶瓷、石英、金刚石和橡胶等)的加工;激光加工属于非接触式加工,无明显机械切削力和工具损耗,对精细加工非常有利;激光加工的应用范围广,除了可进行穿孔、划片、成形、切割和刻印等加工之外,还可以进行焊接、表面处理和微细加工等。

11.4.2 超声波加工原理与应用

超声波加工是利用工具端面在磨料悬浮液中的超声波振动,迫使磨料悬浮液中的磨粒高速撞击、抛磨被加工表面,使加工区域的工件材料破碎成微细颗粒,从而实现加工的一种方法。

1. 超声波加工原理

超声波加工的原理如图 11-8 所示。超声波加工系统一般由超声波发生器、超声振动系统和机床本体等部分组成。加工时,超声波发生器发出高频(>16000 Hz)的交变电流供给换能器。换能器由镍和镍铝合金等材料制成,这些材料在磁场作用下会稍微缩短,而当磁场去除后又恢复原状,因此,换能器在交变磁场(有交变电流励磁)作用下产生相应的高频振动(即超声振动)。变幅杆将换能器高频振动的振幅增大至 $0.05\sim0.1$ mm(增幅作用是利用超声振动在一定条件下能产生共振的特点来实现的),并使工具高频振动。工具端面的超声振动迫使磨料悬浮液中的磨料以很大的速度和加速度不断撞击和抛磨工件表面,使工件表面材料粉碎成微粒;与此同时,磨料悬浮液受工具超声振动作用,产生高频、交变的液压冲击波和空化作用,促使磨料悬浮液进入被加工材料的微裂缝,从而加强了工件材料的机械破碎效果。随着工具不断进给,工件表面就不断地被去除(工具形状复映于工件上),从而达到超声加工的目的。

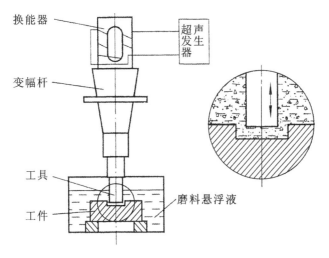

图 11-8 超声波加工原理

2. 超声波加工的特点及应用

超声波加工是磨料在超声振动作用下,产生机械撞击、抛磨和空化作用等的结果。超脆硬的材料,遭撞击后的破坏性越大,越适宜于超声加工,尤其是各种脆硬非金属材料,如玻璃、石英、陶瓷和金刚石等。而对于导电的金属材料,如淬火钢、硬质合金等,由于其韧度较大,利用超声波加工的效率较低。超声加工时的切削力很小,热影响区小,加工变形和残余应力很小,表面质量好,而且还可以加工薄壁、窄缝和低刚度零件。

当前,超声波加工主要用于半导体和非导体等各种脆硬非金属材料的型孔和型腔加工、超声波切割加工、超声波清洗和超声波抛磨等。

11.4.3　电子束与离子束加工原理与应用

电子束加工和离子束加工是近年来得到较大发展的新兴特种加工工艺,它们在精密微细加工方面,尤其是在微电子学领域中得到了较多的应用。近期发展起来的亚微米加工和纳米加工技术,主要也是用电子束和离子束加工。

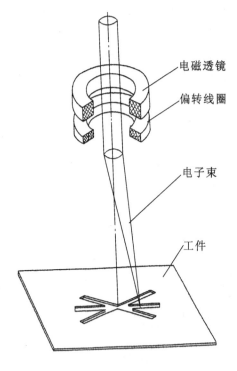

图 11-9　电子束加工原理

（标注：电磁透镜、偏转线圈、电子束、工件）

1. 电子束加工

1）电子束加工原理

如图 11-9 所示,在真空条件下,聚焦后密度极高（$10^6 \sim 10^9$ W/cm²）的电子束,以极高的速度（1/3～1/2 光速）冲击到工件表面极小面积上,在极短的时间（几分之一微秒）内,其能量的大部分转变为热能,使被冲击部分的工件材料达到几千摄氏度以上的高温,引起材料的局部熔化和汽化（熔化和汽化的材料被真空系统抽走）,从而实现加工。控制电子束能量密度的大小和能量注入时间,就可以达到不同的加工目的。

2）电子束加工的应用

电子束加工可分为两类:一类称为"热型加工",即利用电子束把材料的局部加热至融化或汽化进行加工,如打孔、切割和焊接等;另一类称为"非热型加工",即利用电子束的化学效应进行刻蚀,如电子束光刻等。

（1）高速打孔　电子束打孔已在生产中实际应用,目前所加工的孔最小直径可达 0.003 mm 左右,例如喷气发动机套上的冷却孔、机翼的吸附屏的孔。电子束还能加工小深孔,如在叶片上打深 5 mm、直径 0.4 mm 的孔,孔的深径比大于10：1。电子束能量密度高,因而生产效率高。

（2）加工型孔及特殊表面　利用电子束在磁场中偏转的原理,使电子束在工件内部偏转,同时控制电子速度和磁场强度,即可加工各类型孔及特殊表面。

（3）刻蚀、焊接及热处理　刻蚀广泛应用到微电子器件生产中。将电子束作为热源,应用在焊接及热处理工艺中,可获得理想的技术性能和经济效益。

2. 离子束加工

1）离子束加工原理

离子束加工的原理和电子束加工基本类似,也是在真空条件下,将离子源产生的离子束经过加速聚焦,使之冲击到工件表面的加工部位,以实现去除加工。不同的是离子带正电荷,其质量比电子大数千至数万倍,如氩离子的质量是电子的 7.2 万倍,所以离子加速到较高速度时,离子束比电子束具有更大的冲击动能,它是靠微观的机械撞击能量,而不是通过将动能转化为热能来加工工件的。

2）离子束加工的应用

离子束加工可归纳为三类:离子刻蚀加工、离子附着加工和离子注入。

（1）离子刻蚀加工　氩离子刻蚀用于加工陀螺仪空气轴承和动压马达上的沟槽,分辨率高,精度、重复一致性好;加工非球面凸镜能达到其他方法不能达到的精度;可用于刻蚀高精度图形,如集成电路、声表面波器件、磁泡器件、光电器件和光集成器件等微电子学器件。

（2）离子附着加工　离子附着加工有溅射沉积和离子镀两种,镀膜附着力强且镀层薄,可镀材料广泛,已用于镀制润滑膜、耐热膜、耐蚀膜、耐磨膜、装饰膜和电气膜等。

（3）离子注入加工　离子注入是向工件表面直接注入离子,它不受热力学限制,可以注入任何离子,且注入量可以精确控制。注入的离子固溶在工件材料中。离子注入在半导体方面的应用很普遍,用于改变导电形式。离子注入在改善金属表面性能方面正在形成一个新兴的领域;在光学方面,离子注入可以用于制造光波导,且应用范围在不断扩大。

11.4.4　快速成形技术

快速成形技术（rapid prototyping,RP）综合了机械工程、计算机辅助设计（CAD）、数控技术、激光技术及材料科学技术等,可以自动、直接、快速、精确地将设计思想转变为具有一定功能的原型或直接制造零件,从而可以对产品设计进行快速评估、修改及功能试验,大大缩短产品的研制周期。而以 RP 系统为基础发展起来并已成熟的快速工装模具制造、快速精铸技术则可实现零件的快速制造。它基于一种全新的制造概念——增材加工法,当前正在推广应用的 3D 打印技术就是其中的一种。由于 CAD 技术和光、机、电控制技术的发展,这种新型的样件制造工艺在生产中获得了日益广泛的应用。

在众多的快速成形工艺中,具有代表性的工艺是:光敏树脂液相固化成形、选择性粉末烧结成形、薄片分层叠加成形和熔丝堆积成形等四种。以下对这些典型工艺的原理和特点分别进行阐述。

1. 光敏树脂液相固化成形（stereo lithography apparatus,SLA）

SLA 又称固化立体造型或立体光刻。其工艺原理如图 11-10 所示。液槽中盛满液态光敏树脂,激光束在扫描镜作用下,在液体表面上扫描,扫描的轨迹及激光的有无均由计算机控制,激光束扫描到的地方,液体就固化。成形开始时,工作平台在液面下一个确定的深度处,液面始终处于激光的焦点平面内,聚焦后的光斑在液面上按计算机的指令逐点扫描即逐点固化。当一层扫描完成后,未被照射的地方仍是液态树脂。然后升降台带动平台下降一层高度,已成形的层面上又布满一层液态树脂,刮平器将黏度较大的树脂液面刮平,然后进行下一层的扫描,新固化的一层牢固地黏在前一层上。如此重复,直到整个零件制造完毕,得到一个三维原型。

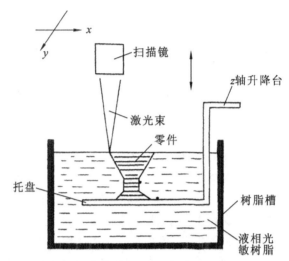

图 11-10　光敏树脂液相固化成形(SLA)原理

SLA 方法成形精度较高,制造精度可达±0.1mm。但工艺过程较复杂,设备及材料的价格较高。

2. 选择性激光粉末烧结成形(selected laser sintering,SLS)

SLS 是利用粉末材料在激光照射下烧结的原理,在计算机控制下层层堆积成形的工艺。如图 11-11 所示,采用激光作能源,在工作台上均匀铺上一层很薄(0.1～0.2 mm)的粉末,激光束在计算机控制下按照零件分层轮廓有选择性地进行烧结,一层完成后再进行下一层烧结。全部烧结完后去掉多余的粉末,再进行打磨、烘干等处理便获得零件。

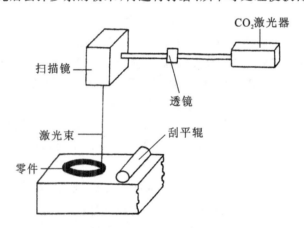

图 11-11　选择性激光粉末烧结成形(SLS)原理

SLS 工艺的特点是取材广泛,如塑料、蜡、尼龙、陶瓷和金属材料等均可选用,制造精度可达±0.13 mm 左右,表面粗糙度 Ra 值可达 3.2 μm。

3. 薄片分层叠加成形(laminated object manufacturing,LOM)

LOM 工艺采用薄片材料,如纸、塑料薄膜等作为成形材料,片材表面预先涂覆上一层热熔胶。加工时,用 CO_2 激光器在计算机控制下按照 CAD 分层模型轨迹切割片材,然后通过热压辊热压,使当前层与下面已成形的工件层黏结,从而堆积成形。如图 11-12 所示,用 CO_2 激光器在刚黏结的新层上切割出零件界面轮廓和工件外框,并在截面轮廓与外框之间多余的区域内切割出上下对齐的网格;激光切割完成后,工作台带动已成形的工件下降,与带状片材(料带)分离;供料机构转动收料轴和供料轴,带动料带移动,使新层移动到加工区域;工作台上升,将新层送到加工平面;热压辊热压,工件的层数增加一层,高度增加一个料带厚;再在新层上切割截面轮廓。如此反复,直至零件的所有截面切割、黏结完,得到三维的实体零件。

LOM 只需切割每层形状的边界,成形速度快,易于制造大型零件。成形材料便宜,形状和尺寸精度稳定,制造精度可达到 ±0.15 mm 以内。

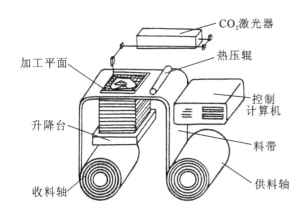

图 11-12　薄片分层叠加成形(LOM)原理

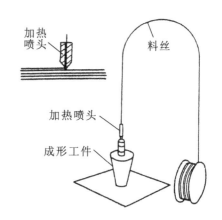

图 11-13　熔线堆积成形(FDM)工艺原理图

4. 熔丝堆积成形(fused deposition modeling,FDM)

FDM 工艺是利用热塑性材料(如蜡、ABS、尼龙等)的热熔性、黏结性,在计算机控制下层层堆积成形的。图 11-13 表示了 FDM 工艺原理。材料先抽成丝状,通过送丝机构进入喷头,在喷头内被加热融化;喷头沿零件截面轮廓和填充轨迹运动,同时将融化的材料挤出;材料迅速固化,并与周围的材料黏结,层层堆积成形。FDM 不使用激光器,可大幅度降低加工成本,但制造精度相对偏低。

11.5　线切割加工的基本操作训练

11.5.1　线切割加工安全操作规程

(1) 进入车间,穿好工作服、工作鞋,扎好袖口,女同学戴好工作帽。操作机床时,严禁戴手套。

(2) 电火花线切割机床是精密数控加工设备,实习学生必须在指定机床上进行操作。

操作前须了解机床工作原理、机床结构性能、操作过程,未了解清楚之前不得擅自开动机床。

(3)操作中集中思想,严禁擅离岗位,严禁串岗、打闹。多人操作一台机床时,只能其中一人操作,其他人在安全区域做准备。

(4)开启机床前,仔细检查贮丝筒换向行程开关位置和工件安装位置是否符合要求并紧固,以免因位置不当而造成损坏。

(5)加工前,首先开启冷却液水泵,并待冷却液正常流动后方可开启贮丝筒运转。

(6)加工前,先开启贮丝筒空运转2~3 min,速度由慢到快,并给各需润滑部位加注润滑油。

(7)加工前,控制机床的计算机应处于复位状态,加工参数要根据工件的材质和尺寸(厚度)来确定,电压和电流应处于正常状态,计算机所输出的程序应在机床加工范围之内,以免超出行程,损坏机床。

(8)钼丝接触工件时,应开冷却液,不许在无冷却液的情况下加工。

(9)在进行放电加工时,禁止用手和其他工具触摸钼丝和贮丝筒,不要随意转换电源控制柜的控制按钮,以免造成人身伤害和机床事故。

(10)加工过程中,随时观察机床运转是否正常,如发现异常情况应立即停机。

(11)加工结束应先关脉冲电源,接着关水泵电源,而后关贮丝筒开关。

(12)要经常保持设备及工作地整洁,物件摆放要规范。实习结束时,关闭电源开关,填写设备使用记录。

11.5.2 线切割加工基本操作训练

目前生产的线切割加工机床都有计算机自动编程功能,即可以根据线切割加工的轨迹图形自动生成机床能够识别的程序。下面通过一个典型工件的加工,学习线切割加工的基本操作。

1. 阅读和分析图样

图 11-14 所示为槽轮,材料为 45 钢,毛坯尺寸为 72 mm×72 mm×6 mm,中间钻 5 mm工艺孔。槽轮外轮廓包含 4 个 $R24$ mm 的圆弧、4 个 $12^{+0.027}_{0}$ mm 宽度的 U 形槽,且关于中心对称;槽轮中心有直径为 10 mm 的孔,3 mm 宽的键槽。

2. 零件线切割工艺分析

采用 TP 系列数控电火花线切割机床加工,首先在 TP 图形自动编程系统内绘制出零件图形。该零件的外形基于内圆对称,故先逆时针加工内轮廓,再顺时针加工外轮廓。

零件安装选择两端支承方式,用压板直接固定在工作台面上,校正工件的平直度,并保证切割时不会碰到工作台面和压板。

电极丝选择直径为 0.18 mm 钼丝,起割钼丝穿过 5 mm 的工艺孔,待内轮廓加工完成,重新穿丝加工外轮廓。由于高速走丝产生的热量大,选用水基切削液。

电参数选择脉冲宽度 $t_i=15$ μs、脉冲间隔 $t_0=60$ μs、峰值电流 $\hat{i}_e=20$A,参数模式选择模式 2;切割速度为 40 mm^2/min。

3. 零件线切割步骤及注意事项

槽轮的线切割加工步骤见表 11-5。

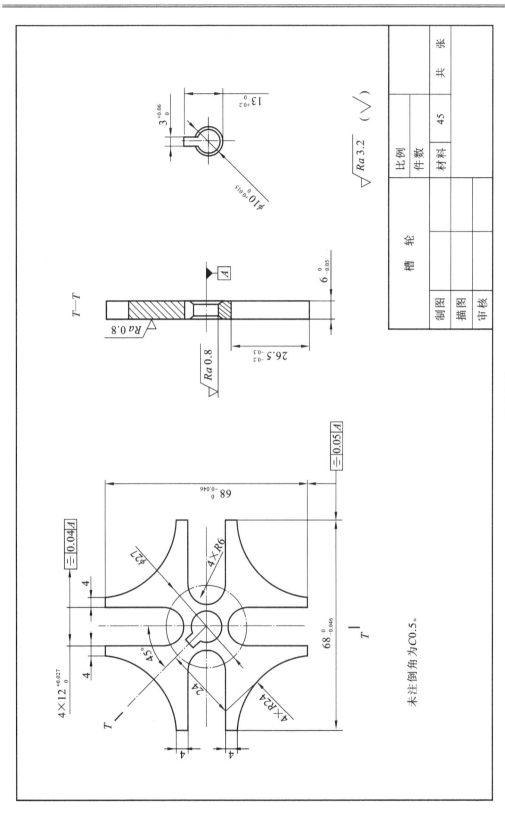

图11-14 槽轮零件图

表 11-5　槽轮线切割加工步骤

序号	工序内容	加工步骤及内容
1	机床准备	开机,检查高频电源、工作液泵、贮丝筒等的运行情况
2	安装工件	避开加工外形,压板安装工件,并根据工件厚度调整 z 轴至适当位置并锁紧
3	穿丝	将电极丝穿过工艺孔,绕在贮丝筒上,校正电极丝垂直度,调节电极丝的松紧程度至合适状态
4	绘图编程	在计算机控制面板上绘制零件图形、生成加工轨迹、生成代码、传输代码
5	对刀	移动 X、Y 轴进行对刀操作,确定电极丝切割起始坐标位置(即工艺孔中心位置)
6	割内轮廓	开启工作液泵,调节喷嘴流量。确认程序无误后,进行自动切割
7	重新穿丝	将电极丝固定在贮丝筒的一端后断开,重新在零件的外面穿丝
8	割外轮廓	重新对刀,割外轮廓
9	拆卸工件	取下工件,擦拭机床,将工作台移至各轴中间位置
10	倒角、去毛刺	擦净零件、棱边倒角、去毛刺
11	检验	对工件按图样要求检验

注意事项:

(1) 此切割方法采用一次切割,若加工尺寸精度要求较高的零件,需进行多次切割,通过切割补偿功能达到所需精度。

(2) 在切割加工时,各个状态的切换尽量在贮丝筒换向或关断高频电源时进行,且不要单次大幅度调整状态,以免断丝。

(3) 新换钼丝时,新钼丝表面有一层黑色氧化物,加工时切割速度快,工件表面呈粗黑色,这时电源能量太大,易断丝。加工电流选择正常切割电流的三分之一至三分之二,经十来分钟切割后,等电极丝基本发白后调至正常值,以延长钼丝使用时间。

(4) 加工完成后,应首先关掉加工电源,之后切断工作液,让钼丝运转一段时间后再停机。若先切断工作液,会导致空气放电,造成烧丝;若先关贮丝筒开关的话,因丝速太慢甚至停止运行,丝冷却不良,间歇中缺少工作液,也会造成烧丝。

复习思考题

1. 何谓特种加工? 特种加工和常规加工工艺之间有何关系?

2. 特种加工的特点是什么? 其应用范围如何?

3. 线切割机床的主要组成部分有哪些? 加工过程中经常出现哪些故障? 应如何处理?

4. 试述电火花加工、激光加工、超声加工、电子束与离子束加工的原理和应用。

5. 何谓 3D 打印技术? 其与快速成形技术有什么关系?

6. 根据实习体会,简述线切割加工的安全操作规程。

第12章　数控加工技术

教 学 要 求

理论知识

(1) 理解数控系统的含义，了解数控机床的组成、分类、应用和特点；

(2) 了解数控编程的方法及应用，理解数控编程的坐标系，熟悉数控程序的结构及基本指令；

(3) 了解数控车床的应用，熟悉数控车手工编程的基本指令；

(4) 了解数控铣床及加工中心的应用，熟悉数控铣床及加工中心编程的基本指令；

(5) 根据给定的零件进行工艺、程序的设计与计算(包括加工路线、工艺参数、坐标系的建立和数值计算等)；

(6) 了解 CAD/CAM 的含义、组成及应用。

技能操作

(1) 掌握数控车床、铣床、加工中心基本操作和编程要领；

(2) 根据给定的零件图完成数控编程和加工，达到图样要求。

12.1　概述

12.1.1　计算机数控系统的定义

数控(numerical control, NC)是数字控制的简称，是指在机床领域用数字化信号对机床运动及其加工过程进行控制的一种自动控制技术。其数字化信号包括字母、数字和符号，它控制的一般是位置、角度和速度等机械量，但也有温度、流量、压力等物理量。

实现数控技术的装置称为数控系统。早期的数控系统是由数字逻辑电路构成的，被称为硬件数控系统。随着微型计算机的发展，硬件数控系统已被淘汰，取而代之的是计算机数控系统。计算机数控系统(computer numerical control, CNC)是用一个存储程序的专用计算机，由控制程序来实现部分或全部基本控制功能，并通过接口与各种输入、输出设备建立联系的数控系统。更换不同的控制程序，可以实现不同的控制功能。

数控机床(numerical control machine tool)是一种采用数字化信号，以一定的编码形式通过数控系统来实现自动加工的机床，或者说是装备了数控系统的机床。它是一种技术密集度及自动化程度很高的机电一体化加工设备，是数控技术与机床相结合的产物。

12.1.2　数控机床的组成、分类及应用

1. 数控机床的组成

数控机床主要由程序输入设备、数控装置、伺服系统和机床本体等四部分组成，如图

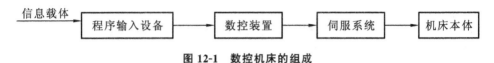

12-1 所示。

图 12-1 数控机床的组成

（1）信息载体 信息载体又称控制介质，它是指操作者与数控机床发生联系的中间媒介物。它用于记载零件加工过程中所需要的各种信息，以控制机床的运动，实现零件的加工。目前常用的信息载体有磁盘和 CF 卡等。

（2）程序输入设备 信息载体上记载的加工信息（如零件加工的工艺过程、工艺参数和位移数据等）要经程序输入设备输送给数控装置。对于用计算机控制的数控机床，可以用操作面板上的键盘直接输入加工程序，或通过串行接口将计算机上编写的加工程序输入数控系统。

在计算机辅助设计与制造集成系统中，加工程序可不需要任何载体而直接输入数控系统。

（3）数控装置 数控装置一般是指控制机床运动的数控系统，它是数控机床的"大脑"。其功能是接收由输入设备输入的加工信息，经处理与计算，发出相应的脉冲信号并送给伺服系统，通过伺服系统使机床按预定的轨迹运动。

（4）伺服系统 伺服系统的作用是接收数控装置输出的指令脉冲信号，使机床上的移动部件做相应的移动，使工作台按规定轨迹移动或精确定位，加工出符合图样要求的工件。每一个指令脉冲信号使机床移动部件产生的位移量称为脉冲当量，用毫米/脉冲表示。常用的脉冲当量有 0.01 毫米/脉冲、0.005 毫米/脉冲、0.001 毫米/脉冲等。

伺服系统是数控系统的执行部分，它是由速度控制装置、位置控制装置、驱动伺服电动机和相应的机械传动装置组成。目前在数控机床的伺服系统中，常用的位移执行机构有功率步进电动机、直流伺服电动机和交流伺服电动机，后两种都带有感应同步器、光电编码等位置测量元件。所以，伺服机构的性能是影响数控机床加工精度和生产效率的主要因素之一。

（5）机床本体 机床本体包括床身、立柱、主轴、进给机构和刀架等，有的还包括自动换刀装置、自动托盘交换装置、精密检测和刀具磨损监控装置等。数控机床本体与普通机床类似。但是，为了保证高的精度和高的生产率，数控机床的传动系统一般采用滚珠丝杠副和直线滚动导轨副，主轴变速系统普遍采用变频调速电动机。机床的传动链更短，刚度更好。

2. 数控机床的分类

数控机床的种类较多，分类方法也很多，目前大致有以下三种。

1）按工艺用途分类

数控机床按工艺用途分为：用于机械切削加工的数控车床、数控铣削、数控钻床、数控镗床、数控磨床和数控齿轮加工机床等；用于金属成形加工的数控冲床、数控剪床和数控折弯机等；用于特种加工的数控线切割机床、数控电火花成形机和数控激光加工机床等。

2）按刀具的运动轨迹分类

数控机床按刀具的运动轨迹分类，主要有点位控制数控机床、直线控制数控机床、点位直线控制数控机床和连续控制数控机床。

（1）点位控制系统　点位控制系统又称点到点控制系统，它是指使刀具从某一位置向另一目标点位置移动，不管其中间刀具移动轨迹如何而最终能准确到达目标点位置的控制方式。点位控制的数控机床在刀具的移动过程中，并不进行加工，而是做快速空行程的点位运动。图 12-2 所示为点位控制加工示意图。

采用点位控制系统的数控机床有数控钻床、数控镗床和数控冲床等。

（2）直线控制系统　直线控制系统是指控制刀具或机床工作台以适当速度，沿着平行于某坐标轴方向或与坐标轴成 45°的斜线方向进行直线加工的控制系统。该系统不能沿任意斜率的直线进行直线加工。图 12-3 所示为直线控制加工示意图。

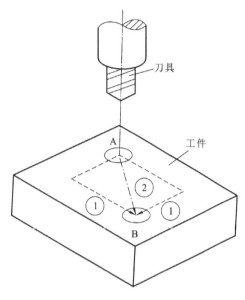

图 12-2　点位控制加工
①—沿直角坐标轴方向分两步到达目标点；
②—沿与坐标轴成 45°斜线方向直接到达目标点

直线控制系统一般具有主轴转速控制、进给速度控制和沿平行于坐标轴方向直线循环加工的功能。一般的简易数控系统均属于直线控制系统。

（3）点位直线控制系统　将点位控制和直线控制结合起来的控制系统称为点位直线控制系统，该系统同时具有点位控制和直线控制的功能。采用点位直线控制系统的数控机床有数控铣床、数控车床、数控镗床和数控加工中心等。

（4）连续控制系统　连续控制系统又称轮廓控制系统，该系统能对刀具相对于零件的运动轨迹进行连续控制，以加工任意斜率的直线及各类曲线。这种系统一般都是两坐标或两坐标以上的多坐标联动控制系统，其功能齐全，可加工任意形状的曲线或型腔。图 12-4 所示为连续控制加工示意图。

采用连续控制系统的数控机床有数控铣床、加工中心、全功能数控车床、数控凸轮磨床和数控线切割机床等。

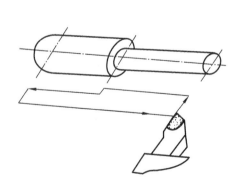

图 12-3　直线控制加工

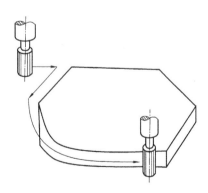

图 12-4　连续控制加工

3）按伺服系统的类型分类

数控机床按伺服系统的类型分类，主要有开环伺服系统数控机床、闭环伺服系统数控机床和半闭环伺服系统数控机床。

（1）开环伺服系统

图 12-5 所示为步进电动机驱动的开环伺服系统原理图。它一般是由环行分配器、步进电动机功率放大器、步进电动机、齿轮箱和丝杠螺母传动副等组成。每当数控装置发出一个指令脉冲信号，步进电动机的转子就旋转一个固定角度，该角度称为步距角，而机床工作台将移动一定的距离，即脉冲当量。

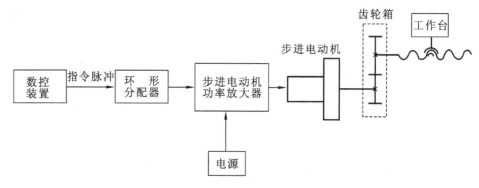

图 12-5 开环伺服系统

从原理图上可知，工作台位移量与进给指令脉冲的数量成正比，即数控装置发出的指令脉冲频率越高，则工作台的位移速度越快。这种只含有信号放大和变换，不带有位移检测反馈的伺服系统称为开环伺服系统或简称开环系统。

开环伺服系统很难保证较高的位置控制精度。同时，由于受步进电动机性能的影响，其速度也受到一定的限制。但这种系统的结构简单、调试方便、工作可靠、稳定性好、价格低廉，因此广泛用于对精度要求不太高的经济型数控机床上。

（2）闭环伺服系统　图 12-6 所示为闭环伺服系统框图。安装在工作台上的检测元件将工作台的实际位移量反馈到计算机中，与所要求的位置指令进行比较，用比较的差值进行控制，直到差值为零为止，从而使加工精度大大提高。速度检测元件的作用是将伺服电动机的实际转速变换成电信号送到速度控制电路中，进行反馈校正，保证电动机转速保持恒定不变。常用的速度检测元件是测速电动机。

闭环控制系统的特点是加工精度高，移动速度快。这类数控机床采用直流伺服电动机或交流伺服电动机作为驱动元件，电动机的控制电路比较复杂，检测元件价格昂贵，因而，调试和维修比较复杂，成本高。

（3）半闭环伺服系统　半闭环伺服系统框图如图 12-7 所示，它不直接检测工作台的位移量，而是通过与伺服电动机有联系的转角检测元件，如光电编码器，测出伺服电动机的转角，推算出工作台的实际位移量，反馈到计算机中进行比较，用比较的差值来进行控制。由于反馈环内没有包含工作台，故称为半闭环控制。

半闭环系统控制精度较闭环系统控制低，但稳定性好，成本较低，调试维修也较容易，兼顾了开环控制和闭环控制两者的优点。

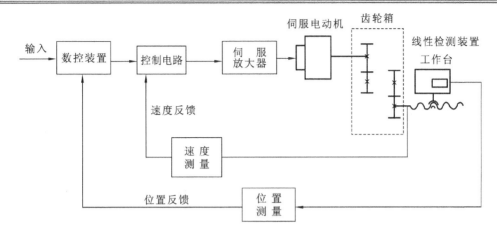

图 12-6 闭环伺服系统

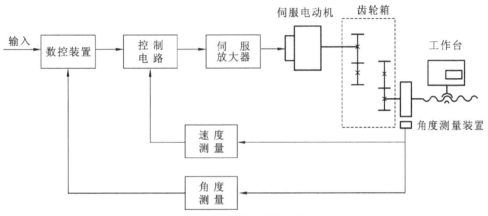

图 12-7 半闭环伺服系统

12.1.3 数控机床的加工特点

数控机床加工与普通机床加工相比具有以下特点:

(1) 加工精度高、加工质量稳定。数控机床的机械传动系统和结构都有较高的精度、刚度和热稳定性。数控机床的加工精度不受零件复杂程度的影响,零件加工的精度和质量由机床保证,完全消除了操作者的人为误差。所以,数控机床的加工精度高,加工误差一般能控制在 0.005~0.01 mm 之内,而且同一批零件加工尺寸的一致性好,加工质量稳定。

(2) 加工生产效率高。数控机床结构刚度高、功率大、能自动进行切削加工,所以能选择较大的、合理的切削用量,并自动连续完成整个切削加工过程,能大大缩短机动时间。在数控机床上加工零件,只需使用通用夹具,又可免去划线等工作,所以能大大缩短加工准备时间。又因数控机床定位精度高,可省去加工过程中对零件的中间检测,从而能减少停机检测时间,所以数控机床的生产效率高。

(3) 减轻劳动强度,改善劳动条件。在数控加工中,操作者只需要装卸零件、操作键盘、观察机床运行,使机床按加工程序要求自动连续地进行切削加工,不需进行繁重的重复手工操作,因而,数控加工能减轻操作者劳动强度,改善劳动条件。

（4）对零件加工的适应性强、灵活性好。数控机床能实现几个坐标联动,加工程序可按对加工零件的要求而变换,所以它的适应性和灵活性很强,可以加工普通机床无法加工的形状复杂的零件。

（5）有利于生产管理。利用数控机床加工,能准确地计算零件的加工工时,并有效地简化刀具、夹具、量具和半成品的管理工作。加工程序是用数字信息的标准代码输入,有利于与计算机连接,构成由计算机来控制和管理的生产系统。

12.2 数控编程基础

数控系统能够识别的指令称为程序,制作程序的过程称为编程。数控编程就是指将加工零件的加工顺序、刀具运动轨迹的尺寸数据、工艺参数(如主运动、进给运动速度,切削速度等)以及辅助操作(如换刀、主轴正反转、切削液的开与关、刀具的夹紧与松开等)用规定的字母、数字和符号组成的指令(代码)表示,并按一定格式编写成数控加工程序的过程。

12.2.1 数控程序的编制方法

数控加工程序的编制方法主要分为手工编程与自动编程两种。

1. 手工编程

手工编程是指从零件图样分析、工艺处理、坐标计算、编写程序、直到程序校核等各步骤的数控编程工作均由人工完成。手工编程适合于点位加工或几何形状不太复杂的零件的加工,以及程序坐标计算较为简单、程序段不多、程序编制易于实现的场合。这种方法比较简单,容易掌握,适应性较强。

手工编程是编制加工程序的基础,也是机床现场加工调试的主要方法,是机床操作人员必须掌握的基本功。

2. 自动编程

自动编程是指在计算机及相应的软件系统的支持下,自动生成数控加工程序的过程,它充分发挥了计算机快速运算和存储的功能。其特点是采用简单、习惯的语言对加工对象的几何形状、加工工艺、切削参数及辅助信息等内容按规则进行描述,再由计算机自动地进行数值计算、刀具中心运动轨迹计算、后置处理,产生出零件加工程序单,并且对加工过程进行模拟。

自动编程效率高、可靠性好,可及时模拟与修改程序,特别适合于形状复杂,具有非圆曲线轮廓、三维曲面等零件数控加工程序的编写。

12.2.2 数控编程的坐标系

在编写工件的数控加工程序时,首先要设定工件坐标系。

1. 数控机床的坐标系

为了便于编程时描述机床的运动,简化编程方法,保证程序的通用性,数控编程的坐标系和运动方向均已标准化。

1）坐标轴与运动方向的命名

国家标准《工业自动化系统与集成 机床数值控制 坐标系和运动命名》(GB/T 19660—2005)统一规定了数控机床坐标轴及其运动的正、负方向。该标准规定,机床在加工中,不论是刀具移动还是工件移动,都一律视为工件固定,刀具运动,并同时规定以刀具远离工件的方向作为坐标的正方向。

GB/T 19660—2005 规定,数控机床的坐标系采用右手直角笛卡儿坐标系,如图 12-8 所示。图 12-8(a)中规定了 X、Y、Z 这三个直角坐标轴的方向。图 12-8(b)所示的 A、B、C 表示以 X、Y、Z 坐标轴或与 X、Y、Z 轴相平行的直线为轴的转动,其转动的正方向按照右手螺旋定则来判定。图 12-8(c)表示在给坐标轴命名时,如果把刀具看成是相对静止不动的,工件移动,那么在坐标轴的符号上加"′"表示,如 X'、Y'、Z'。

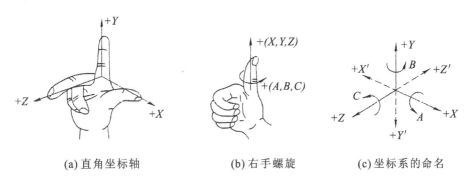

| (a) 直角坐标轴 | (b) 右手螺旋 | (c) 坐标系的命名 |

图 12-8 右手笛卡儿坐标系

2）机床坐标轴的确定

确定机床坐标轴时,一般是先确定 Z 轴,再确定 X 轴和 Y 轴。

（1）Z 坐标轴 在机床坐标系中,规定传递切削力的主轴轴线为 Z 坐标轴,如图 12-9 和图 12-10 所示。对于没有主轴的机床(如数控刨床),则规定 Z 坐标轴垂直于工件安装面方向,如图 12-11 所示。如机床上有多个主轴,则选一垂直于工件安装面的主轴作为主要的主轴。当主轴始终平行于标准坐标系的一个坐标轴时,该坐标轴即为 Z 坐标轴,如卧式升降台铣床的水平主轴,如图 12-12 所示。

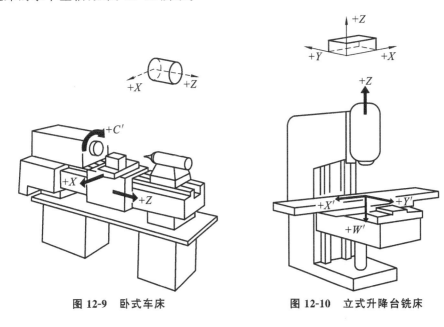

图 12-9 卧式车床   **图 12-10 立式升降台铣床**

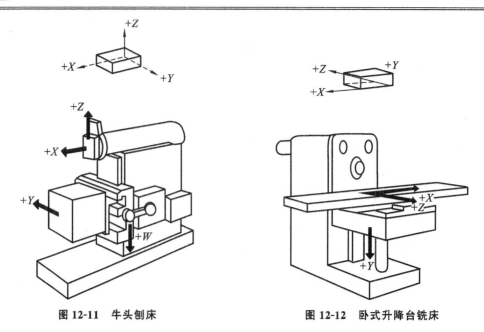

图 12-11　牛头刨床　　　　　　　图 12-12　卧式升降台铣床

（2）X 坐标轴　X 坐标轴是水平的，它平行于工件的安装面。

对于工件旋转的机床（如车床、磨床），X 坐标轴沿工件的径向，并且平行于横滑座，如图 12-9 所示，且规定刀具远离工件旋转中心方向为正。对于刀具旋转的机床：如卧式铣床，Z 坐标轴是水平的，当从刀具的主轴向工件看时，＋X 坐标方向指向右方（见图 12-12）；如立式铣床，Z 坐标轴是垂直的，对于单立柱机床，当从刀具的主轴向立柱看时，＋X 坐标方向指向右方（见图 12-10）。对于刀具或工件不旋转的机床（如刨床），X 坐标轴平行于主要切削方向，并以该方向为正方向（见图 12-11）。

（3）Y 坐标轴　Y 坐标轴根据 Z 和 X 坐标轴，按照右手笛卡儿坐标系确定。数控车床没有 Y 轴。

（4）如在 X、Y、Z 主要直线运动方向之外另有第二组运动轨迹平行于它们的运动，可分别将它们的坐标轴指定为 U、V、W。

（5）回转轴 A、B、C　绕直线轴 X、Y 和 Z 回转的轴分别定义为 A、B 和 C 轴，其正方向按照右手螺旋定则来判定。

3）数控机床坐标系

机床坐标系是机床上固有的坐标系，并设有固定的原点。每一台机床出厂时已设置完成，一般不允许更改。它也是整个机床检测系统的基础。

2. 工件坐标系

工件坐标系是编程人员在编程过程中使用的，是编程人员以工件图样上的某一固定点为原点所建立的坐标系，又称编程坐标系。编程尺寸都按工件的尺寸确定。

3. 坐标系的原点及各个重要的点

数控编程中涉及的点主要有机床原点和工件原点、起刀点和刀位点、机床参考点等。

1）机床原点

机床原点（也称机床零点）是指在机床上设置的一个固定基准点，即机床坐标系的原点。

它在机床装配调试时就已确定,是数控机床进行加工运动的基准参考点,其作用是使机床与控制系统同步。

机床上有一些固定的基准线,如主轴中心线;也有一些固定的基准面,如工作台面、主轴端面、工作台侧面等。当机床的坐标轴手动返回各自的参考点以后,由各坐标轴部件上的基准线和基准面之间的距离便可确定机床原点的位置,在数控机床的使用说明书上均有对机床原点的说明。

2) 工件原点

工件坐标系原点是编程人员在数控编程过程中定义在工件上的几何基准点,可根据工件任意选定。

在加工时,工件随夹具在机床上安装后,测量工件原点与机床原点之间的距离,这个距离称为工件原点偏置,如图 12-13 所示。该偏置值需要预存到数控系统中,在加工时,工件原点偏置量便能自动附加到工件坐标系上,使数控系统可按机床坐标系确定加工时的坐标值。因此,编程人员可以不考虑工件在机床上的安装位置和安装精度,而利用数控系统的原点偏置功能,通过工件原点偏置值来补偿工件的安装误差,使用起来非常方便,现在多数数控机床具有这种功能。

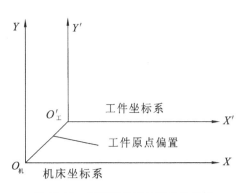

图 12-13　机床坐标系与工件坐标系

工件原点的选择原则有:

(1) 工件原点选在工件图样的尺寸基准上。

(2) 能使工件方便地安装、测量和检验。

(3) 工件原点尽量选在尺寸精度较高的工件表面上。

(4) 对于有对称形状的几何工件,工件原点最好选在对称中心线或面上。

3) 刀位点和起刀点

(1) 刀位点　刀位点是指刀具的基准点,即刀具按指令运行后留下轨迹的点。对车刀而言,刀位点是对刀时所选定的刀尖点;对铣刀而言,刀位点则是刀具轴心线与底平面的交点(球头铣刀为球头的球心)。

(2) 起刀点　起刀点是指刀具起始运动的刀位点,亦即程序开始执行时的刀位点。

4) 机床参考点

机床参考点是指机床各运动部件在各自的正向自动退至极限的一个固定点(由限位开关准确定位)。至参考点时所显示的数值则表示参考点与机床原点间的工作范围,该数值已被存储在数控系统中,并在数控系统中建立了机床原点,作为系统内运算的基准点。有的机床在返回参考点时,显示为零$(X0,Y0,Z0)$,此时该机床零点被建立在参考点上。

数控机床开机后,第一个任务就是回参考点操作。在任务情况下,通过"回参考点"运动,都可以使机床各坐标轴运动到参考点并定位,数控系统自动以参考点为基准建立机床坐标原点,如图 12-14 所示。

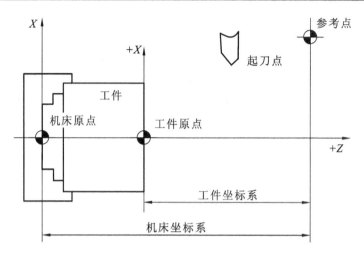

图 12-14 机床坐标系、工件坐标系、参考点

4. 绝对坐标与相对坐标

1) 绝对坐标 采用绝对编程(G90)方式时,所有坐标点的坐标值均从某一固定坐标原点得到,这些坐标值称为绝对坐标。如图 12-15 所示的 A、B 两点,若以绝对坐标计量,则其坐标分别为 $A(30,35)$,$B(12,15)$。

2) 相对坐标 采用相对编程方式(G91)时,运动轨迹的终点坐标是相对于起点计量的,此坐标称为相对坐标(或称为增量坐标)。如图 12-15 所示,若以相对坐标计量,则 B 点的坐标是在以 A 点为原点建立起来的坐标系内计量的,则终点 B 的相对坐标为 $B(-18,-20)$。

在编程时,可根据具体机床的坐标系,从编程方便及加工精度要求的角度选用坐标系的类型。

12.2.3 数控程序的结构及指令功能

数控加工程序是根据数控机床规定的语言规则及程序格式来编写的,其结构如图 12-16 所示。程序编制人员应熟悉编程中用到的各种代码、加工指令和程序格式。下面以 FANUC-Oi 数控系统为例介绍数控加工程序的格式及指令功能。

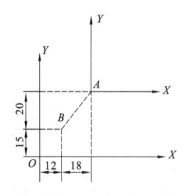

图 12-15 绝对坐标与相对坐标

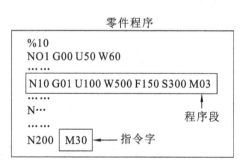

图 12-16 程序结构

1. 地址字格式

数控加工程序编制时采用最普遍的程序格式类型是地址字格式。表 12-1 所示是最常用的地址字及其含义和功能。

每一个指令字(又称代码)中含有一个地址字(又称地址符、地址码、指令字符),其后跟随一个数值。程序段中不同的地址字及其后续数值确定了每个指令字的含义。

表 12-1　常用地址字

地址字	功能	含义	地址字	功能	含义
A	坐标字	绕 X 轴旋转	N	顺序段号	程序段代号
B	坐标字	绕 Y 轴旋转	O	程序号	程序号、子程序号的指令
C	坐标字	绕 Z 轴旋转	P	暂停时间	暂停或程序中某功能的开始使用的顺序号
D	补偿号	刀具半径补偿指令	Q	坐标字	固定循环终止段号或固定循环中的定距
E	进给功能	第二进给功能	R	坐标字	固定循环中确定距离或圆弧半径的指令
F	进给速度	进给速度的指令	S	主轴功能	主轴转速的指令
G	准备功能	指令机床动作方式	T	刀具功能	刀具编号的指令
H	补偿号	刀具补偿的指令	U	坐标字	与 X 轴平行的附加轴的增量坐标值或暂停时间
I	坐标字	圆弧中心 X 向坐标	V	坐标字	与 Y 轴平行的附加轴的增量坐标值
J	坐标字	圆弧中心 Y 向坐标	W	坐标字	与 Z 轴平行的附加轴的增量坐标值
K	坐标字	圆弧中心 Z 向坐标	X	坐标字	X 轴的绝对坐标值或暂停时间
L	重复次数	指令固定循环及子程序的重复次数	Y	坐标字	Y 轴的绝对坐标值
M	辅助功能	机床开、关等辅助指令	Z	坐标字	Z 轴的绝对坐标值

2. 程序结构

一个完整的程序由程序号(名)、程序内容和程序结束三个部分组成。

(1)程序号　程序号为程序的开始标记,以便在存储器中查找或调用程序。每个程序必须要有程序号。程序号位于程序的开头,单独占一程序段。程序号由地址字和若干位数字组成。不同数控系统的程序号地址字不同,如 FANUC 系统用字母 O 表示,也有的系统用 P 或％表示。

(2)程序内容　由若干个程序段组成,包括准备加工程序段、加工程序段和准备结束程序段。每个程序段由一个或多个指令字构成,一般由 N 及后续数值的指令字开头,它代表机床的一个位置或一个动作,每一个程序段结束用";"表示。

（3）程序结束　程序结束一般用辅助功能代码 M02（程序结束）或 M30（程序结束，返回起始点）来表示。

3. 程序段格式

程序段定义了一个数控装置的指令行。程序段的格式定义了每个程序段中指令字的句法，如图 12-17 所示。

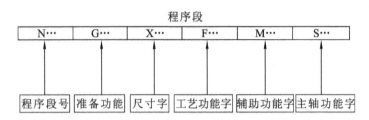

程序段

| N··· | G··· | X··· | F··· | M··· | S··· |

程序段号　准备功能　尺寸字　工艺功能字　辅助功能字　主轴功能字

图 12-17　程序段的格式

4. 常用程序代码功能

在程序编制中，程序代码是用来描述工艺过程的各种操作和运动特征的。它主要有以下五种。

（1）准备功能　准备功能又称 G 功能或 G 指令。它是用来指令机床进行加工运动和指定插补方式的功能。准备功能 G 代码是以地址字 G 为首，后跟两位数字组成的，共 100 种（G00～G99）。

G 代码有两种，一种是模态 G 代码，另一种是非模态 G 代码。模态 G 代码在同一组的其他 G 代码被指定之前均有效，具有续效性；非模态 G 代码仅在被指定的程序段内有效。

（2）辅助功能　辅助功能又称 M 功能或 M 指令。它是控制机床在加工操作时做一些辅助动作的开/关功能。辅助功能 M 代码是以地址字 M 为首，后跟两位数字组成的，共 100 种（M00～M99）。表 12-2 所示为常用的 M 代码。

表 12-2　常用辅助功能 M 代码、功能与格式

代　码	功　能	格　式
M00	停止程序运行	
M01	选择性停止	
M02	结束程序运行	
M03	主轴正向转动开始	
M04	主轴反向转动开始	
M05	主轴停止转动	
M06	换刀指令	M06 T××
M08	冷却液开启	
M09	冷却液关闭	
M30	结束程序运行且返回程序开头	

续表

代　　码	功　　能	格　　式
M98	子程序调用	M98 P××nnnn 调用程序号为 Onnnn 的程序××次
M99	子程序结束	子程序格式： Onnnn； ……； M99；

（3）主轴功能　　主轴功能又称 S 功能或 S 指令。它表示主轴转速指令，用整数表示。单位是转/分(r/min)。注意地址字 S 后面的整数值表示的是机床转速，其不能超过机床设定的转速值。

（4）进给功能　　进给功能又称为 F 功能或 F 指令，它是刀具进给指令，有两种表达方式：每分钟进给量和每转进给量，单位分别是毫米/分或毫米/转(mm/min 或 mm/r)。一般机床都默认其中一种方法，如果用另一种方法可用指令进行转换。

（5）刀具功能　　刀具功能又称 T 功能或 T 指令。它有两种表示方法：第一种表示方法用于换刀操作，常与 M06 配合使用，T 的范围一般为 T00～T99，其中 T00 表示空刀，T01～T99 表示刀具在刀具座中的顺序号，这种方法一般在数控加工中心中出现；第二种表示方法为 T 后面跟四位阿拉伯数字，其中前两位表示刀具的顺序号(刀号)，后两位表示刀具的补偿地址号。

刀具的补偿地址号设置在系统内部，一般由 D 或 H 来表示，在地址中存放的是刀具半径补偿量或刀具长度补偿量。

12.3　数控车床及其加工

数控车床主要用于加工轴类、盘套类等回转体零件，凡是能在普通车床上加工的表面都能在数控车床上加工。数控车床加工精度高，具有直线和圆弧插补功能，在加工过程中能自动变速，其工艺范围较普通车床广得多。

12.3.1　数控车床的分类及应用

数控车床品种繁多，规格不一，可按如下方法进行分类。

1. 按功能分类

数控车床按其功能分为简易数控车床、经济型数控车床、多功能数控车床和车削中心等，它们在功能上差别较大。

（1）简易数控车床　　这是一种低档数控车床，一般用单板机或单片机进行控制。单板机不能存储程序，所以切断一次电源就得重新输入程序，且抗干扰能力差，不便于扩展功能，目前已很少采用。

（2）经济型数控车床　　这是中档数控车床，一般具有单色 CRT 显示、程序储存和编辑功能。它的缺点是没有恒线速度切削功能,刀尖圆弧半径自动补偿不是它的基本功能,而属于选择功能范围。

(3) 全功能数控车床　这是指较高档次的数控车床,这类车床一般具备刀尖圆弧半径自动补偿、恒线速度切削、倒角、固定循环、螺纹切削、图形显示和用户宏程序等功能。

(4) 车削中心　车削中心的主体是数控车床,配有刀库和机械手,与数控车床单机相比,可自动选择和使用的刀具数量大大增加。卧式车削中心还具备如下两种功能:一是动力刀具功能,即刀架上某一刀位或所有刀位可使用回转刀具,如铣刀和钻头;另一种是 C 轴位置控制功能,该功能能达到很高的角度定位分辨率(一般为 0.001°),还能使主轴和卡盘按进给脉冲做任意低速的回转,这样车床就具有 X、Z 和 C 三坐标,可实现三坐标两联动控制。

车削中心由于增加了铣削动力头和 C 轴,除可以进行一般车削外还可以进行径向和轴向铣削、曲面铣削、中心线不在零件回转中心的孔和径向孔的钻削等加工。

2. 按车床主轴位置分

(1) 立式数控车床　其车床主轴垂直于水平面,有一个直径很大的圆形工作台,用于安装工件。

(2) 卧式数控车床　卧式数控车床按床身结构又可分为平床身、斜床身和平床身斜滑板等多种形式,如图 12-18 所示。

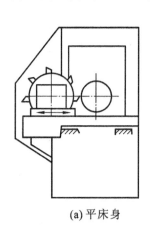 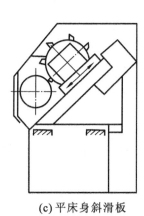

(a) 平床身　　　　　　　(b) 斜床身　　　　　　　(c) 平床身斜滑板

图 12-18　卧式数控车床床身结构

12.3.2　数控车床的使用

数控车床编程前,除掌握前述的数控编程基础外,还应了解以下使用要点。

1. 车床的前置刀架与后置刀架

数控车床刀架布置有两种形式:前置刀架和后置刀架。如图 12-19 所示,前置刀架为四工位电动刀架,位于 Z 轴的前面,与传统卧式车床刀架的布置形式一样,刀架导轨为水平导轨。使用前置刀架,即车床刀架至主轴中心的前方时,X 轴的正方向是垂直于主轴向下的,此时主轴正转用于切削。

后置刀架位于 Z 轴的后面,刀架的导轨位置与正平面倾斜,这样的结构形式便于观察刀具的切削过程,切屑容易排除,后置空间大,可以设计更多工位的刀架,一般全功能的数控车床都采用后置刀架。

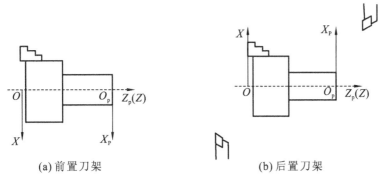

(a) 前置刀架　　　　　　　　　　(b) 后置刀架

图 12-19　前、后置刀架

2. 数控车床的初始状态

数控车床初始状态的定义同于一般数控机床,该状态也称为数控系统内部默认状态,它是指数控机床通电后所具有的状态。一般在首次开机进行数控车床的编程时,默认状态的指令可以省略不写,如取消刀具补偿的指令 G40,每转进给指令 G99,恒切削速度控制取消指令 G97 等。

3. 米制编程

数控车床使用的长度单位量纲有米制和寸制两种,由专用的指令代码设定长度单位量纲,如 FANUC-Oi 系统用 G20 表示使用寸制单位量纲,G21 表示使用米制单位量纲。

4. 绝对编程与相对编程

绝对编程是指对各轴移动到终点的坐标值进行编程的方法,用 X、Z 表示 X 轴、Z 轴的坐标值。相对编程又称增量编程,是指用各轴相对于前一位置的移动量进行编程的方法,用 U、W 表示 X、Z 轴方向上的移动量。

12.3.3　数控车床手工编程的基本指令

1. 快速定位指令 G00

格式:G00 X(U) Z(W);

采用 G00 指令时,刀具的轨迹是一条折线,所以要特别注意刀具与工件间的干涉,必要时可将程序拆成两行。

2. 直线插补指令 G01

格式:G01 X(U) Z(W) F;

G01 指令中必须指定进给速度 F 值,并特别注意 F 指令是一个模态指令,如果跟在 G00 的后面,且又没有指定 F 值将是非常危险的。

3. 圆弧插补指令 G02/G03

格式:G02/G03 X(U) Z(W) R(I　K) F;

其中 G02 为顺圆弧(顺时针)插补指令,G03 为逆圆弧(逆时针)插补指令。

半径编程时,R 为圆弧的半径值;I、K 编程时,I、K 为圆弧的始点至圆弧中心的矢量的

X、Z 向的分量,为增量值。

圆弧的终点位置及圆心位置均采用直径编程。R 值为正时表示圆心角小于 $180°$,R 值为负时表示圆心角大于 $180°$。

4. 暂停指令 G04

格式:G04 X;

或　G04 P;

X 后面的数字为带小数点的数,单位为秒(s);P 后面的数字单位为毫秒(ms)。

5. 刀具半径补偿指令 G40、G41、G42

指令:G40、G41、G42;

G41 为刀具半径左补偿指令,是指沿着加工路线看,刀具在工件的左侧,称为左补偿(或左刀补),如图 12-20(a)所示。

G42 为刀具半径右补偿指令,是指沿着加工路线看,刀具在工件的右侧,称为右补偿(或右刀补),如图 12-20(b)所示。

G40、G41、G42 都是模态指令,可相互注销,机床初始状态为 G40。

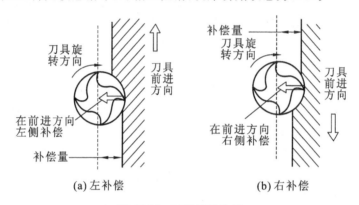

(a)左补偿　　　　　　(b)右补偿

图 12-20　刀具半径补偿

编程时,通常都将车刀刀尖作为一点来考虑,但实际上刀尖处存在圆角,当用按理论刀尖点编出的程序进行端面、外径、内径等与轴线平行或垂直的表面加工时,是不会产生误差的。但在进行倒角、锥面及圆弧切削时,则会产生少切或过切现象,具有刀尖圆弧自动补偿功能的数控系统能根据刀尖圆弧半径计算出补偿量,避免少切或过切现象的产生。

6. 车削固定循环指令

1) 精加工循环指令 G70

格式:G70 P(ns) Q(nf)

其中 ns 为精加工形状程序的第一个段号,nf 为精加工形状程序的最后一个段号。

利用 G71、G72 或 G73 指令粗车后,再利用 G70 指令精车。

2) 外圆粗车固定循环指令 G71

格式:G71 U(Δd) R(e)

　　　　G71 P(ns) Q(nf) U(Δu) W(Δw) F(f) S(s) T(t)

Δd:切削深度(半径值)。不指定正负符号。切削方向依照 AA' 的方向决定,在另一个值指定前不会改变。

e：退刀行程。本指定是状态指定，在另一个值指定前不会改变。

ns：精加工形状程序的第一个段号。

nf：精加工形状程序的最后一个段号。

Δu：X 方向精加工预留量的距离及方向，当数值为负数时表示孔的加工。

Δw：Z 方向精加工预留量的距离及方向。

f、s、t：F、S、T 指令值。包含在 ns 到 nf 程序段中的任何 F、S 或 T 功能在循环中被忽略，而在 G71 程序段中的 F、S 或 T 功能有效。

当给出图 12-21 所示加工形状路线 $A \rightarrow A' \rightarrow B$（工件轮廓 $A' \rightarrow B$）及背吃刀量，就会进行平行于 Z 轴的多次切削，最后再按留有精加工余量 $\Delta u/2$ 和 Δw 之后的精加工形状加工。

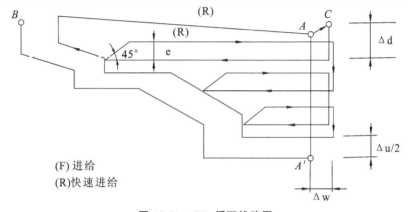

图 12-21　G71 循环线路图

注意：ns 所在行程序中不能出现 Z 坐标，否则机床将报警，G71 指令也可以用来加工内孔。

3）仿形加工复式循环指令 G73

图 12-22 所示为 G73 循环线路图。

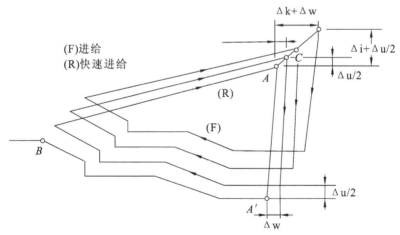

图 12-22　G73 循环线路图

格式：G73 U(Δi) W(Δk) R(d)

　　　G73 P(ns) Q(nf) U(Δu) W(Δw) F(f) S(s) T(t)

Δi：X 轴方向退刀距离（半径值）。

Δk：Z 轴方向退刀距离（半径值）。

d：分割次数，这个值与粗加工重复次数相同。

ns：精加工形状程序的第一个段号。

nf：精加工形状程序的最后一个段号。

Δu：X 方向精加工预留量的距离及方向（直径/半径）。

Δw：Z 方向精加工预留量的距离及方向。

f、s、t：F、S、T 指令值。顺序号 ns 到 nf 程序段中的任何 F、S 或 T 功能在循环中均被忽略，而在 G73 程序段中的 F、S 或 T 功能有效，如图 12-22 所示。

7. 螺纹切削循环指令 G92

（1）格式：G92　X(U)　Z(W)　I　F

X(U)、Z(W)：螺纹切削的终点坐标值。

I：螺纹部分半径之差，即螺纹切削起始点与切削终点的半径差，$I = \dfrac{d_{始} - d_{终}}{2}$。加工圆柱螺纹时，$I = 0$。加工圆锥螺纹时，当 X 向切削起始点坐标小于切削终点坐标时，I 为负值，反之为正值。

G92 指令可以将螺纹切削过程中，从始点出发"切入→切螺纹→让刀→返回始点"的四个动作作为一个循环，采用一个程序指令，如图 12-23 所示。

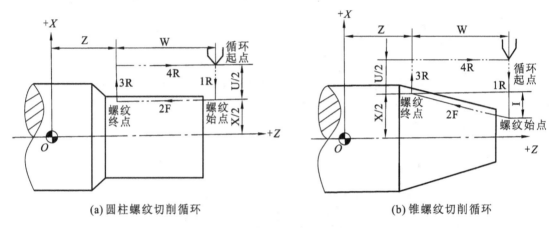

(a) 圆柱螺纹切削循环　　　　　　　(b) 锥螺纹切削循环

图 12-23　G92 螺纹切削线路图

（2）常用米制螺纹切削的进给次数与背吃刀量见表 12-3。

表 12-3　米制螺纹切削的进给次数与背吃刀量

螺距/mm		1.0	1.5	2.0	2.5	3.0	3.5	4.0
牙深/mm		0.649	0.974	1.299	1.624	1.949	2.273	2.598
背吃刀量及切削次数	1 次	0.7	0.8	0.9	1.0	1.2	1.5	1.5
	2 次	0.4	0.6	0.6	0.7	0.7	0.7	0.8
	3 次	0.2	0.4	0.6	0.6	0.6	0.6	0.6

续表

螺距/mm		1.0	1.5	2.0	2.5	3.0	3.5	4.0
牙深/mm		0.649	0.974	1.299	1.624	1.949	2.273	2.598
背吃刀量及切削次数	4 次		0.16	0.4	0.4	0.4	0.6	0.6
	5 次			0.1	0.4	0.4	0.4	0.4
	6 次				0.15	0.4	0.4	0.4
	7 次					0.2	0.2	0.4
	8 次						0.15	0.3
	9 次							0.2

12.3.4　数控车床编程实例

如图 12-24 所示零件,材料为 45 钢,毛坯尺寸为 $\phi40$ mm×100 mm,试用 G73 固定循环指令编程。

根据工艺分析采用一把 93°外圆车刀。设定零件右端面中点为编程原点。其车削加工参考程序见表 12-4。

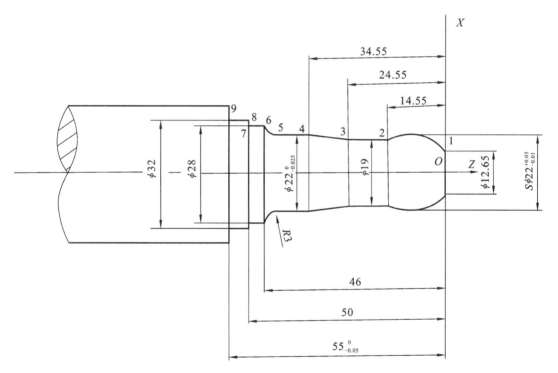

图 12-24　数控车床加工零件图

表 12-4　零件车削加工程序(FANUC)

程　　　　序	说　　　明
O0001	程序号
N10 T0101；	选用 1 号刀 1 号刀补(93°右手外圆车刀)
N20 G90 G00 X45 Z10；	以绝对方式快速移动到循环加工起刀点
N30 M03 S800；	主轴正转,速度为 800 r/min
N40 G73 U14 W0 R14；	成形加工复合循环指令
N50 G73 P60 Q160 U1 W0 F0.5；	零件轮廓由 N60~N160 指定,精加工余量为 1 mm
N60 G00 X10 Z2；	快速移动到轮廓加工进刀点
N70 G01 X12.65 Z0 F0.1；	车削轮廓第 1 点
N80 G03 X19 Z−14.55 R11；	车削轮廓第 2 点
N90 G01 X19 Z−24.55；	车削轮廓第 3 点
N100 G01 X22 Z−34.55；	车削轮廓第 4 点
N110 G01 X22 Z−43；	车削轮廓第 5 点
N120 G02 X28 Z−46 R3；	车削轮廓第 6 点
N130 G01 X28 Z−50；	车削轮廓第 7 点
N140 G01 X32 Z−50；	车削轮廓第 8 点
N150 G01 X32 Z−55；	车削轮廓第 9 点
N160 G01 X45；	车刀沿 X 方向退出
N170 G00 X80 Z80；	粗加工结束,刀具快速退出
N180 M00；	程序暂停
N190 M05；	主轴停转,检测粗加工质量
N200 T0101；	再次确认刀具
N210 G00 X45 Z10；	快速移动到精加工起刀点
N220 M03 S1000；	主轴正转,速度为 1000 r/min
N230 G42 G70 P60 Q160；	建立右刀补精加工,再循环一次轮廓轨迹
N240 G40 G00 X80 Z80；	取消刀补,刀具退出
N250 M05；	主轴停转
N260 M30；	程序结束

12.4　数控铣床与加工中心及其加工

数控铣床和加工中心是数控机床中最主要、应用最广的加工设备之一,具有连续加工功能,除了能铣削普通铣床所能加工的各种零件外,还能铣削普通铣床不能加工的需要二至五个坐标轴联动的复杂二维或三维曲面轮廓。

12.4.1　数控铣床与加工中心的应用

数控铣床和加工中心至少有三个控制轴,即 X、Y、Z 轴,可同时控制其中任意两个坐标轴联动,也能控制三个甚至更多个坐标轴联动。

1. 数控铣床与加工中心的主要功能

数控铣床、加工中心像通用铣床一样都分为立式、卧式和立卧两用式三种,其加工功能丰富,各类机床配置的数控系统虽不尽相同,但其主要功能是相同的。

数控铣床可进行铣削、钻削、镗削、螺纹加工等。加工中心与数控铣床的最大区别是具有一套自动换刀装置,以实现对零件进行多工序加工的能力。因而加工中心不仅能完成数控铣床的加工内容,更适合于形状复杂、工序多、位置精度要求高、需要多种类型机床,经过多次安装才能完成加工的零件。立式加工中心主要用于 Z 轴方向尺寸相对较小零件的加工;卧式加工中心一般具有回转工作台,特别适合于箱体类零件的加工,一次安装,可加工箱体的四个表面;立卧两用式加工中心主轴方向能做角度旋转,零件一次安装后,能完成除定位基准面外的五个面的加工。

2. 数控铣床与加工中心的加工范围

数控铣床与加工中心具有加工精度高、加工零件形状复杂、加工范围广等特点。适合于数控铣削加工的零件主要有以下几种。

(1) 孔类零件　通过数控铣削可完成零件表面上钻孔、镗孔、铰孔、攻螺纹等加工。

(2) 平面轮廓零件　平面类零件的特点是各个加工表面是平面,或可以展开为平面。目前在数控铣床上加工的绝大多数零件都属于平面类零件。平面类零件是数控铣削加工对象中最简单的一类,一般只需用三坐标数控铣床的两坐标联动(即两轴半坐标加工)就可以完成加工。

(3) 变斜角类零件　加工面与水平面的夹角呈连续变化的零件称为变斜角零件,以飞机零部件常见。此类零件一般采用四坐标或五坐标数控铣床摆角加工。

(4) 空间曲面轮廓零件　加工面为空间曲面的零件称为立体曲面类零件。这类零件的加工面不能展成平面,一般使用球头铣刀切削,加工面与铣刀始终为点接触,若采用其他刀具加工,易产生干涉而铣伤邻近表面。加工立体曲面类零件一般使用三坐标数控铣床。

12.4.2　数控铣床与加工中心手工编程的基本指令

三轴联动的加工中心与数控铣床相比,增加了刀库,可以自动换刀,其编程方法与数控铣床基本相同。

1. 坐标系设定指令 G92

格式:G92　X_ Y_ Z_ A_ ;

其中,X、Y、Z、A 表示坐标原点(程序原点)到刀具起点(对刀点)的有向距离。

G92 指令通过设定刀具起点相对于工件坐标原点的位置建立坐标系。此坐标系建立后,后续的绝对坐标值都根据此工件坐标系得到。

2. 坐标平面选择指令 G17、G18、G19

格式：G17
　　　G18
　　　G19

该指令用于选择一个平面,在此平面中进行圆弧插补和刀具半径补偿。G17 用于选择 OXY 平面,G18 用于选择 OZX 平面,G19 用于选择 OYZ 平面。

移动指令与平面选择无关。例如在规定了 G17　Z_ 时,Z 轴照样会移动。

G17、G18、G19 为模态指令,可相互注销,G17 为缺省值。

3. 工件坐标系选择指令 G54～G59

$$格式：\begin{Bmatrix} G54 \\ G55 \\ G56 \\ G57 \\ G58 \\ G59 \end{Bmatrix}$$

在工作台上同时加工多个零件时,可以设定不同的程序零点,可建立六个加工坐标系。各加工坐标系可以直接通过 CRT/MDI 方式设置。工件坐标系选择如图 12-25 所示。

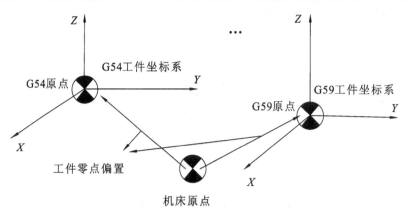

图 12-25　工件坐标系选择(G54～G59)

4. 线性进给指令 G01

格式：G01　X_　Y_　Z_　F_；

其中,X、Y、Z 表示刀具移动终点坐标(采用绝对编程方式时为终点在工件坐标系中的坐标;采用相对编程方式时为终点相对于起点的位移量),F 表示进给速度。

G01 和 F 都是模态指令,G01 可由 G00、G02、G03 或 G33 指令注销。

5. 圆弧插补指令 G02、G03

$$格式：\begin{Bmatrix} G17 \\ G18 \\ G19 \end{Bmatrix} \begin{Bmatrix} G02 \\ G03 \end{Bmatrix} \begin{Bmatrix} X\_\ Y\_ \\ X\_\ Z\_ \\ Y\_\ Z\_ \end{Bmatrix} \begin{Bmatrix} I\_\ J\_ \\ I\_\ K\_ \\ J\_\ K\_ \\ R\_ \end{Bmatrix} F;$$

其中,G17 指令用于 OXY 平面的指定,省略时就被默认为是 G17,但当在 OZX(G18) 和 OYZ(G19)平面上编程时,平面指定代码不能省略。不同平面的 G02 与 G03 选择如图 12-26 所示。

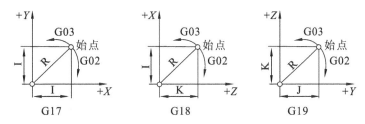

图 12-26　不同平面的 G02 与 G03 选择

圆弧插补注意事项:

(1) 当圆弧圆心角小于 180°时,R 为正值。

(2) 当圆弧圆心角大于 180°时,R 为负值。

(3) 整圆编程时不可以使用 R,只能用 I、J、K。

(4) F 为编程的两个轴的合成进给速度。

6. 回参考点控制指令 G28 、G29

1) 自动返回到参考点指令 G28

格式:G28 X_ Y_ Z_;

其中,X、Y、Z 为指令的终点位置,该终点称为中间点,而非参考点。在 G90 下,终点坐标为终点在工件坐标系中的坐标;在 G91 下,终点坐标为终点相对于起点的位移量。由 G28 指令指定的轴能够自动地定位到参考点上。

2) 自动从参考点返回指令 G29

格式:G29 X_ Y_ Z_;

其中,X、Y、Z 为指令的定位终点位置。在 G90 下,定位终点坐标为终点在工件坐标系中的坐标;在 G91 下,定位终点坐标为终点相对于中间点的位移量。由此功能可使刀具从参考点经由一个中间点而定位于指定点。通常该指令紧跟在一个 G28 指令之后。用 G29 的程序段的动作,可使所有被指令的轴以快速进给速度经过以前用 G28 指令定义的中间点,然后到达指定点。

G29 指令仅在其被规定的程序段中有效。

7. 刀具半径补偿指令的格式

1) 指令格式

建立刀补格式:

$$\begin{Bmatrix} G17 \\ G18 \\ G19 \end{Bmatrix} \begin{Bmatrix} G41 \\ G42 \end{Bmatrix} \begin{Bmatrix} G00 \\ G01 \end{Bmatrix} \begin{Bmatrix} X\_ \ Y\_ \\ X\_ \ Z\_ \\ Y\_ \ Z\_ \end{Bmatrix} D;$$

取消刀补格式:$\{ G40 \} \begin{Bmatrix} G00 \\ G01 \end{Bmatrix}$

其中,D 指令(刀具半径补偿)后跟的数值是刀补号,刀补号地址数设有 100 个,即 D00～D99。它用来调用内存中刀具半径补偿的数值。如 D01 就是调用在刀具表中第 1 号 刀具的半径值。这一半径值是预先输入在内存刀具表中 01 号位置上的。

8．坐标系旋转指令 G68、G69

格式:G68　X_　Y_　R_;

　　　G69;

其中,X、Y 表示旋转中心的坐标值(可以是 X、Y、Z 坐标值中的任意两个,由当前平面 选择指令确定)。当 X、Y 省略时,G68 指令将当前的位置作为旋转中心;R 表示旋转角度。 逆时针旋转定义为正向,反之为负向,一般取绝对坐标。旋转角度的范围 －360.0°～ ＋360.0°,无小数点时的单位为 0.001°。当 R 省略时,按系统参数确定旋转角度。

G68 为坐标系旋转指令。

G69 为坐标系旋转撤销指令。

9．固定循环功能指令

1) 常用的固定循环指令能完成的工作　常用的固定循环指令能完成的工作主要有镗 孔、钻孔和攻螺纹等。这些循环通常包括下列六个基本动作:

(1) X、Y 轴定位;

(2) 快速运行到 R 平面;

(3) 孔加工;

(4) 在孔底的动作;

(5) 退回到 R 平面;

(6) 快速返回到起始点。

上述六个基本动作情况如图 12-27 所示,图中实线 表示切削进给,虚线表示快速运动。R 平面为在孔口 时,快速运动与进给运动的转换位置。

2) 固定循环功能指令格式

格式:G90(G91) G98(G99) (G73～G88) X_ Y_ Z_ R_ Q_ P_ F_ K_;

其中:G90(G91)——采用绝对(增量)编程方式;

G98(G99)——返回初始平面(R 平面);

G——固定循环代码之一;

X、Y——加工起点到孔位的距离(G91)或孔位坐 标(G90);

R——初始点到 R 平面的距离(G91)或 R 平面的 坐标(G90);

Z——R 平面到孔底的距离(G91)或孔底坐标(G90);

Q——每次进给深度(G73/G83);

P——刀具在孔底的暂停时间;

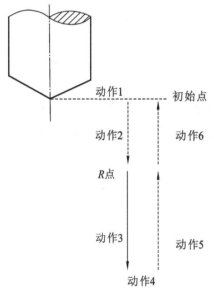

动作1　　初始点

动作2　　　动作6

R点

动作3　　　动作5

动作4

图 12-27　固定循环基本动作

F——切削进给速度；

K——固定循环的次数。

12.4.3　数控铣床与加工中心编程实例

如图 12-28 所示零件，材料 45 钢，在数控铣床上以图中 1→2→3→4…→9→1 的顺序进行外轮廓面的加工。

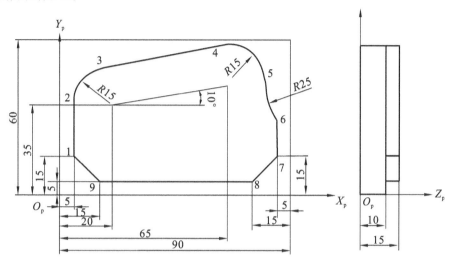

图 12-28　数控铣床零件加工图（材料 45 钢）

（1）采用 ϕ16 mm 立铣刀加工。

（2）设定 $O_p X_p Y_p$ 为工件坐标系，图 12-28 所示 O_p 为原点。

（3）计算零件轮廓面轨迹点的数值（见表 12-5）。

表 12-5　轨迹点坐标值

轨迹点	X 坐标值	Y 坐标值	轨迹点	X 坐标值	Y 坐标值
1	5.	15.	6	85.	27.935
2	5.	35.	7	85.	15.
3	17.395	49.772	8	75.	5.
4	62.395	57.707	9	15.	5.
5	80.	42.935			

注：以上坐标值计算部分通过 CAD 绘制得出。

该零件的加工程序见表 12-6。

表 12-6　零件数控铣加工程序（FANUC）

程　　序	说　　明
O0002	程序号

程　序	说　明
N10 G54 G90 G40 G80 G17 G15；	设定工件坐标系
N20 M03 S1000；	主轴正转，速度为 1000 r/min
N30 G00 X−20．Y−20．Z10．M08；	快速移动到切削起刀点
N40 G01 Z−5．F100．；	Z 方向下到指定深度
N50 G41 G01 X5．Y5．D01；	建立左刀补，切削到轮廓 1 点
N60 Y35．；	→2 点
N70 G02 X17．395 Y49．772 R15；	2→3 点
N80 G01 X62．395 Y57．707；	3→4 点
N90 G02 X80．Y42．935 R15；	4→5 点
N100 G03 X85．Y27．935 R25；	5→6 点
N110 G01 Y15．；	6→7 点
N120 X75．Y5．；	7→8 点
N130 X15．；	8→9 点
N140 X0 Y20．；	9→1 点的延长线上
N150 G40 G01 X−20．Y20．M09；	取消刀具补偿
N160 G00 Z20．；	Z 方向抬刀
N170 M05；	主轴停转
N180 M30；	程序结束

12.5　CAD/CAM

　　计算机辅助设计及制造（CAD/CAM）技术是随着电子技术、计算机技术、自动控制技术和信息技术等的发展而形成的现代设计与制造技术，广泛应用于数控加工领域。CAD/CAM 软件技术也在飞速发展，出现了很多的软件产品，这些产品根据自身的开发档次及其适用度，被广泛应用在不同加工场合，大大节省了设计与制造的周期，并在一定程度上提高了产品的制造精度。

12.5.1　CAD/CAM 定义

　　CAD/CAM 是计算机辅助设计及计算机辅助制造的简称。

　　CAD（computer aided design），即计算机辅助设计，在数控加工过程中是一种生产辅助工具，它将计算机高速而精确的运算功能，大容量存储和处理数据的能力，丰富而灵活的图形、文字处理功能与设计者的创造性思维能力、综合分析及逻辑判断能力结合起来，形成一个设计者思想与计算机处理能力紧密配合的系统,大大加快了设计进程。CAD 技术包括下列功能:几何建模、计算分析、仿真与实验、绘图及技术文档生成、工程数据库的管理和共享。

CAM(computer aided manufacturing),即计算机辅助制造。CAM 内容广泛,从狭义上讲指的是数控程序的编制,包括刀具路径的规划、刀位文件的生成、刀具轨迹仿真以及 NC 代码的生成等。从广义上讲指的是利用计算机辅助完成由生产准备至产品制造整个过程的活动,包括工艺过程设计、工装和设备设计、数控加工程序编制、生产作业计划、生产控制和质量控制等。计算机辅助设计及制造与数控加工结合,是现代数控加工技术应用的主流,能够达到非常理想的加工效果。

12.5.2　CAD/CAM 组成

CAD/CAM 系统由硬件系统和软件系统两部分组成,如图 12-29 所示。

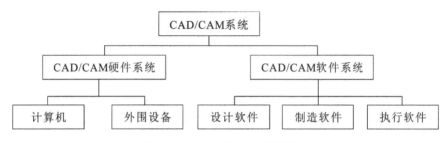

图 12-29　CAD/CAM 系统的组成

1. 硬件系统组成

CAD/CAM 硬件系统主要指计算机及各种外围设备,如打印机、绘图机和数控机床等。

2. 软件系统组成

从计算机设计、制造到机床的加工,整个流程对软件的要求很多,除了机床的电气运行以外,几乎都离不开计算机的软件支持。相关软件大致又可以分为以下几种。

(1) 设计软件　用于进行零件的绘制,如流行的绘图软件 AutoCAD 以及 UG、CATIA、PRO/E、SolidWorks,以及艺术三维设计软件 3DMax、Photoshop 等。这里不仅仅局限于CAD 软件,也包括能用来实现加工的各种其他软件。

(2) 制造软件　通常指 CAM 软件,最终生成加工代码。大部分的制造软件也具有建模绘图功能。根据制作应用的场合不同分为二维、二维半和三维 CAM 软件。如 CAXA、CAXA 制造工程师以及 UG、MasterCAM、ArtCAM、Cimatron 等。制造软件生成标准的 G 代码,然后将设计思想在机床上实现,也就是将 NC 代码送入机床,机床按照指令加工出所设计的零件。

(3) 执行软件　用于指挥机床执行 NC 代码,完成零件加工,其主要工作是实现计算机与数控机床的通信,可以通过 COM 接口完成数据串行通信,或者通过 LPT 实现并行通信。这就需要了解不同厂家对其通信接口应用的不同连线和接口协议。但在实际中,人们往往利用的是控制板卡即所谓的机床控制器。这些板卡通过数据线与数控机床进行联系,而与人之间的交互则由这些板卡提供的软件程序完成。现在大部分的软件程序都是 Windows 界面的,简单易操作,本文把这些软件称为执行软件。

12.5.3 CAD/CAM 主要软件与应用

在 CAD/CAM 技术几十年的发展过程中,先后出现了一些比较优秀、比较流行的软件。以下介绍几个国内外比较常用的软件。

1. 国外 CAD/CAM 软件

目前,使用较多的国外 CAD/CAM 软件主要有 UG、CATIA 、Pro/E 、SolidWorks 和 MasterCAM 等。

1) Unigraphics(UG)软件 UG 起源于美国麦道(MD)公司的产品,1991 年 11 月并入美国通用汽车公司 EDS 分部。UG 由其独立子公司 UnigraphicsSolutions 开发,是一个集 CAD/CAM/CAE 于一体的机械工程辅助软件,适用于航空、航天、汽车、通用机械以及模具等的设计、分析及制造工程。UG 将优越的参数化和变量化技术与传统的实体、线框和表面功能结合在一起,还提供了二次开发工具 GRIP、UFUNG、ITK,允许用户扩展 UG 的功能。

2) SolidWorks 软件 SolidWorks 是由美国 SolidWorks 公司于 1995 年 11 月研制开发的基于 Windows 平台的全参数化特征造型的软件,是世界各地用户广泛使用、富有技术创新的软件系统,已成为三维机械设计软件的标准。它可以十分方便地实现复杂的三维零件实体造型、复杂装配和生成工程图。图形界面友好,用户易学易用。SolidWorks 软件于 1996 年 8 月由生信国际有限公司正式引入中国以来,在机械行业获得普遍应用,目前用户已经扩大到三十多万个单位。

3) Pro/E 软件 Pro/E 是美国参数技术公司的产品,于 1988 年问世。Pro/E 具有先进的参数化设计、基于特征设计的实体造型和便于移植设计思想的特点。该软件用户界面友好,符合工程技术人员的机械设计思想。Pro/E 整个系统建立在统一完备的数据库以及完整而多样的模型上,由于它有二十多个模块供用户选择,故能将整个设计和生产过程集成在一起。在近几年,Pro/E 已成为三维机械设计领域里最富有魅力的软件,在我国模具工厂得到了非常广泛的应用。

2. 国内 CAD/CAM 软件

国内 CAD/CAM 软件主要是 CAXA。CAXA 软件覆盖了设计、工艺、制造和管理等四大领域,产品广泛应用于装备制造、电子电器、汽车及零部件、国防军工、工程建设和教育等各个行业。CAXA 是面向 2～5 轴数控铣床与加工中心、具有良好工艺性能的铣削/钻削数控加工编程软件。

12.6 数控车加工基本操作训练

12.6.1 数控车加工实习安全操作规程

(1) 进入车间,穿好工作服、工作鞋,扎好袖口,女同学戴好工作帽。操作机床时,严禁戴手套。

(2) 数控车床为贵重精密设备,实习学生必须在指定工位进行操作,未经指导教师同意,不得随意触摸、启动各种电源开关和设备。

(3) 操作中集中思想,严禁在程序自动循环运行时擅离机床,严禁串岗、打闹。多人操作一台机床时,只能其中一人操作,其他人在安全区域做准备。

(4) 设备操作前,应检查开关、手柄是否在规定位置,润滑油路是否畅通,挡板等防护装置是否完好,熟悉操作控制面板上各功能键的作用。

(5) 机床启动后空转 2~3 min,待机床、液压系统等运转正常后方可开始工作。

(6) 数控车床导轨等运动部位严禁堆放刀具、量具和工件等物品。加工前必须检查工件、刀具安装是否牢固、正确。

(7) 程序输入前必须严格检查程序的格式、代码及参数等的选择是否正确,实习学生编写的程序必须经指导教师审核,方可进行输入操作。

(8) 程序输入后必须进行加工轨迹的模拟运行和单段操作运行,确定程序正确后,再用"单程序段操作键"检查程序运行情况,此时右手应放在停止按钮上,注意刀架移动情况。未经检验的程序不允许进行自动循环操作。

(9) 当机床运行部件在操作时(手动或自动时)应密切注意运行的安全性。特别关注是否有与卡盘、尾座、刀架等机床部件碰撞的可能性。不得使用"快速进给倍率"的最高挡操作运动部件,一般使用以不超过 50% 为宜。

(10) 当数控机床执行"回零"操作时,必须先把机床运动部件移至安全位置,然后才能进行操作。

(11) 设定数控机床的中间换刀点必须强调"三不碰"(不碰工件、卡盘、尾座)。为安全起见,实训时换刀点可设在离工件较远的地方。

(12) 运行中发生报警或其他故障时,应使用"暂停键"终止运行,应尽量避免使用"紧急停止按钮",并及时汇报。

(13) 装夹、测量工件时要停机进行。主轴未完全停止前,禁止用手触摸工件、刀具和主轴。

(14) 正确使用和爱护量具,经常保持清洁,用后及时擦净并放入盒内。

(15) 要经常保持设备及工作地整洁,物件摆放要规范。实习结束时应关闭程序,关闭电源开关,填写设备使用记录。

12.6.2　数控车加工基本操作训练

数控车加工的基本操作技能训练在单项分解练习的基础上进行,可在规定时间内完成一定复杂程度零件的加工。

1. 阅读分析图样

图 12-30 所示为数控车综合实习零件,材料为 45 钢,毛坯尺寸为 $\phi35$ mm 的棒料。零件的主要组成表面为圆柱面、圆锥面、圆弧面、螺纹、平面和倒角等,主要表面尺寸为 $\phi24\pm0.02$、$\phi32\pm0.02$、$R15$ 及 $M20\times1.5$,主要表面粗糙度 Ra 值为 3.2 μm。

2. 零件车削工艺分析

1) 加工路线的确定

以零件右端面中心 O 作为工件坐标系原点,建立工件坐标系。根据零件尺寸精度、技术要求及数控加工的特点,该零件的加工将划分粗加工、精加工。其加工工艺路线为车削右端面→粗车外圆柱面(螺纹退刀槽处按圆柱直径 $\phi20$ mm 车削),预留 1.2 mm 的精车余量→精车外圆柱面,保证 $\phi24$ mm 和 $\phi32$ mm 外圆的尺寸→车削退刀槽,控制尺寸为 5 mm×2.5 mm→倒角→粗、精车螺纹。

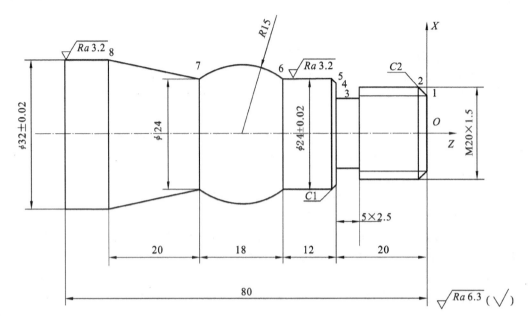

图 12-30 数控车床零件加工图(材料为 45 钢)

2）零件的安装

采用三爪自定心卡盘安装，零件伸出三爪卡盘外 85 mm，并找正夹紧。

3）刀具及切削用量选择

（1）刀具选择如表 12-7 所示。

表 12-7 刀具卡片

序号	刀具号	刀具规格名称	数量	加工表面	刀尖半径/mm	备注
1	T1	45°硬质合金端面车刀	1	车端面		
2	T2	93°外圆右偏刀	1	粗车外形	0.8	$\varepsilon_r = 35°$
3	T3	93°外圆右偏刀	1	精车外形	0.4	$\varepsilon_r = 35°$
4	T4	车槽刀	1	切槽、切断		$B = 5$
5	T5	外螺纹车刀	1	车螺纹		$\varepsilon_r = 60°$

（2）切削用量选择如表 12-8 所示。

表 12-8 切削用量

序号	工步内容	刀具号	刀具规格/mm	主轴转速/(r/min)	进给速度/(mm/r)	切削深度/mm	备注
1	车端面	T1	25×25	500	0.2	0.3	手动
2	粗车外圆	T2	25×25	500	0.2	2.0	

续表

序号	工步内容	刀具号	刀具规格 /mm	主轴转速 /(r/min)	进给速度 /(mm/r)	切削深度 /mm	备注
3	精车外圆	T3	25×25	800	0.1	1.2	
4	切槽	T4	5	300	0.1	2.5	
5	粗、精车螺纹	T5	25×25	350	0.1		

4）螺纹尺寸计算

螺纹牙型高度 H：$H = t \times P = (0.65 \times 1.5)\text{mm} = 0.975\ \text{mm}$

螺纹大径 $D_大$：$D_大 = D - 0.1P = (20 - 0.1 \times 1.5)\text{mm} = 19.85\ \text{mm}$

螺纹小径 $D_小$：$D_小 = D - 2H = (20 - 2 \times 0.975)\text{mm} = 18.05\ \text{mm}$

其中：t 为计算系数；P 为螺纹导程；D 为螺纹公称直径。

3. 零件数控车程序编写

零件数控车加工参考程序如表 12-9 所示。

表 12-9 零件数控车参考程序（FANUC）

程 序	说 明
O0003	程序号
N10 T0101；	调用 1 号刀、1 号刀补
N20 M03 S500；	主轴正转，速度为 500 r/min
N30 G90 G00 X38. Z2.；	快速移动到端面切削点
N40 G00 Z−0.3；	进给 0.3 mm
N50 G01 X−1. F0.2；	车出端面
N60 G00 X80. Z80.；	快速退出
N70 T0100；	取消 1 号刀补
N80 T0202；	调用 2 号刀、2 号刀补
N90 G00 X38. Z5.；	快速移动到外圆柱面循环起刀点
N100 G73 U7. W0 R7；	成形加工复合循环指令
N110 G73 P120 Q220 U1.2 W0 F0.2；	零件轮廓由 N120～N220 指定，精加工余量为 1.2 mm
N120 G00 X14. Z2.；	快速移动到进刀点
N130 G01 X16. Z0 F0.1；	车削轮廓第 1 点
N140 G01 X19.85 Z−2.；	车削轮廓第 2 点
N150 G01 Z−20.；	车削轮廓第 3 点
N160 G01 X22.；	车削轮廓第 4 点
N170 G01 X24. Z−21.；	车削轮廓第 5 点

程　　序	说　　明
N180 G01 Z－32.；	车削轮廓第 6 点
N190 G03 X24. Z－50. R15；	车削轮廓第 7 点
N200 G01 X32. Z－70.；	车削轮廓第 8 点
N210 G01 Z－80.；	车削轮廓最后一点
N220 G01 X38.；	沿 X 方向退出
N230 G00 X80. Z80.；	快速退出
N240 M05；	主轴停转
N250 M00；	程序暂停,检测粗加工
N260 T0200；	取消 2 号刀补
N270 T0303；	调用 3 号刀、3 号刀补
N280 M03 S800；	主轴正转,速度为 800 r/min
N290 G00 X38. Z5.；	快速移动到精加工起刀点
N300 G42 G70 P120 Q220；	建立右刀补精加工,再次循环一次轮廓轨迹
N310 G40 G00 X80. Z80.；	取消刀补,刀具退出
N320 M05；	主轴停转
N330 M00；	程序暂停,检测零件尺寸保证公差
N340 T0300；	取消 3 号刀补
N350 T0404；	调用 4 号刀、4 号刀补
N360 M03 S300；	主轴正转,速度为 300 r/min
N370 G00 X25. Z－20.；	快速定位
N380 G01 X15. F0.1；	切割到指定深度
N390 G04 X3.；	程序暂停 3 s
N400 G00 X25.；	沿 X 方向退出
N410 G00 X80. Z80.；	快速退出
N420 M05；	主轴停转
N430 M00；	程序暂停
N440 T0400；	取消 4 号刀补
N450 T0505；	调用 5 号刀、5 号刀补
N460 M03 S350；	主轴正转,速度为 350 r/min
N470 G00 X25. Z5.；	快速移动到螺纹循环起刀点
N480 G92 X19.85 Z－17.5 F1.5；	螺纹循环第 1 刀

续表

程　　序	说　　明
N490 X19.35；	螺纹循环第 2 刀
N500 X18.85；	螺纹循环第 3 刀
N510 X18.45；	螺纹循环第 4 刀
N520 X18.25；	螺纹循环第 5 刀
N530 X18.15；	螺纹循环第 6 刀
N540 G92 X18.05 Z−17.5 F1.5；	螺纹循环第 7 刀
N550 G00 X80. Z80.；	快速退出
N560 T0500；	取消 5 号刀补
N570 M05；	主轴停转
N580 M30；	程序结束

12.7　数控铣加工基本操作训练

12.7.1　数控铣加工实习安全操作规程

（1）进入车间，穿好工作服、工作鞋，扎好袖口，女同学戴好工作帽。操作机床时，严禁戴手套。

（2）数控机床为贵重精密设备，实习学生必须在指定工位进行操作，未经指导教师同意，不得随意触摸、启动各种电源开关和设备。

（3）操作中集中思想，严禁在程序自动循环运行时擅离机床，严禁串岗、打闹。多人操作一台机床时，只能其中一人操作，其他人在安全区域做准备。

（4）设备操作前，应检查开关、手柄是否在规定位置，润滑油路是否畅通，挡板等防护装置是否完好，熟悉操作控制面板上各功能键的作用。

（5）机床启动后空转 2～3 min，待机床、液压系统等运转正常后方可开始工作。

（6）数控机床导轨等运动部位严禁堆放刀具、量具和工件等物品。加工前必须检查工件、刀具安装是否牢固、正确。

（7）程序输入前必须严格检查程序的格式、代码及参数等的选择是否正确，实习学生编写的程序必须经指导教师审核，方可进行输入操作。

（8）程序输入后必须进行加工轨迹的模拟运行和单段操作运行，确定程序正确后，方可开机运行程序。未经检验的程序不允许进行自动循环操作。

（9）运行程序前要先对刀，确定工件坐标系的原点。对刀后立即修改机床零点偏置参数。空运行时必须将 Z 向提高一个安全高度。

（10）当机床运动部件接近机床坐标的极限位置或刀具接近工件时，必须高度注意下一步的操作方向，应先慢速点动方向后再快速运行。不得一上来就使用"快速进给倍率"进行操作,以防误操作而撞坏机床。

(11) 使用手轮或快速移动方式移动各轴位置时,一定要看清机床 X、Y、Z 轴各方向的"+、−"后再移动。

(12) 运行中发生报警或其他故障时,应使用"暂停键"终止运行,应尽量避免使用紧急停止按钮,并及时汇报。

(13) 装夹、测量工件时要停机进行。主轴未完全停止前,禁止用手触摸工件、刀具和主轴。

(14) 正确使用和爱护量具,经常保持清洁,用后及时擦净并放入盒内。

(15) 要经常保持设备及工作地整洁,物件摆放要规范。实习结束时应关闭程序,关闭电源开关,填写设备使用记录。

12.7.2 数控铣加工基本操作训练

数控铣加工的基本操作技能训练在单项分解练习的基础上进行,可在规定时间内完成一定复杂程度零件的加工。

1. 阅读分析图样

图 12-31 所示零件为数控铣综合实习零件,材料为 45 钢,毛坯尺寸为 120 mm×60 mm×30 mm。零件主要由平面和圆弧面组成的外轮廓面、中间 ϕ20 mm 的大孔及 4 个 ϕ10 mm 的小孔组成。零件形状和位置尺寸精度一般,主要表面粗糙度 Ra 值为 3.2 μm。

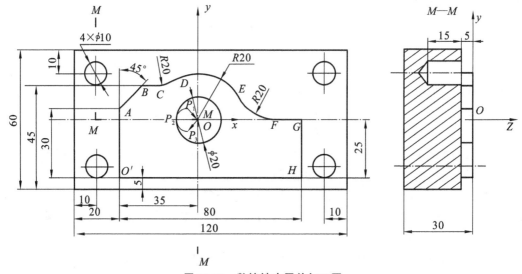

图 12-31 数控铣床零件加工图

2. 零件铣削工艺分析

1) 加工路线确定

首先,以图中 $O' \rightarrow A \rightarrow B \rightarrow C \cdots \rightarrow H \rightarrow O'$ 的顺序进行外轮廓面的加工。设切削深度为 5 mm,采用 ϕ20 mm 立铣刀,左刀补 G41 指令加工。粗加工时,刀具补偿 D01 可取 10.1 mm,全部深度切削完成后,修改刀具补偿 D01 的数值进行精加工调整。接着通过修改刀具补偿号切除深度方向的其他余量。其次,换 ϕ12 mm 的键槽铣刀,根据图示 $O \rightarrow P_3 \rightarrow P_2 \rightarrow P_1 \rightarrow O$ 的路线加工 ϕ20 mm 的大孔,采用右刀补 G42 指令加工。刀具补偿 D02 粗加工时取 6.1 mm,一次加工完后再修改刀具补偿 D02 的数值进行精加工。最后,换中心钻确定孔位,采用 G81 指令点孔。更换 ϕ10 mm 的麻花钻头,采用 G83 深孔固定循环指令加工 4 个 ϕ10 mm 的小孔。

2) 工件坐标系的确定

以图 12-31 所示 O 为原点建立工件坐标系。

3) 计算零件轮廓各轨迹点的数值

零件轮廓轨迹点的数值如表 12-10 所示。

表 12-10　轨迹点坐标值

轨迹点	X 坐标值	Y 坐标值	轨迹点	X 坐标值	Y 坐标值
O'	−35.	−25.	F	34.641	0
A	−35.	5.	G	45.	0
B	−25.156	15.	H	45.	−25.
C	−19.365	15.	P_1	−4.	6.
D	−9.682	17.5	P_2	−10.	0
E	17.321	10.	P_3	−4.	−6.

注:以上坐标值计算部分通过 CAD 绘制得出。

4) 刀具与切削用量的选择

零件加工刀具与切削用量的选择如表 12-11 所示。

表 12-11　加工刀具与切削用量

序号	刀具号	刀具	主轴转速/(r/min)	进给速度/(mm/min)
1	T01	ϕ20 mm 立铣刀,长 70 mm	900	200
2	T02	ϕ12 mm 键槽铣刀,长 50 mm	1000	200
3	T03	中心钻	1000	100
4	T04	ϕ10 的麻花钻,长 70 mm	950	100

3. 数控铣程序编写

零件数控铣加工参考程序如表 12-12 所示。

表 12-12　编写程序(FANUC)

程　　　序	说　　　明
O0004	程序号
N10 G54 G90 G40 G80 G17 G15;	设定工件坐标系

程　　序	说　　明
N20 G91 G28 Z0;	增量以绝对方式自动返回换刀点
N30 T01 M06;	换取 1 号刀,即 ϕ20 mm 立铣刀
N40 M03 S900;	主轴正转,速度为 900 r/min
N50 G90 G00 X-70. Y-40. Z5. ;	快速移动到切削起刀点(自行建立)
N60 G01 Z-5. F200;	Z 方向下到指定深度
N70 G41 G01 X-35. Y-25. D01;	建立左刀补,切削到轮廓 O' 点
N80 Y5. ;	→A 点
N90 X-25.156 Y15. ;	A→B 点
N100 X-19.365;	B→C 点
N110 G03 X-9.682 Y17.5 R20;	C→D 点
N120 G02 X17.321 Y10. R20;	D→E 点
N130 G03 X34.641 Y0 R20;	E→F 点
N140 G01 X45. ;	F→G 点
N150 Y-25. ;	G→H 点
N160 X-40. ;	H→O' 点的延长线上
N170 G40 G01 X-70. Y-40. ;	取消刀具补偿
N180 G00 Z50. ;	Z 方向抬刀
N190 M05;	主轴停转
N200 G91 G28 Z0;	自动返回换刀点
N210 T02 M06;	换取 2 号刀,即 ϕ12 mm 的键槽铣刀
N220 M03 S1000;	主轴正转,速度为 1000 r/min
N230 G90 G00 X0 Y0;	快速移动到切削起刀点(自行建立)
N240 G00 Z5. ;	沿 Z 方向快速移动到 5 mm 高度处
N250 G01 Z-5. F200;	沿 Z 方向下到指定深度
N260 G42 G01 X-4. Y-6. D02;	建立右刀补,切削到 P_3 点
N270 G02 X-10. Y0 R6;	P_3→P_2 点
N280 G02 X-10. Y0 I10. J0;	P_2→P_2 点,采用 I、J 格式加工整圆
N290 G02 X-4. Y6. R6;	P_2→P_1 点
N300 G40 G01 X0 Y0;	取消刀补,返回到 O 点
N310 G00 Z50. ;	沿 Z 方向快速移动到 50 mm 高度处
N320 M05;	主轴停转

续表

程　　序	说　　明
N330 G91 G28 Z0；	自动返回换刀点
N340 T03 M06；	换取 3 号刀,即中心钻
N350 M03 S1000；	主轴正转,速度为 1000 r/min
N360 G90 G00 X−50. Y20.；	以绝对方式快速移动到第一孔的上方
N370 Z20.；	沿 Z 方向快速移动到 20 mm 高度处
N380 G99 G81 X−50. Y20. Z−8. R8 F100；	第一个中心孔点钻,G99 自动返回 R 平面
N390 X−50. Y−20.；	逆时针点钻第二个中心孔
N400 X50. Y−20.；	点钻第三个中心孔
N410 X50. Y20.；	点钻第四个中心孔
N420 G80；	取消固定钻孔循环
N430 G00 Z50.；	沿 Z 方向快速移动到 50 mm 高度处
N440 M05；	主轴停转
N450 G91 G28 Z0；	自动返回换刀点
N460 T04 M06；	换取 4 号刀,即 ϕ10 mm 的麻花钻
N470 M03 S950；	主轴正转,速度为 950 r/min
N480 G90 G00 X−50. Y20.；	以绝对方式快速移动到第一孔的上方
N490 Z20.；	沿 Z 方向快速移动到 20 mm 高度处
N500 G99 G83 X−50. Y20. Z−23. R8 Q4 F100；	钻第一个孔到指定深度,每次进刀深度为 4 mm,自动返回 R 平面
N510 X−50. Y−20.；	钻第二个孔
N520 X50. Y−20.；	钻第三个孔
N530 X50. Y20.；	钻第四个孔
N540 G80；	取消固定钻孔循环
N550 G00 Z50.；	沿 Z 方向快速移动到 50 mm 高度处
N560 M05；	主轴停转
N570 M30；	程序结束

复习思考题

1. 什么是数控机床？它与普通机床有何区别？

2. 数控机床由哪几部分组成？各有什么作用？

3. 数控机床坐标轴如何确定？工件坐标系的原点如何选择？

4. 简述数控程序的结构及程序段的格式,指出每个符号所代表的意义。

5. 举例写出数控车加工程序的格式。

6. 简述数控铣床加工工艺的制定方法。

7. 举例写出数控铣加工程序的格式。

8. 简述数控铣床与加工中心的主要功能及应用。

9. 简述 CAD/CAM 的含义与组成。

10. 根据数控机床实习体会,简述数控机床实习中的安全操作规程。

第13章 综合与创新训练

教 学 要 求

理论知识

(1) 了解综合与创新训练概念和意义,理解各类创新思维方式;

(2) 熟悉 CDIO 工程训练模式;

(3) 了解零件毛坯的种类,掌握零件毛坯的选择及应用;

(4) 掌握常见表面的加工方法及方案,掌握一般零件加工工艺分析方法。

技能操作

学会典型零件加工工艺过程分析。

13.1 概述

金工实习是工科机械类各专业必修的技术基础课,具有很强的实践性,是现代工程训练的主要组成部分,是应用型创新人才培养的重要教学环节。前期的单工种实习使学生在机械制造工程的基本工艺理论、基本工艺知识和基本工艺方法方面获取了丰富的感性知识,积累了一定的工程实践经验。本章将通过综合与创新训练,帮助学生将零散的感性知识条理化,用于指导工艺分析、解决工艺问题。同时,针对实习课题、项目开展适度的创新思维训练,培养学生的创新意识与能力。

13.1.1 综合与创新训练的简介

综合与创新训练是现代工程训练的主要教学手段和方法。所谓综合就是在前期单工种实习的基础上,促使学生将获得的比较零散的、浅显的感性知识加以综合和运用,使之系统化、条理化,以培养学生独立思考能力、综合运用知识的能力、分析和解决问题的能力。所谓创新就是围绕金工实习过程,针对实训课题、项目开展全方位的适度的创新思维训练,培养学生的创新意识与能力。

长期以来,金工实习的教学方式主要局限于围绕单个实习工种开展,根据提供的图样、工艺,经过教师的讲授、示范,学生按照事先完全准备好的工艺"被动"地进行操作训练。这种训练都是验证性的实习。实习产品看不到学生自己的设计和创意,各工种也是各干各的,整个实习结束以后,学生不知道产品从毛坯到成品要经过哪些工序、各零件组成表面在机械中的作用,学生对机械加工工艺过程无法形成系统和整体的印象,缺乏主动性和参与性。

金工实习是大学生入校后第一次接触到的工业生产活动,是重要的生产实践活动之一,对大学生的素质尤其是在"心手合一"方面具有再塑造功能。市场经济的发展,需要工程技术人员从复杂事物发展的整体与相互联系上把握工作的全过程,而不是仅仅考虑解决技术问题,故金工实习教学也不应以提高学生的动手能力为唯一目的,而应把价值观教育、思想品德教育、行业规范教育与以知识、技能教育为主要内容的传授紧密地结合起来,以提高学生的职业综合能力。金工实习在培养学生的创新思维能力方面有着其他课程不可替代的作用,因此在金工实习中非常适宜对学生进行创新能力的培养。

综合与创新训练是一个全方位培养和提高学生工程素质和创新意识的教学环节,它是将所学知识应用于工艺综合分析、工艺设计和制造过程的一个重要的实践环节,是学生获得分析问题和解决问题能力、创新思维能力、工程协调和组织能力的重要途径。

13.1.2　综合与创新训练的意义

21世纪的高级技术人才应该是复合型、创新型人才,应该具有适应能力、创新能力和竞争能力等综合素质,同时要具备工程意识、创新意识,能运用规范的工程语言和各种技术信息资源解决工程实际问题。我国高等教育正在逐步实现由传统应试教育向现代综合素质教育的转化,以"学习工艺知识,提高动手能力,转变思想作风"为主要理念的传统金工实习教学也正朝着"学习工艺知识,增强工程实践能力,培养创新精神和创新能力,提高综合素质"的现代工程训练方向发展。

综合与创新训练已不仅仅是一门实践性的技术基础训练,而是将知识、能力、素质和创新融为一体的综合训练。它为实施素质教育和创新教育提供了良好的平台,是进行实践教学和综合训练的重要场所,是实施素质教育、创新教育的有效途径。实践证明,通过综合与创新训练可取得良好的教学效果,主要体现在以下几个方面:

(1)可以激发学生的学习兴趣和创造热情。在综合训练中会涉及一些具有独立功能的机器或部件,其组成零件及组成表面的功用一目了然,从而可极大地提高学生的学习兴趣与积极性;在创新思维的训练中,围绕金工实习,教师要求学生回答各种各样的问题、提出或改进各种设计,从而推动学生主动学习、自主学习,使学生的实习由被动转变为主动。

(2)能培养学生创造性地解决实际问题的能力。由于学生所掌握的工艺基础知识和操作技能有限,开展综合与创新训练对学生来说无疑是一个很大的挑战。尽管这种训练并不是严格意义上的科学创新,但要解决综合性的实际问题,学生需要进行创新思维,从多个视角考虑问题,把所学到的零散的知识加以综合并灵活运用。

(3)可以锻炼学生的工程实践能力。通过一个完整的具有独立功能产品的工艺设计和制造,提高学生的质量、成本、效益、安全等工程意识,培养学生的刻苦钻研、一丝不苟、团结协作等优良品质和工作作风,有利于培养高素质的工程技术人才。

13.2　基于实习课题的创新训练

在金工实习中,教师不能照本宣科,要在对学生进行基本功训练的同时注重培养学生获取知识的能力,教师要从知识的传授者转变成为学习过程中的指导者和合作伙伴,要结合实习课题有目的地适度开展创新思维训练。

13.2.1　创新训练中的思维方式

思维是人脑对客观事物的一般特性和规律性进行分析、综合、比较、抽象的一种概括的、间接的反映过程。

思维方式是人们大脑活动的内在程式,它对人们的言行起决定性作用。常用的思维方式主要有:

(1)发散思维　发散思维是以某个信息为中心点,运用已知的知识、经验,通过推测、想象,沿着不同的方向去思考,重组记忆中的信息和眼前的信息,产生新的信息(答案)的思维过程。应用中应注意避免思维过度发散而一事无成。

(2)集中思维　集中思维是人们在寻找某个问题答案时,把该问题作为研究中心,从不同方面、不同角度,对该问题进行反复探讨,来揭示其本质属性和规律的思维方式。集中思维与发散思维应有机结合。

(3)系统思维　系统思维是把事物作为一个多元素和多层次(这些元素和层次相互作用、相互依赖)的统一有机体而进行的思维活动。系统思维在大科学工程项目中是绝对不可缺少的。

(4)直觉思维　直觉是直接领悟的思维活动,或者说,是通过对事物的直觉感,对其作出猜测、设想或顿悟的思维活动。这里的顿悟是事先未经准备的,不含有逻辑推理的活动,但在一瞬间的顿悟中,理性活动和抽象化的形象交叉进行。在一定情况下。直觉对创新活动是起作用的。

(5)形象思维　形象思维是人们凭借对事物的具体形象和表象进行联想的思维活动。其作用是能使深奥的理论变得浅显,有助于产生联想,促进创新思维的进程。

(6)灵感思维　灵感思维是用已知的知识探索未知的答案,在构思中所产生超智力的思维活动的火花。灵感在创新者的头脑里停留的时间极短,所以当创新者获得灵感时,应立即把它记录下来,否则,可能很快会在大脑中消失。

(7)逆向思维　逆向思维是跳出束缚人们思路的习惯性思维,从目标的对立面反推出条件、原因的思维方法。它是一种有效的创新方法。

(8)"两面神"思维　"两面神"思维是人们在进行创新思维活动时,要同时构思出两个或多个并存的、同样起作用(或同样正确的)、相反(或对立)的概念(或思想或形象)的思维方式。运用"两面神"思维不是件容易的事,但它蕴藏着巨大的创造力,是现代科学家创新中的主要思维方式。

(9)想象式思维　想象式思维是将人脑中所储存信息之间的联系,经过重新加工、排列和组合而形成新的联系的过程。

13.2.2　CDIO 工程训练模式

CDIO 代表构思(conceive)、设计(design)、实现(implement)和运作(operate)。它是"做中学"和"基于项目教育和学习"的集中概括和抽象表达。CDIO 工程训练以工程项目从研发到运行的生命周期为载体,让学生以主动的、实践的、课程之间有机联系的方式学习工程。CDIO 培养大纲将工程毕业生的能力分为工程基础知识、个人能力、人际交往及团队工作能力、工程系统能力四个层面,要求以综合的培养方式使学生在这四个层面达到预定目标。

　　CDIO 的理念不仅继承和发展了欧美 20 多年来工程教育改革的理念,更重要的是系统地提出了具有可操作性的能力培养、全面实施以及检验测评的 12 条标准。瑞典国家高教署(Swedish National Agency for Higher Education) 2005 年采用这 12 条标准对本国 100 个工程学位计划进行评估,结果表明,新标准比原标准适应面更宽,更利于提高质量,尤为重要的是新标准为工程教育的系统化发展提供了基础。迄今为止,已有几十所世界著名大学加入了 CDIO 组织,这些大学机械系和航空航天系全面采用 CDIO 工程教育理念和教学大纲,取得了良好效果,按 CDIO 模式培养的学生深受社会与企业欢迎。

13.2.3　基于实习课题的综合与创新

　　在制造业企业的生产一线存在着大量需要改进和完善的技术、工艺和制造装备。这些改进不需要深奥的专业理论,需要的是敏锐的观察力和独立思考能力;谈不上重大创新,只能算是技术上的改造,但需要综合运用知识,是创新的雏形和基础。因而,金工实习中要针对实习课题开展多种类型的创新活动,进行创新训练,主要包括实习内容的综合、实习内容的创新、实习方法的创新等。

　　1. 实习内容的综合

　　在完成单工种基本操作技能的训练后(也可直接运用),可选择一个具有完整使用功能、又相对简单的部件,如微型台虎钳,作为综合训练的课题。可每人一件,也可分组,几人一件,视实习时间和条件而定。

　　实习内容的综合一方面可以使学生通过部件了解各零件在部件中的功用、零件各组成表面的作用、零件技术要求对产品质量的影响,激发学生的实习兴趣(加工装配后能直观检验自己的劳动成果),另一方面可实现由前期单工种的简单实习向多工序完整产品加工的提升,帮助学生将大脑中孤立和分散的机械加工工艺知识有机联系起来并条理化,实现零件从毛坯→机械加工→装配的完整工艺链,从而培养学生的工艺综合分析能力和设计能力。

　　2. 实习内容的创新

　　实习内容的新颖不等于实习内容的创新。实习内容方面,不仅要注重系统传授机械制造技术基础的知识、理论和方法,围绕基本课题加强冷、热加工基本操作技能的训练,而且要注重灵活施教,设计并穿插趣味性和探索性的课题,给枯燥的金工实习增添趣味,提高学生的实习兴趣,培养学生探究问题、自主获取知识的能力。

　　如在金工实习的初期及中期,组织学生到航空航天、汽车制造等制造技术和管理水平先进的企业参观见习,既是一次好的实习动员,又能让学生见识前沿的先进制造技术,弥补书本内容的不足,开阔学生的眼界、增长其见识。又如在电火花加工、激光加工等特种加工实习时,可由学生自己设计加工内容,教师指导,尊重学生的喜好,发挥学生的想象力。再如将孤立、分散的单工种课题用一个简单而综合的产品代替,以小组为单位,多工种协同加工,然后装配成产品,综合评分,既完成实习任务,又培养学生的团队协作精神。

　　3. 实习方法的创新

　　实习中要重视激发学生的创新思维能力,针对实习课题和项目,在动手操作前组织学生开展讨论、探索,而不只是一味灌输知识,完成教学任务。单纯地灌输知识、培养学生运用知识解决问题的能力固然重要,但更重要的是培养学生的思维能力。思维能力人人都有,关键在于如何激发。在实习教学中,教师应处理好教学活动的均衡性,要避免重逻辑思维能力、轻创新思维能力培养的倾向。

如在单工种综合课题实习前,由教师提前下发实习课题,布置学生自学有关知识、查找有关资料、自己设计加工工艺,课前组织学生讨论,最后得出最佳加工工艺方案。又如在多工种综合课题实习中,要求学生独立完成毛坯的选择、机械加工工艺的制定,包括刀具和安装的选择、切削用量的选择等,并简述理由,最后由教师讲评。

在实习教学中,要充分利用现代化教学手段,如计算机仿真技术、计算机辅助工艺设计技术、多媒体技术等,以提高实习教学质量和效率。

13.3　综合与创新训练实例

如图 13-1 所示为微型台虎钳,它具有独立的使用功能,装配难度一般,是金工实习经典的综合课题,经表面处理后又是一件很有纪念意义的工艺品。该部件主要由传动螺杆(见图 13-2)、底板(见图 13-3)、活动钳身(见图 13-4)和固定钳身(见图 13-5)等组成。

学生可以从零件毛坯的选择、表面加工方案的确定和工艺路线的制定、零件的机械加工以及如何保证台虎钳装配后平稳移动、无间隙感等多方面进行综合创新训练。可一人一件,也可多人一件。

13.3.1　零件毛坯的选择

毛坯是指根据零件(或产品)所需要的形状、工艺尺寸等要素制造出的为进一步加工做准备的加工对象。机械零件的毛坯多数是由原材料通过铸、锻、焊、冲压等方法制成,将毛坯切削加工制成合格零件,再经装配才可得到机器或部件。

1. 毛坯的种类

目前,在机械加工中毛坯的种类很多,主要有型材、铸件、锻件、焊接件、冷冲压件和粉末冶金件等。

(1)型材　型材主要有板材、棒材、线材等,其常用截面形状有圆形、方形、六角形和特殊形状。就其制造方法,型材又可分为热轧型材和冷拉型材两大类。热轧型材尺寸较大,精度较低,用于一般的机械零件。冷拉型材尺寸较小,精度较高,主要用于毛坯精度要求较高的中小型零件。

(2)铸件　受力不大或以承受压应力为主的形状复杂的零件毛坯,一般可用铸造方法制造。目前大多数铸件采用砂型铸造。尺寸精度要求较高的小型铸件,可采用特种铸造方法,如金属模铸造、精密铸造、压力铸造、熔模铸造和离心铸造等。

(3)锻件　由于锻件毛坯经锻造后可得到连续而均匀的金属纤维组织,因此锻件的力学性能较好,常用于受力复杂的重要钢质零件。其中自由锻件的精度和生产率较低,主要用于小批生产和大型锻件的制造。模锻件的尺寸精度和生产率较高,主要用于生产量较大的中小型锻件。

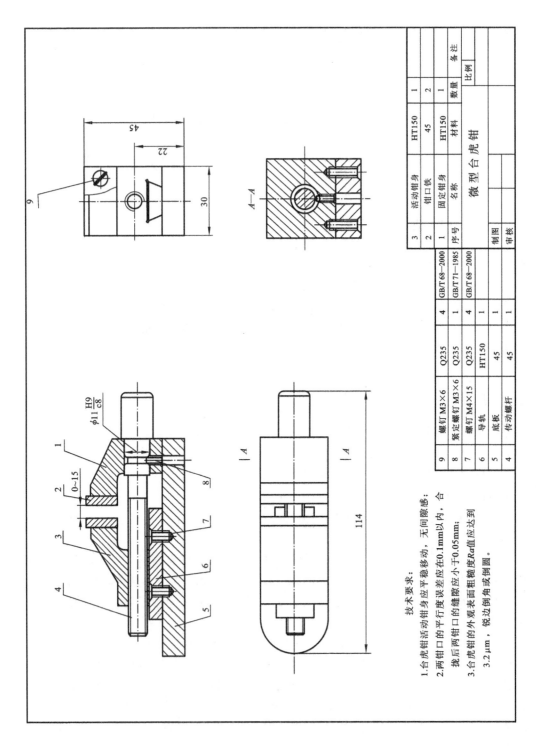

技术要求:

1. 台虎钳活动钳身应平稳移动,无间隙感;

2. 两钳口的平行度误差应在0.1mm以内,合拢后两钳口的缝隙应小于0.05mm;

3. 台虎钳的外观表面粗糙度Ra值应达到3.2μm,锐边倒角或倒圆。

9	螺钉 M3×6	Q235	4	GB/T68—2000
8	紧定螺钉 M3×6	Q235	1	GB/T71—1985
7	螺钉 M4×15	Q235	4	GB/T68—2000
6	导轨	HT150	1	
5	底板	45	1	
4	传动螺杆	45	1	
3	活动钳身	HT150	1	
2	钳口铁	45	2	
1	固定钳身	HT150	1	
序号	名称	材料	数量	备注

微型台虎钳

	比例	
制图		
审核		

φ11 $\dfrac{H9}{c8}$

图13-1 微型台虎钳装配图

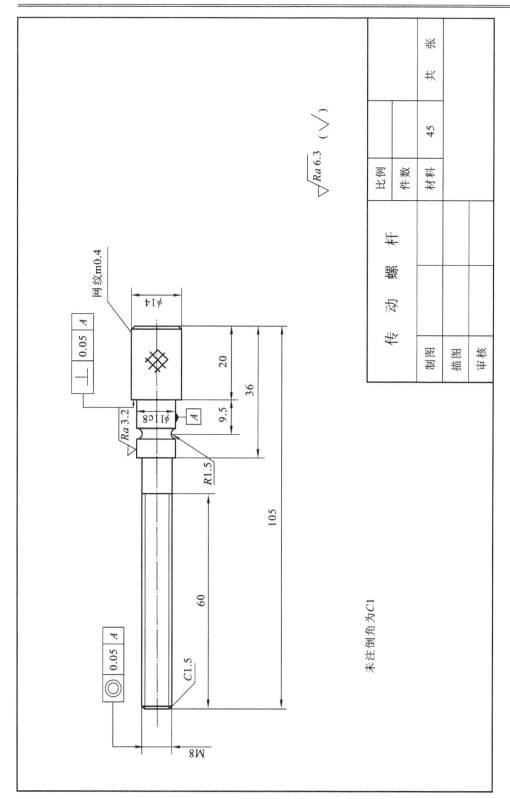

传 动 螺 杆

图13-2 传动螺杆零件图

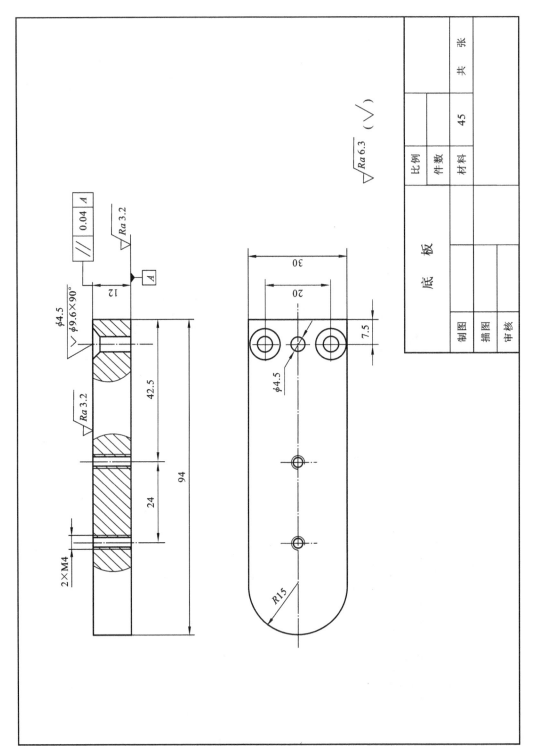

图13-3 底板零件图

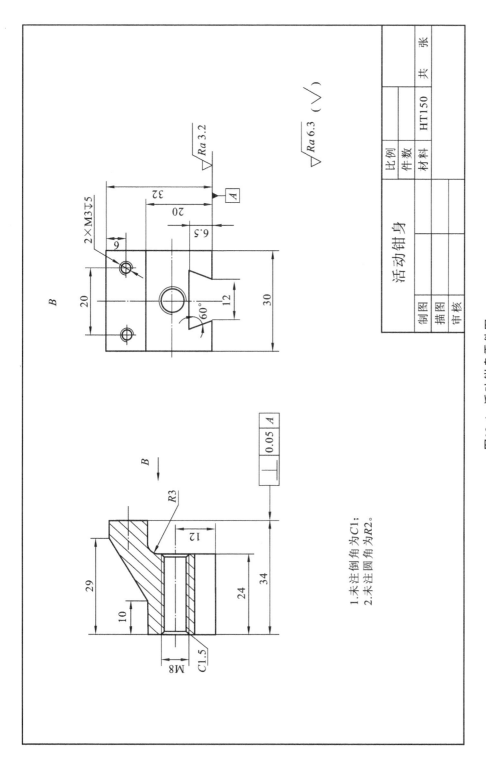

1. 未注倒角为C1；
2. 未注圆角为R2。

图13-4　活动钳身零件图

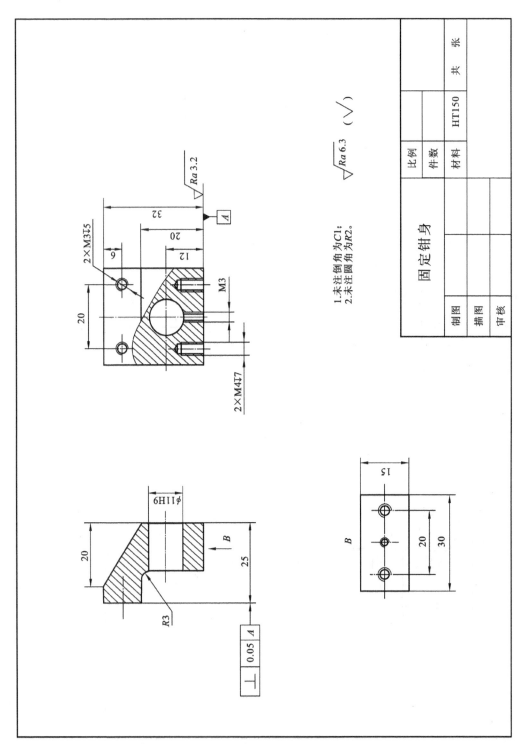

图13-5 固定钳身零件图

（4）焊接件　焊接件主要用于单件小批生产和大型零件及样机试制。其优点是制造简单、生产周期短、用料省、质量小。但其抗振性较差,变形大,需经时效处理后才能进行机械加工。

（5）其他毛坯　其他毛坯包括冲压件、粉末冶金件、冷挤压件、塑料压制件等。

2. 毛坯选择原则

在选择毛坯过程中,应全面考虑下列因素。

1）零件的类别、用途和工作条件

凡受力较简单、以承受压应力为主、形状较复杂的零件毛坯选择铸件;凡受力较大、载荷较复杂、工况条件较差、形状较简单的重要零件选择锻件;凡连接成形的零件毛坯选择焊接件。例如,采用脆性材料铸铁、铸造青铜等的零件,无法锻造只能铸造,采用铸件;承受交变的弯曲和冲击载荷的轴类零件,应该选用锻件。

从零件的工作条件找出对材料力学性能的要求,这是选择毛坯的基本出发点。零件实际工作条件包括零件工作空间、与其他零件之间的位置关系、工作时的受力情况、工作温度和接触介质等。

2）零件的结构和外形尺寸

零件的结构和外形尺寸是影响毛坯种类的重要因素。例如:对于阶梯轴,若各台阶直径相差不大,可直接选用型材（圆棒料）;若各台阶直径相差较大,为了节约材料和减少切削加工工作量,宜选用锻造毛坯;大型零件一般采用砂型铸件、自由锻件或焊接件毛坯;中小型零件则可考虑用模锻件或特种铸造件;形状简单的一般零件宜选用型材以节约费用;套筒类零件如油缸,可选用无缝钢管;结构复杂的箱体类零件,多选用铸件。

3）零件的生产类型和生产条件

零件的生产类型不同,毛坯的制造方法也不同。在大批或大量生产中,应选择毛坯精度及生产率和自动化程度比较高的生产形式,此时毛坯的制造费用会高一些,如金属模机器造型铸件、模锻件、冷冲压件等,但可以降低原材料消耗和切削加工费用,使整体的生产成本降低;对于单件小批生产,宜选用成本低、制造方法简单的毛坯,如自由锻件、木模手工造型铸件、焊接件等。

选择毛坯时,还要考虑本企业毛坯制造的实际能力及外部协作条件,即根据现有生产条件、实际工艺水平及设备情况综合分析,从整体上取得较好的经济效益,选择最合理的毛坯种类。

3. 台虎钳主要零件毛坯的选择

作为金工实习综合课题的微型台虎钳,在选择零件毛坯时主要考虑备料方便、成本低、便于加工成形。其主要零件毛坯的选择及分析如表 13-1 所示。

表 13-1　微型台虎钳主要零件毛坯的选择及理由

零　　件	毛 坯 种 类	选 择 分 析
固定钳身	铸件、型材	外形尺寸一般,实习学生数量大,可以铸造或选择合适尺寸的型钢或将合适板材切割成长方形条料,多件一体,经加工后分割成需要的毛坯尺寸
活动钳身	铸件、型材	同固定钳身

零件	毛坯种类	选择分析
传动螺杆	热轧圆钢	直径尺寸较小且相差不大,无特殊技术要求
底板	热轧钢板	零件结构简单,选择钢板最经济

13.3.2 零件加工方法的选择

机械零件尽管多种多样,但均有一些基本表面如内、外圆柱面,内、外圆锥面,平面和特形表面如成形面等组成。加工零件的过程,实际上是加工这些表面的过程。每一种表面的加工方法是几种加工方法的组合,并由粗到精加工,即经粗加工→半精加工→精加工→光整加工,逐步提高,以达到所要求的技术要求。

各表面的作用不同,其技术要求也不相同,故应采用的加工方案也不相同。零件的技术要求主要有尺寸精度、形状和位置精度、表面粗糙度等。

1. 常见表面的加工方法及方案

(1) 外圆表面加工方法及方案 外圆表面是轴、套、盘类等零件的主要组成表面。其切削加工方法主要有车削、磨削、光整加工、精密加工和旋转电火花加工等。外圆表面常见的加工方案如表 13-2 所示。

表 13-2 外圆表面加工方案

序号	加工方案	经济精度 (IT)	表面粗糙度 $Ra/\mu m$	适用范围
1	粗车	13~11	25~6.3	适用于淬火钢以外的各种金属
2	粗车→半精车	10~8	6.3~3.2	
3	粗车→半精车→精车	8~7	1.6~0.8	
4	粗车→半精车→精车→滚压(或抛光)	8~6	0.2~0.025	
5	粗车→半精车→磨削	8~7	0.8~0.4	主要用于淬火钢,也可用于未淬火钢,但不宜加工非铁金属
6	粗车→半精车→粗磨→精磨	7~6	0.4~0.1	
7	粗车→半精车→粗磨→精磨→超精加工	6~5	0.1~0.012	
8	粗车→半精车→粗磨→精磨→研磨	5级以上	0.1	
9	粗车→半精车→粗磨→精磨→镜面磨	5级以上	0.05	
10	粗车→半精车→精车→金刚石车	6~5	0.2~0.025	主要用于加工要求较高的非铁金属

为了使加工工艺合理,从而提高生产率,外圆表面加工时,应合理选择机床。对于精度要求较高的试制产品,可选用数控车床;对于一般精度的小尺寸零件,可选用仪表车床;对于直径大、长度短的大型零件,可选用立式车床;对于单件小批量生产的轴、套及盘

类零件,选用卧式车床;对于成批生产的套及盘类零件,一般选用回轮、转塔车床;对于成批生产的轴类零件,则选用仿形及多刀车床;对大量生产轴、套及盘类零件,常选用自动或半自动车床或无心磨床。

（2）孔加工方法及方案　孔也是零件的主要组成表面之一。其加工方法有钻削、扩削、铰削、镗削、拉削、磨削、研磨、珩磨和特种加工等。常用的孔加工方案如表 13-3 所示。

表 13-3　孔加工方案

序号	加 工 方 案	经济精度（IT）	表面粗糙度 $Ra/\mu m$	适 用 范 围
1	钻	13～11	12.5	加工未淬火钢及铸铁的实心毛坯,也可加工非铁金属,孔径＜15 mm
2	钻→铰	9～8	3.2～1.6	
3	钻→粗铰→精铰	8～7	1.6～0.8	
4	钻→扩	11～10	12.5～6.3	加工未淬火钢及铸铁的实心毛坯,也可加工非铁金属,孔径≥15 mm
5	钻→扩→铰	9～8	3.2～1.6	
6	钻→扩→粗铰→精铰	8～7	1.6～0.8	
7	钻→扩→机铰→手铰	7～6	0.4～0.2	
8	钻→扩→拉	9～7	1.6～0.1	大批量生产,精度由拉刀决定
9	粗车（扩）	13～11	12.5～6.3	加工未淬火钢及铸件,毛坯有铸孔或锻孔
10	粗车（粗扩）→半精车（精扩）	10～9	3.2～1.6	
11	粗车（粗扩）→半精车（精扩）→精车（铰）	8～7	1.6～0.8	
12	粗车（粗扩）→半精车（精扩）→精车→浮动车刀车	7～6	0.8～0.4	
13	粗车（扩）→半精车→磨	8～7	0.8～0.2	主要用于淬火钢,也可用于未淬火钢,但不宜加工非铁金属
14	粗车（扩）→半精车→粗磨→精磨	7～6	0.2～0.1	
15	粗车→半精车→精车→金刚石车	7～6	0.4～0.05	主要用于精度要求高的非铁金属
16	钻（扩）→粗铰→精铰→珩磨（研磨）	7～6	0.2～0.025	精度要求高的非铁金属的大孔加工
17	钻（扩）→拉→珩磨（研磨）	7～6	0.2～0.025	
18	粗车（扩）→半精车→精车→珩磨（研磨）	7～6	0.2～0.025	

对于轴类零件沿轴线方向的孔,通常在车床上加工较为方便;支架、箱体类零件上的轴承孔,可根据零件结构形状、尺寸大小等采用车床、铣床、卧式镗床或者加工中心加工;盘套类或支架、箱体类零件上的螺纹底孔、螺栓孔等可在钻床上加工;对盘形零件中间轴线上的孔,为保证其与外圆、端面的位置精度,一般在车床上与外圆和端面在一次安装中同时加工

出来;在大量生产时,通孔可采用拉床进行加工。

(3) 平面加工方法及方案 平面是基体类零件(如床身、机架及箱体等)的主要组成表面,也是回转体零件的重要表面之一。除回转体零件上的端面常用车削加工之外,平面加工主要采用铣削、刨削和磨削,另外还有拉削、刮削和研磨等。常用的平面加工方案如表 13-4 所示。

表 13-4 平面加工方案

序号	加 工 方 案	经济精度（IT）	表面粗糙度 $Ra/\mu m$	适 用 范 围
1	粗车	13~11	25~6.3	用于未淬火钢、铸铁及非铁金属的端面加工
2	粗车→半精车	10~8	6.3~3.2	
3	粗车→半精车→精车	8~7	1.6~0.8	
4	粗车→半精车→磨削	8~6	0.8~0.4	用于钢、铸铁的端面加工
5	粗刨(粗铣)	13~11	12.5~6.3	一般用于未淬火平面的加工
6	粗刨(粗铣)→半精刨(半精铣)	10~8	6.3~3.2	
7	粗刨(粗铣)→半精刨(半精铣)→精刨(精铣)	8~7	3.2~1.6	
8	粗刨(粗铣)→半精刨(半精铣)→精刨(精铣)→刮研	6~5	0.8~0.1	用于精度要求较高平面的加工
9	粗刨(粗铣)→半精刨(半精铣)→精刨(精铣)→宽刃刀低速精刨	5	0.8~0.2	
10	粗刨(粗铣)→半精刨(半精铣)→精刨(精铣)→磨削	6~5	0.4~0.2	
11	粗铣→精铣→磨削→研磨	>5	<0.1	
12	粗铣→拉	9~7	0.8~0.2	用于大批量生产的未淬火小平面的加工

2. 表面加工方案的选择原则

在选择零件表面的加工方案时,必须综合考虑以下因素:

(1) 零件表面的技术要求 主要是尺寸公差等级和表面粗糙度,这是选择表面加工方案时首先要考虑的因素。但要注意尺寸公差等级与表面粗糙度有时不一定成正比,即表面粗糙度值小的表面尺寸公差等级不一定高。

(2) 零件的结构形状和尺寸大小 首先,要考虑零件表面的组成和特征,因为表面形状和特征是选择加工方法的基本因素,例如外圆面通常由车削或磨削加工,内孔可通过钻、扩、铰、镗和磨削等加工方法获得;其次,要考虑表面的尺寸和特征,以内孔为例,大孔与小孔、深孔与浅孔、通孔与盲孔、薄壁孔与一般孔在加工工艺方案上均有明显的不同。

（3）零件的材料和热处理要求 钢件可采用磨削进行精加工，而非铁金属不能磨削，只能车削或铣削（刨削）；对于需经淬火的零件，热处理后一般要进行精加工，且只能磨削，因而零件加工工艺路线也不同。

（4）生产类型和现有生产条件 在保证加工质量的前提下，还必须考虑生产率和经济性。在大批量生产时，应尽可能将工序分散，采用高效率的先进工艺方法，如拉削内孔与键槽等。而在小批量生产时，应尽可能将工序集中，以减少工装夹具；在正确选择表面的加工方案时，还要考虑企业的生产条件，如现有设备与精度、已有的工艺装备和工人的技术水平等。

总之，在实际生产中，针对某一零件的表面，往往需要把几种加工方法恰当地组合起来，制定出一项合理的加工方案，以便能够经济地达到技术要求。

3. 台虎钳主要零件的加工方案及工艺

在台虎钳主要零件的加工中，保证固定钳身 $\phi 11H9$ mm 孔和活动钳身 M8 螺孔在装配后同轴，以及保证燕尾间的配合间隙是加工工艺的关键点。

（1）传动螺杆的加工方案及工艺 传动螺杆的主要加工表面为同轴的外圆、螺纹和端面，加工方法主要为车削，其机械加工工艺过程如表 13-5 所示。

表 13-5 传动螺杆的机械加工工艺过程

工序号	工序	工 序 内 容	定 位 基 准	刀 具
1	锯	下料 $\phi 16$ mm×112 mm		
2	车	夹外圆	外圆	
		（1）车端面		45°偏刀
		（2）钻中心孔 A2/4.25		A2 中心钻
		一夹一顶安装，保证伸出长度大于 105 mm	外圆、中心孔	
		（1）车外圆至 $\phi 14$ mm，长度大于 105 mm		
		（2）粗、精车外圆至 $\phi 11c8$ mm，长 85 mm		90°偏刀
		（3）车外圆至 $\phi 8$ mm，长 69 mm		
		（4）滚花		滚花刀
		（5）割槽、倒角		切槽刀、45°偏刀
		（6）粗车螺纹，放余量		螺纹车刀
		调头，车准总长，倒角	外圆	45°偏刀
3	钳	套螺纹	外圆	板牙
4	检验	按图检验		

（2）底板的加工方案及工艺 底板的主要加工表面为平面、圆弧面和两个 M4 螺纹孔、三个 $\phi 4.5$ mm 孔，加工方法主要为铣削和钻削，其机械加工工艺过程如表 13-6 所示。

表 13-6 底板的机械加工工艺过程

工序号	工序	工序内容	定位基准	刀具
1	下料	40 mm×105 mm×16 mm		
2	铣	铣底板至尺寸为 30 mm×94 mm×12 mm	平面	立铣刀
3	磨	用电磁吸盘安装,磨削两个大平面	大平面	砂轮
4	钳	(1)划圆弧线和孔中心线(5 处)	对称中心线	
		(2)锯削、锉削圆弧面		锉刀
		(3)钻 2 个 M4 螺纹底孔 φ3.2 mm	划线	φ3.2 mm 钻头
		(4)钻 3 个 φ4.5 mm 孔		φ5.5 mm 钻头
		(5)孔口倒角(10 处)		
		(6)攻两处 M4 螺纹		M4 丝锥
		(7)棱边倒角、去毛刺		锉刀
5	检验	按图检验		

(3)活动钳身的加工方案及工艺 活动钳身的主要加工表面为平面、燕尾槽、螺纹孔和各种圆角,加工方法主要为铣削(或刨削)、磨削和钻削,加工的关键点是 M8 螺纹孔的位置,其机械加工工艺过程见表 13-7。

表 13-7 活动钳身的机械加工工艺过程

工序号	工序	工序内容	定位基准	刀具
1	备料	铸造或用钢板备料,多件一体		
2	刨	刨毛坯至 34 mm×36 mm(宽和高方向)	平面	刨刀
3	锯	分割成每块长 37 mm	已加工平面	锯条
4	铣	(1)参照六面体加工步骤铣削六面,控制垂直度和平行度,底面留 0.15～0.25 mm 磨削余量	平面	立铣刀
		(2)划燕尾槽加工线	对称平面、上平面	
		(3)粗、精铣燕尾槽(注意底面磨削余量)	外形两平面	立铣刀、燕尾铣刀
5	磨	磨底面	上平面	砂轮
6	钳	(1)划外形和 2 个 M3 螺纹孔线		
		(2)钻 2 个 M3 螺纹孔、攻螺纹	划线	
		(3)将固定钳身、活动钳身、导轨和底板装配后,配作 M8 螺纹底孔	台虎钳底面	钻头
		(4)孔口倒角	螺纹孔	
		(5)攻 M8 螺纹		M8 丝锥

续表

工序号	工序	工序内容	定位基准	刀具
7	铣	参照划线铣外形	划线	立铣刀
8	钳	修整外形、倒圆、倒角		锉刀、砂皮
9	检验	按图检验		

（4）固定钳身的加工方案及工艺　固定钳身的主要加工表面为平面、内圆柱面、螺纹孔和各种圆角,加工方法主要为铣削（或刨削）、磨削、钻削和铰削,加工的关键点是 $\phi11H8$ mm 孔的位置和尺寸,其机械加工工艺过程如表 13-8 所示。

表 13-8　固定钳身的机械加工工艺过程

工序号	工序	工序内容	定位基准	刀具
1	备料	铸造或用钢板备料,多件一体		
2	刨	刨毛坯至 34 mm×36 mm（宽和高方向）	平面	刨刀
3	锯	分割成每块长 37 mm	已加工平面	锯条
4	铣	（1）参照六面体加工步骤铣削六面,控制垂直度和平行度,底面留 0.15～0.25 mm 磨削余量	平面	立铣刀
5	磨	磨底面	上平面	砂轮
6	钳	（1）划外形、螺纹孔（5 处）和 $\phi11H9$ mm 孔线		
		（2）钻 M3 螺纹孔、攻螺纹（3 处）	划线	钻头、丝锥
		（3）钻 M4 螺纹孔、攻螺纹（2 处）	划线	
		（4）将固定钳身、活动钳身、导轨和底板装配后,配钻 $\phi11H9$ mm 孔,留 0.15～0.20 mm 铰削余量	台虎钳底面	钻头
		（5）孔口倒角	内孔	
		（6）粗、精铰 $\phi11H9$ mm 孔		$\phi11$ mm 铰刀
7	铣	参照划线铣外形	划线	立铣刀
8	钳	修整外形、倒圆、倒角		锉刀、砂皮
9	检验	按图检验		

复习思考题

1. 阐述综合与创新训练的概念,并说明其基本过程。
2. 综合与创新训练的意义表现在哪几个方面?
3. 零件毛坯选择应考虑哪些因素?
4. 简述常见表面的加工方法及方案。选择加工方法和方案时应考虑哪些因素?
5. 结合创新思维方法,讨论如何在车床上车正八边形。

主要参考书目

[1] 张学政,李家枢.金属工艺学实习教材[M].4版.北京:高等教育出版社,2011.

[2] 郭永环,姜银方.金工实习[M].2版.北京:北京大学出版社,2010.

[3] 邱兵,杨明金.机械制造基础实习教程[M].北京:北京大学出版社,2010.

[4] 周世权,田文峰.机械制造工艺基础[M].2版.武汉:华中科大出版社,2010.

[5] 吴建华.金工实习[M].天津:天津大学出版社,2009.

[6] 李晓舟.机械工程综合实训教程[M].北京:北京理工大学出版社,2012.

[7] 王瑞芳.金工实习[M].北京:机械工业出版社,2011.

[8] 高琪.金工实习教程[M].北京:机械工业出版社,2012.

[9] 高琪.金工实习核心能力训练项目集[M].北京:机械工业出版社,2012.

[10] 薛顺源.磨工(初级)[M].北京:机械工业出版社,2005.

[11] 上海机器制造学校.机械制造基础[M].北京:人民教育出版社,1978.

[12] 高僖贤.车工基本技术[M].北京:金盾出版社,2005.

[13] 赵鼎文.金属切削机床[M].北京:北京理工大学出版社,2011.

[14] 李广慧,周丹.机械制图简明手册[M].2版.上海:上海科学技术出版社,2013.

[15] 职业技能鉴定教材编审委员会.车工[M].北京:中国劳动社会保障出版社,1996.

[16] 侯培红,石更强.数控编程与工艺[M].上海:上海交通大学出版社,2008.

[17] 顾京.数控机床加工程序编制[M].2版.北京:机械工业出版社,2009.

[18] 邹青.机械制造技术基础课程设计指导教程[M].2版.北京:机械工业出版社,2010.

[19] 李益民.机械制造工艺设计简明手册[M].北京:机械工业出版社,2004.